应用型本科院校
土木工程专业系列教材

YINGYONGXING BENKE YUANXIAO
TUMU GONGCHENG ZHUANYE XILIE JIAOCAI

U0240253

第3版

高层建筑结构

GAOCENG JIANZHU JIEGOU

主　编■范　涛
副主编■姜友华　张　铟
主　审■王咏今　张　力

重庆大学出版社

内容提要

本书按照《高等学校土木工程本科指导性专业规范》，并结合我国 2010—2017 年颁布的新规范进行编写。全书以混凝土结构的高层建筑为主，主要内容包括高层建筑结构体系及结构布置、荷载作用及结构设计原则、框架结构设计、剪力墙结构设计、框架-剪力墙结构设计、简体结构设计简介等。本书理论深入浅出，突出例题及设计实例的实用性与指导性，便于学生自学。此外，为便于教学，每章后面附有章后提示、思考题和习题。

本书可作为应用型本科院校土木工程专业的教材，也可供从事高层建筑结构设计、施工的工程技术人员参考学习。

图书在版编目(CIP)数据

高层建筑结构／范涛主编. –– 3 版. –– 重庆：重庆大学出版社，2018.10
应用型本科院校土木工程专业系列教材
ISBN 978-7-5624-5082-5

Ⅰ．①高… Ⅱ．①范… Ⅲ．①高层建筑—建筑结构—高等学校—教材 Ⅳ．①TU973

中国版本图书馆 CIP 数据核字(2018)第 173539 号

应用型本科院校土木工程专业系列教材
高层建筑结构
（第 3 版）
主 编 范 涛
副主编 姜友华 张 铟
主 审 王咏今 张 力
责任编辑：刘颖果 版式设计：刘颖果
责任校对：张红梅 责任印制：张 策

*

重庆大学出版社出版发行
出版人：易树平
社址：重庆市沙坪坝区大学城西路 21 号
邮编：401331
电话：(023) 88617190 88617185(中小学)
传真：(023) 88617186 88617166
网址：http://www.cqup.com.cn
邮箱：fxk@cqup.com.cn(营销中心)
全国新华书店经销
重庆升光电力印务有限公司印刷

*

开本：787mm×1092mm 1/16 印张：18 字数：429 千
2018 年 10 月第 3 版 2018 年 10 月第 6 次印刷
印数：10 501—13 500
ISBN 978-7-5624-5082-5 定价：39.00 元

前　言
（第3版）

近五年来,超高层建筑在全国各地层出不穷,主体结构高度接近600 m,建筑高度则已突破600 m,同时还建成了很多复杂的高层建筑。我国目前是全球在建高层建筑最多的国家,其总量与美国现有高层建筑相当。我国经济的高速发展,大大推动了我国高层建筑结构设计、施工及科研水平的提高。2010年以后颁布的建筑结构设计规范、规程等吸收了工程实践、科学研究的最新成果以及地震震害的经验教训,增加或修改了部分内容,并陆续出版了最新版本的相关规范。

本书第3版是依据最新出版的《混凝土结构设计规范》(GB 50010—2010,2015年版)和《建筑抗震设计规范》(GB 50011—2010,2016年版)修订而成。修订的主要内容包括以下几个方面:

(1)荷载和地震作用;

(2)结构平面规则性和竖向规则性的有关规定;

(3)适当修改第4章至第6章中的截面设计及构造要求;

(4)对第7章简体结构设计简介的内容进行了适当补充;

(5)对部分章节的例题及习题进行了修改及补充。

第3版教材出版后,编者将陆续完成与教材同步的PPT课件及习题解答、参考试卷与标准答案的编写工作,以适应当前新形态一体化教材建设的需要。

本次全书的修订工作由成都理工大学范涛完成。感谢武汉大学姜友华教授对本书第3版编写工作的支持。

由于编者水平有限,书中难免有不妥之处,敬请读者批评指正。

编　者
2018年5月

前　言

"高层建筑结构"是"混凝土及砌体结构设计"的后续课程。本教材是参照应用型本科院校土木工程专业本科教学指导委员会制订的教学大纲,并结合我国新颁布的相关规范编写的。内容包括高层建筑结构体系及结构布置,荷载作用及结构设计的原则,框架结构设计,剪力墙结构设计,框架-剪力墙结构设计,简体结构设计简介等。

为突出应用型本科的特点,教材在编写中力求理论深入浅出,突出例题及设计实例的实用性与指导性。各章例题适当地结合注册结构工程师的考题。第4~6章的设计实例力求做到设计步骤简洁清晰,方便学生自学和在课程设计及毕业设计时参考。

目前,全国开设土木工程专业的高等院校有300多所,本科教学改革在不断深入,各院校都在缩减专业课学时,有些专业课只能作为选修课。因此,本教材在编写时对教学内容进行了整合、优化,合理控制学时,以体现"应用型本科"的定位。

本教材的目的是使学生通过本课程的学习,能够理解高层建筑结构的常用结构体系、特点以及应用范围,掌握框架结构、剪力墙结构、框-剪结构三种基本结构内力及位移计算方法,掌握高层建筑结构的抗震设计概念。

本课程的总学时为32学时(不含选讲学时),学时分配可参考下表:

章　节	学　时	章　节	学　时
1 绪论	1	5 剪力墙结构设计	8
2 高层建筑结构体系及结构布置	4	6 框架-剪力墙结构设计	6
3 荷载作用及结构设计原则	5	7 简体结构设计简介(选讲)	2
4 框架结构设计	8	总学时	32~34

由于学时较紧,因此要求学生课前预习,课后复习并完成习题,通过自学与课程教学相结合来掌握相关知识点。

本书由成都理工大学范涛任主编,由南阳工学院张铟、武汉大学姜友华任副主编。其中,第1,5章由范涛编写并对全书修改定稿;第6,7章由姜友华编写;第3章由张铟编写;第2章由华中科技学院张倩编写;第4.1,4.2,4.3节由南昌大学袁志军编写,第4.4,4.5节由南昌大学李永华编写。全书由范涛修改并定稿。解放军后勤工程学院王咏今教授、张力副教授主审。

由于编写时间仓促,加之编者水平有限,书中难免有不妥之处,敬请读者批评指正。

编　者

2009 年 2 月

目　录

1

绪　论

〖**本章学习要点**〗
了解高层建筑的划分标准；
熟悉高层建筑的特点；
熟悉高层建筑的结构材料；
了解高层建筑的发展简况。

1.1　高层建筑的特点

随着社会经济的不断发展,工业化、城市化进程的不断加快,以及土木工程和相关领域科学技术水平的提高,不仅使得高层、超高层建筑的建造成为可能,而且发展速度越来越快。同时,城市中的高层建筑逐渐成为反映这个城市经济繁荣和社会进步的重要标志之一。

▶　1.1.1　高层建筑的界定

多少层或多少高度的建筑才算作高层建筑? 世界各国有不同的划分标准。1972 年召开的国际高层建筑会议制订了如下的划分标准:

①多层建筑:≤8 层。
②高层建筑:
第一类:9～16 层、高度≤50 m;
第二类:17～25 层、高度≤75 m;

第三类:25~40 层、高度≤100 m。

③超高层建筑:>40 层、高度>100 m。

我国《民用建筑设计通则》规定,10 层及 10 层以上的住宅建筑以及高度超过 24 m 的公共建筑和综合性建筑为高层建筑;而高度超过 100 m 时,不论是住宅建筑还是公共建筑,一律称为超高层建筑。我国《高层建筑混凝土结构技术规程》(JGJ 3—2010,以下简称《高层规程》)规定,10 层及 10 层以上或房屋高度大于 28 m 的住宅建筑和房屋高度大于 24 m 的其他高层民用建筑为高层建筑,与《民用建筑设计通则》的规定基本一致;该规程还将带转换层的结构、带加强层的结构、错层结构、连体结构以及竖向体型收进、悬挑结构称为复杂高层建筑结构。复杂高层建筑结构设计应符合相关的专门规定。

▶ **1.1.2 高层建筑的特点**

高层建筑的存在和发展既有有利的方面,也有不利之处,其主要特点如下:

①一般而言,高层建筑具有占地面积少、建筑面积大、造型特殊、集中化程度高的特点。在现代化大都市中,城市用地日趋紧张,建筑物不得不向空间发展。高层建筑占地面积少,不仅可以大量的节省土地投资,而且有较好的日照、采光和通风效果。建筑物向高空延伸,可以缩小城市的平面规模,缩短城市交通和各种公共管线的长度,从而节省城市建设与管理的投资。但是,随着建筑高度的增加,建筑的防火、防灾、热岛效应(城市局部热场)、地基沉陷等已成为人们亟待解决的问题。玻璃幕墙过多的高层建筑群还可能造成光污染现象。

②高层建筑中的竖向交通主要由电梯来完成,显然会增加建筑物的造价和运行成本。此外,高层建筑的防火要求高于中低层建筑,同样也会增加高层建筑的工程造价和运行成本。

③建筑结构需要同时承受竖向荷载和水平荷载(作用)(也称为侧向力)。一般情况下,低层、多层建筑的结构设计主要解决抵抗竖向荷载的作用,随着高层建筑高度的增加,水平荷载(风荷载及地震作用)对结构起的作用将越来越大,往往成为设计的主要控制因素。在水平荷载作用下,除了结构的内力将明显加大外,结构的侧向位移增加更快。由此可见,高层建筑不仅需要较大的承载能力,而且需要较大的刚度,从而使水平荷载产生的侧向变形限制在一定的范围内,满足有关规范的要求。但同时主体结构刚度亦不能过大,因为当主体抗侧力结构刚度过大,结构的基本自振周期较短,地震作用加大,结构承受的水平力、倾覆弯矩加大,地基基础的负担加大,且此时结构构件的截面和相应构造配筋增加较大,不经济。因此,高层建筑的结构分析和设计要比中低层建筑复杂得多。

1.2 高层建筑的结构材料

现代高层建筑所采用的材料,主要是钢材和混凝土。根据结构材料的不同,高层建筑结构可分为钢结构、钢筋混凝土结构和混合结构三种形式。

▶ 1.2.1 钢结构

钢材强度高、韧性大、易于加工。钢结构构件可以在工厂加工，缩短了现场施工工期，便于施工。高层钢结构具有结构构件截面小、自重轻、抗震性能好等优点。

但是，高层钢结构的钢材使用量大，造价高，而且钢材的防火、防腐性能不好，需要大量的防火涂料和防腐处理，增加了工程工期和造价。

图 1.1 为 2008 年 8 月落成的上海环球金融中心（高 492 m），是主体结构为钢结构的高层建筑的代表。

▶ 1.2.2 钢筋混凝土结构

图 1.1 上海环球金融中心

钢筋混凝土结构造价低，材料来源丰富，可以浇注成各种复杂的断面形式，节省钢材，承载能力也较高。经过合理的设计，现浇钢筋混凝土结构具有较好的整体性和抗震性能，尤其是在防火和耐久性能方面，更是具有钢结构无法比拟的优势。其缺点是自重较大，抗裂性较差，抗震性能和建造高度不如钢结构。由于高性能混凝土材料的发展和施工技术的不断进步，钢筋混凝土结构仍将是今后高层建筑的主要结构形式。1996 年建成的广州中信广场大厦（图 1.2）高 391 m，是目前最高的钢筋混凝土结构建筑。

图 1.2 中信广场大厦

图 1.3 哈利法塔

▶ 1.2.3 混合结构

《高层规程》规定的混合结构系指由钢框架（框筒）、型钢混凝土框架（框筒）、钢管混凝土框架（框筒）与钢筋混凝土核心筒体所组成的共同承受水平和竖向作用的建筑结构。混合结构使用最多的即框架-核心筒结构和筒中筒结构。

当结构中有组合构件时,也称为钢与混凝土组合结构,简称组合结构。实际工程中,为减少柱的截面尺寸或增大柱的延性而在混凝土柱中设置型钢,而框架梁仍为混凝土梁的结构,不能列为混合结构;结构中局部构件(如框支梁柱)采用组合构件,也不是混合结构。

与钢结构和钢筋混凝土结构相比,混合结构(组合结构)具有显著的优势:造价比钢结构低,抗侧刚度比钢结构大;施工速度比钢筋混凝土结构快,抗震性能优于钢筋混凝土结构;其建筑高度可以比钢结构、钢筋混凝土结构更高。因此,经济合理、技术性能优良的混合结构(组合结构)已成为近年来研究的热点及发展的方向。

在强震国家日本,组合结构高层建筑发展迅速,其数量已超过钢筋混凝土结构高层建筑。目前,世界上最高的十大建筑中,采用组合结构的超过50%。其中位于阿拉伯联合酋长国迪拜的哈利法塔(迪拜塔)有162层,总高828 m,是目前最高的混合结构建筑(图1.3)。哈利法塔2004年9月21日开始动工,2010年1月4日竣工启用,在2009年1月17日高度达到了最终的828 m(2 716.53 ft),是人类历史上首个高度超过800 m的建筑物。哈利法塔已经入选吉尼斯世界纪录世界最高建筑物。

1.3 高层建筑的发展简介

▶ 1.3.1 高层建筑的发展概况

图1.4 帝国大厦

现代高层建筑起源于美国。世界上第一栋近代高层建筑是1885年美国芝加哥建成的家庭保险大楼(Home Insurance Building),总层数为11层。家庭保险大楼属铁梁-铸铁柱框架结构,高55 m,1931年被拆除。此后10年中,在芝加哥和纽约相继建成了30幢类似的高层建筑。1895年奥提斯(Elisha Graves Otis)安全电梯的投入应用,对高层建筑的发展起到了巨大的推动作用。随着冶金工业的发展,钢柱逐渐代替了铸铁柱,1895年建成芝加哥的Raliance大楼(15层)是一幢最早的全钢框架结构。20世纪30年代是现代高层建筑发展的第一个高潮。1931年建成的纽约大厦有102层,高度381m,保持世界最高建筑纪录长达41年之久。该建筑为钢结构,采用了框架结构(支撑)体系(图1.4)。

1929—1933年美国发生严重经济危机,1939年第二次世界大战全面爆发,使得高层建筑的发展几乎处于停滞状态。第二次世界大战后,随着钢材焊接技术的成熟和发展,尤其是20世纪60年代美国人坎恩(Fazler Khan)提出的框筒体系,为建造超高层建筑提供了理想的结构形式。

从框筒体系中衍生出来的筒中筒、成束筒等结构体系,将高层建筑的发展推向了第二个高潮。1969年芝加哥建成了100层、高344 m的汉考克大厦;1972年纽约建成了110层、高417 m的世界贸易中心;1974年芝加哥又建成了110层、高443 m的西尔斯大厦。其中,西尔斯大厦作为新的世界最高建筑,享誉 22 年之久。

　　日本是一个地震多发国家,从抗震防灾角度出发,政府曾规定房屋高度不得超过 31 m,1965 年取消此项规定后,高层建筑在日本也得到了充分的发展。到 20 世纪 80 年代,日本的钢结构高层建筑总栋数仅次于美国。

　　东南亚地区是世界经济发展的后起之秀,20 世纪 70 年代以后高层建筑在这一地区开始大量建造。如 1988 年在香港建造的 71 层、369 m 高的中国银行大厦(图 1.5),1997 年在马来西亚吉隆坡建成的 88 层、450 m 高的双塔楼(图 1.6),以及 2003 年在中国台北建成的 101 层、508 m 高的台北金融中心大楼(图 1.7)等都是具有代表性的超高层建筑。

图 1.5　香港中银大厦

图 1.6　石油大厦

图 1.7　台北金融中心大楼

图 1.8　金茂大厦

　　进入 21 世纪,我国高层建筑开始进入快速发展期。各大中心城市都陆续建成了有代表性的超高层建筑,2008 年 8 月落成的上海环球金融中心是我国内地最高的钢结构高层建筑;2009 年底建成的广州国际金融中心(简称广州西塔,图 1.9),塔楼地上 103 层,高 440 m;2010 年 9 月竣工的南京紫峰大厦成为南京市的地标建筑,高 450 m(图 1.10);2010 年建成的 118 层的香港环球贸易中心(图 1.11)是目前香港第一高楼,高度为 484 m;2011 年 4 月封顶的深圳京基100(原名京基金融中心)高441.8 m,共100层,是目前深圳第二高楼(图1.12)。

图1.9 广州西塔

图1.10 南京紫峰大厦

图1.11 香港环球贸易中心

图1.12 深圳京基金融中心

而我国近10年建成(或即将建成)的超高层建筑的高度已远远超过上海环球金融中心的492 m,包括530 m高116层的广州东塔;550 m高的北京最高建筑"中国尊";结构高度597 m的天津高银117大厦;高636 m的"武汉绿地中心";总高度592.5 m的深圳平安国际金融大厦。2016年3月12日,118层的上海中心大厦建筑主体正式全部完工,总高度632 m,是目前国内建成的第一高楼。苏州中南中心项目总建筑面积约50万 m²,地上138层,地下5层,檐口高度598 m,塔冠最高点729 m,成为全国在建第一高楼。

表1.1为截至2017年6月底已建成的世界最高十大建筑。

表1.1 世界最高十大建筑(截至2017年6月底已建成)

排 名	建筑名称	城 市	建成年份	层 数	高度/m	结构材料	用 途
1	哈利法塔(迪拜塔)	迪拜	2010	126	828	混合	综合
2	上海中心大厦	上海	2016	120	632	混合	综合
3	皇家钟塔酒店	麦加	2011	95	601	混合	酒店

排　　名	建筑名称	城　　市	建成年份	层　数	高度/m	结构材料	用　途
4	深圳平安国际金融大厦	深圳	2017	115	592.5	混合	综合
5	广州东塔	广州	2016	111	530	混合	综合
6	台北101大厦	台北	2003	101	508	混合	综合
7	上海环球金融中心	上海	2008	100	492	钢	办公
8	香港环球贸易广场	香港	2010	118	484	组合	综合
9	石油大厦	吉隆坡	1996	88	452	组合	综合
10	南京紫峰大厦	南京	2010	89	450	组合	综合

注:层数为地上层数;表中统计数据不包括高耸结构和在建的建筑物。

▶ 1.3.2　高层建筑结构的发展趋势

高层建筑的发展充分显示了科学技术的力量,使建筑师从过去强调艺术效果转向重视建筑的特有功能和技术因素。

在高层建筑结构的技术问题中,首先要解决的是材料问题。现在混凝土强度已达到C100以上,高强度和良好韧性的混凝土有利于减小结构构件的尺寸,减轻结构自重,改善结构抗震性能。同时,为了达到轻质高强的目的,必须在高层建筑中发展轻骨料混凝土、纤维混凝土、聚合物混凝土和预应力混凝土等。高性能混凝土的开发和利用,将继续受到人们的重视,也必将给高层建筑带来重大而深远的影响。从强度和塑性方面考虑,钢材是高层建筑结构的理想材料,当然还需要进一步增进和改善钢材的强度、塑性和可焊性能等。特别是对新型耐火耐候钢的开发,可使钢材减少或摆脱对防火材料的依赖,提高建筑用钢的竞争力。复合材料用于制作高层建筑部分构件也正在开发和实践中。

如前所述,经合理设计的混合结构可取得经济合理、技术性能(如抗震性能)优良的效果,且易满足高层建筑侧向刚度的需要,可建造比钢筋混凝土结构更高的建筑。因此,在超高层建筑中,组合结构所占比例将越来越大。

现代建筑功能趋于多样性,建筑的体型和结构体系复杂多变,趋向立体化,应运而生新的设计概念、结构技术的深化和新的结构体系(如巨型结构、蒙皮结构、带加强层的结构);建筑立面设置大洞口(如上海环球金融中心)以减小风力,采用结构控制技术设置抗震机构等。

随着高性能材料的不断研制和开发,结构形式合理性的进一步研究,可以预见,在今后的土木工程领域,高层建筑仍将是世界各国在城市建设中的主要形式。因此,掌握高层建筑的设计知识,是对土木工程领域技术人员的基本要求。

1.4　本课程的教学内容与要求

"高层建筑结构"课程是专业课,是"混凝土及砌体结构设计"的后继课程。

本课程的主要任务是学习高层建筑结构设计的基本方法。主要要求是:了解高层建筑结

构的常用结构体系、特点以及应用范围;掌握风荷载及地震作用计算方法;掌握框架结构、剪力墙结构、框剪结构基本结构内力及位移的计算方法,理解上述三种结构域内力分布及侧移变形的特点及规律,掌握框架梁、柱及剪力墙构件的配筋计算方法与构造要求;对简体结构的内力分布、计算特点有初步认识。

本课程所涉及的国家相关规范包括《高层建筑混凝土结构技术规程》(JGJ 3)、《混凝土结构设计规范》(GB 50010)、《建筑抗震设计规范》(GB 50011)、《建筑结构荷载规范》(GB 50009)等。学习本课程中的基本原理有助于理解这些规范中的有关规定,正确应用规范进行工程设计。

对各章的具体要求如下:

1 绪论

了解高层建筑的概念及特点,熟悉高层建筑的结构材料种类,了解高层建筑的发展简况。

2 高层建筑结构体系及结构布置

了解高层建筑结构的各种结构体系的特点及应用范围;熟悉结构总体布置原则的相关要求,理解"概念设计"及其重要性;了解高层建筑的基础结构类型及布置的基本要求。

3 荷载作用及结构设计原则

熟悉高层建筑结构上的各种荷载;掌握风荷载及地震作用的计算方法;理解高层建筑结构设计基本假定,熟练掌握荷载效应及地震作用效应组合。

4 框架结构设计

熟练掌握框架结构在竖向荷载和水平荷载作用下的内力计算方法;掌握框架结构的内力组合原则;掌握框架结构在水平荷载作用下的侧移验算方法;掌握框架梁、柱及节点的截面设计与构造。

5 剪力墙结构设计

了解不同近似计算方法的适用范围;掌握整体墙、小开口整体墙、双肢墙的计算方法;了解多肢墙的计算方法;了解墙肢剪切变形和轴向变形对内力的影响以及各类剪力墙的划分;掌握壁式框架在水平作用下的近似计算;掌握剪力墙墙肢及连梁的截面设计方法及构造要求;了解短肢剪力墙的特点及工程应用。

6 框架-剪力墙结构设计

了解框架-剪力墙结构协同工作的意义;掌握框架剪切刚度的计算;掌握框架-剪力墙结构铰接体系、刚接体系的基本计算方法;掌握刚度特征值的物理意义及其对内力分配的影响;理解框架-剪力墙结构的内力分布及侧移特点;掌握框架-剪力墙结构的截面设计及构造要求。

7 简体结构设计简介

了解简体结构的类型、受力特点;理解"剪力滞后效应"的概念;了解转换层的结构布置要点。

思考题

1.1 钢结构、钢筋混凝土结构各有哪些优缺点?

1.2 为什么说混合结构是高层建筑结构今后的发展趋势?

2

高层建筑结构体系及结构布置

〖**本章学习要点**〗

了解各种高层建筑的结构体系特点及适用范围;

掌握结构总体布置原则的相关要求,并理解"概念设计"的重要性;

了解高层建筑基础的类型及基础结构布置的基本要求。

2.1　高层建筑的结构体系

结构体系是指结构抵抗外部作用时构件的组成方式。在高层建筑结构体系中,抵抗水平力成为设计的主要矛盾,因此抗侧力结构体系的确定和设计成为结构设计的关键问题。高层建筑中基本的抗侧力单元是框架、剪力墙、实腹筒(又称为井筒)、框筒及支撑。由这几种单元可以组成框架结构体系、剪力墙结构体系、框架-剪力墙结构体系和筒体结构体系等。高层建筑的承载能力、抗侧刚度、抗震性能、材料用量和造价高低,与其所采用的结构体系密切相关,不同的结构体系适用于不同的建筑层数、高度和功能。

▶　2.1.1　框架结构体系

由梁、柱组成的结构单元称为框架。整栋结构都是由梁、柱组成来承受竖向荷载和侧向荷载,就称为框架结构体系(图 2.1)。框架梁、柱可以分别用钢、钢筋混凝土、钢骨(型钢)混凝土,柱还可以用钢管混凝土等。

框架结构在水平力作用下发生的侧移由两部分组成。其中一部分是整体结构的剪切变

形引起的,即层间梁柱杆件发生弯曲变形而引起的水平位移。这种变形的特点是框架下部的梁、柱内力大,层间变形也大,越到上部层间变形越小,使整个结构呈现剪切型变形,如图 2.2(a)所示。另一部分是整体结构的弯曲变形引起的,即由柱子的拉伸和压缩所引起水平位移。这种侧移在上部各层较大,越到底部层间变形越小,使整个结构呈现弯曲型变形,如图 2.2(b)所示。在多层或层数不多的高层框架结构中剪切变形是主要的,随着建筑高度的加大,弯曲变形的比例逐渐加大,一般框架结构体系在水平力作用下的变形仍以剪切型变形为主。

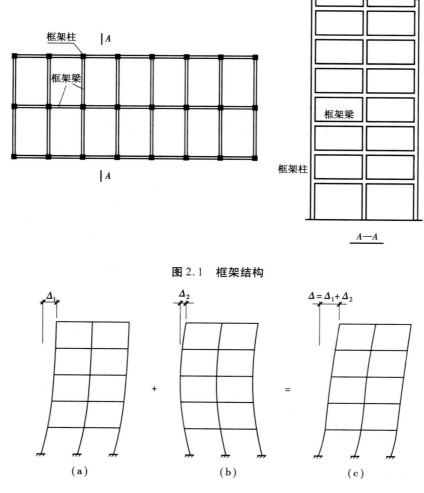

图 2.1 框架结构

图 2.2 框架结构水平变形

框架结构高层建筑由于梁、柱都属于线形构件,结构构件所占用空间较少,建筑平面布置灵活,可以做成较大空间,也可以根据需要用隔断分隔成小房间,适用于办公楼、教室、商场等。外墙及隔墙为非承重构件,这样立面设计灵活多变。如果采用轻质隔墙和外墙,就可以大大降低自重,节省材料。通过合理设计钢筋混凝土框架可以获得良好的延性,具有良好的抗震性能。

框架结构的抗侧刚度较小,当用于比较高的建筑时,需要截面尺寸大的梁柱才能满足侧向刚度的要求,这会减少有效使用空间,造成浪费。因此框架结构不适用于高度很大的高层建筑。这是框架结构的主要缺点,限制了框架结构体系建筑物的高度。在我国目前的情况下,框架结构建造高度不宜太高,以 15～20 层为宜。

平面框架只能在自身平面内抵抗侧向力,因此必须在两个正交的主轴方向设置框架,以抵抗各个方向的侧向力。抗震框架结构不允许铰接,必须采用刚接,使梁端能传递弯矩,同时使结构有良好的整体性和比较大的刚度。抗震设计的框架结构不宜采用单跨框架。

沿建筑高度,柱网尺寸和梁截面尺寸一般不变,上层的柱截面尺寸可以减小。当柱截面尺寸变化时,轴线位置尽可能保持不变。框架结构的柱距,可以是 4～5 m,也可以是 7～8 m 的大柱距。柱网布置要尽可能对称,图 2.3 所示为一些常见框架结构的平面布置图。

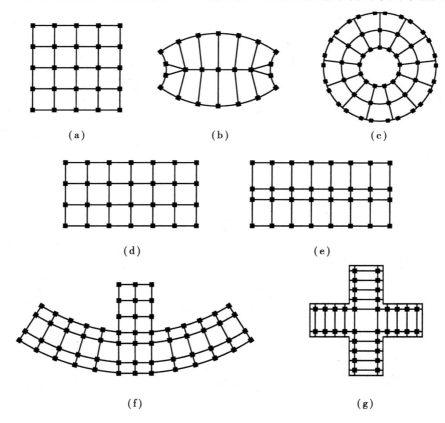

图 2.3　框架结构典型平面

抗震设计时,不应采用部分由框架承重、部分由砌体墙承重的混合承重形式,因为框架和砌体墙是两种受力性能不同的结构,框架的抗侧刚度小、变形大,而砌体墙的抗侧刚度大、变形能力小,混合使用时,会对结构的抗震产生不利的影响。框架结构中的楼电梯间及局部屋顶的电梯机房、楼梯间、水箱间等应采用框架承重,不应采用砌体墙承重。

采用框架结构的建筑如北京的长富宫饭店(图 2.4),地下 2 层,地上 26 层,地面总高度 90.85 m;还有北京长城饭店主楼(图 2.5),地下 2 层,地上 22 层,地上总高度 82.85 m。

图2.4 长富宫饭店

图2.5 长城饭店

▶ 2.1.2 剪力墙结构体系

利用钢筋混凝土墙体作为承受竖向荷载并抵抗水平荷载的结构,称为剪力墙结构体系。在抗震设计的结构中,也称抗震墙结构。在这种结构体系中,墙体除承重之外同时也作为维护构件及房间分隔构件。

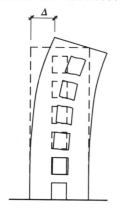

图2.6 剪力墙
结构变形

在承受水平力作用时,剪力墙相当于一根下部嵌固的悬臂深梁。剪力墙的水平位移由弯曲变形和剪切变形两部分组成。高层建筑剪力墙结构,以弯曲变形为主,其位移曲线呈弯曲形,特点是结构层间位移随楼层增高而增加,如图2.6所示。

由于竖向荷载由楼盖直接传到墙上,因此剪力墙的间距取决于楼板的跨度。剪力墙结构的开间一般为3~8 m,较适用住宅、旅馆等开间小、墙体多的建筑要求,由于房间内没有梁柱棱角,使整体显得美观。

有时为了满足布置门厅、商场、公用设施等大空间的要求,在底部一层或数层取消部分剪力墙,形成部分框支剪力墙结构。现浇的钢筋混凝土剪力墙结构,整体性好,承载力和侧向刚度大,合理设计的延性剪力墙结构有很好的抗震性能。因此,在地震区和非地震区都得到广泛应用,高度范围在10~50层。

剪力墙结构的缺点和局限性也是很明显的,主要是剪力墙间距不能太大,平面布置不灵活,不能满足公共建筑的使用要求;其次结构自重往往很大,耗费建材,给基础设计也带来更高的要求。

剪力墙是平面构件,在其自身平面内有较大的承载力和刚度,平面外的承载力和刚度小,结构设计时一般不考虑剪力墙平面外的承载力和刚度。因此,剪力墙要双向布置,分别抵抗各自平面内的侧向力;抗震设计的剪力墙结构,应力求使两个方向的刚度接近。剪力墙结构平面布置的示例如图2.7所示。

沿高度方向,剪力墙宜连续布置,避免刚度突变。剪力墙所开的门窗洞口,宜上下对齐,成列布置,形成具有规则洞口的联肢剪力墙,避免出现洞口不规则的错洞口墙。

墙肢截面宜简单、规则,剪力墙的两端尽可能与另一方向的墙连接成为I形、T形或L形等有翼缘的墙,以增大剪力墙的刚度和稳定性。在楼梯、电梯间,两个方向的墙相互连接成井筒,以增大结构的抗扭能力。

部分框支剪力墙和短肢剪力墙结构是剪力墙结构的两种特殊形式。由于其抗震性能较差,在地震区需谨慎使用。

广州白云宾馆(地上 33 层,地下 1 层,高 112.45 m),是我国第一座超过 100 m 的钢筋混凝土剪力墙结构,如图 2.8 所示。

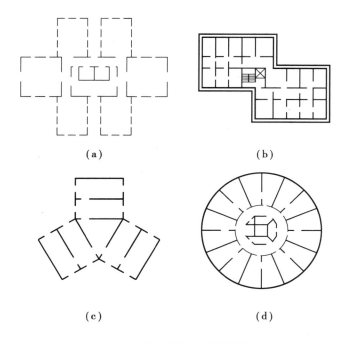

(a)　　　　　　　　　　(b)

(c)　　　　　　　　　　(d)

图 2.7　剪力墙结构常见平面布置

图 2.8　广州白云宾馆

▶ 2.1.3　框架-剪力墙结构体系

将框架和剪力墙结构有机地结合在一起,组成一种共同抵抗竖向、水平荷载作用的结构体系,称为框架-剪力墙结构体系。它利用剪力墙抗侧移刚度和承载力大等优点,弥补了框架结构刚度小和侧移大的缺点;同时,由于仅在部分位置上设置剪力墙,保持了框架结构空间较大和立面易于变化等优点。因此,框架-剪力墙结构在公共建筑和旅馆建筑中得到了广泛的应用。

框架-剪力墙结构是一种双重抗侧力结构。结构中剪力墙的刚度大,承担大部分层间剪力,框架承担的侧向力相对较少;在罕遇地震作用下,剪力墙的连梁往往先屈服,使剪力墙的刚度降低,由剪力墙抵抗的部分层间剪力转移到框架。如果框架具有足够承载力和延性以抵抗地震作用,那么双重抗侧力结构的优势可以得到充分发挥,避免在罕遇地震作用下发生严重破坏甚至倒塌。这样无论是在非地震区还是地震区,这种结构形式都可以用来建造较高的高层建筑,其适用高度与剪力墙结构大致相同。

由前述的内容可知,框架本身在水平荷载作用下呈整体剪切型变形,剪力墙则呈整体弯

曲型变形。当两者通过楼板协同工作,共同抵抗水平荷载时,变形必须协调,如图2.9所示。整个结构的侧向变形呈弯剪型,其上下各层层间变形趋于均匀,并减少了顶点侧移;同时,框架各层层间剪力趋于均匀,各层梁柱截面尺寸和配筋也趋于均匀。

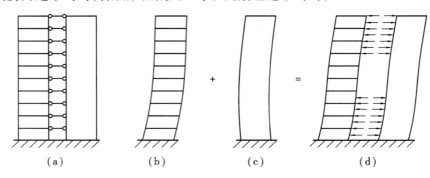

图2.9 框架-剪力墙协同工作

框架和剪力墙都只能在自身平面内抵抗侧向力。因此,框架-剪力墙结构应设计成双向抗侧力体系;抗震设计时,结构两主轴方向均应布置剪力墙。

框架-剪力墙结构可采用下列形式:

①框架与剪力墙(单片墙、联肢墙或较小井筒)分开布置;

②在框架结构的若干跨嵌入剪力墙(带边框剪力墙);

③在单片抗侧力结构内连续分别布置框架和剪力墙;

④上述两种或三种形式的混合。

可见,框架-剪力墙结构其组成形式灵活,设计时,可根据具体情况选择适当的组成形式以及适量的框架和剪力墙。

当建筑高度不大时,如10~20层,可利用单片剪力墙作为基本单元。我国早期的框架-剪力墙结构都属于这种类型,如北京饭店的东楼。当采用剪力墙筒体作为基本单元时,建筑高度可增大到30~50层,例如上海的联谊大厦(图2.10)。把筒体布置在内部,形成核心筒,外部柱子的布置便可十分灵活,可形成体型多变的高层塔式建筑。

框架-剪力墙结构布置的关键是剪力墙的数量和位置。有关这方面的内容将在第6章详细讲述。

图2.10 上海联谊大厦

▶ 2.1.4 筒体结构体系

随着建筑层数、高度的增加和抗震设防要求的提高,上述基于平面工作状态的框架、剪力墙所组成的高层建筑结构体系便不能满足要求了。于是,一种以空间受力性能为特点的新的结构形式出现了,这就是筒体结构体系。

竖向受力构件在平面内围合成箱形或筒体,成为刚度很大的空间结构体系,称为筒体结构体系。当剪力墙在平面内围合成空间薄壁筒体,称为实腹筒;当实腹筒上开出许多规则排列的窗洞所形成的开孔筒体,称为框筒,其实质是密柱深梁框架围成。各种筒体单元进行组合,形成不同的筒体结构体系,如筒中筒、框-筒、束筒、多重筒等。

1)框架-筒体结构体系

如图 2.11(a)所示,一般中央布置剪力墙薄壁筒,它承受大部分水平力;周边布置大柱距的框架,它的受力特点类似于框架-剪力墙结构。也有把多个筒体布置在结构的端部,中部为框架的框架-筒体结构形式。目前,我国已投入使用的超高层建筑中较多地采用了框架-筒体结构,其中上海的金茂大厦(地面以上 88 层,420.5 m)、深圳的地王大厦(81 层,325 m)和深圳的赛格广场(72 层,291.6 m)属于混合结构;广州的中信大厦(80 层,322 m,图1.2)是钢筋混凝土结构。

2)筒中筒结构体系

该结构由内外两层筒体组合而成,通常核心筒为剪力墙薄壁筒,外围是框筒[图 2.11(b)]。框筒侧向变形仍以剪切型为主,而核心筒通常则以弯曲型变形为主。二者通过楼板联系,共同抵抗水平力,它们协同工作的原理与框架-剪力墙结构类似。筒中筒结构成为 50 层以上高层建筑的主要结构体系。如 50 层、高 160 m 的深圳国际贸易中心大厦(图2.12)及 63 层的广州国际大厦(图 2.13)。

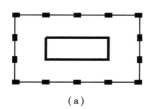 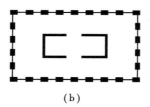 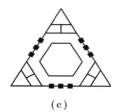

(a)　　　　　　　　(b)　　　　　　　　(c)

图 2.11　筒体结构

图 2.12　深圳国贸大厦　　　　　　**图 2.13　广州国际大厦**

筒中筒结构无疑是一种抵抗较大水平力的十分有效的结构体系,但由于它需要密柱深梁,当采用钢筋混凝土结构时,可能延性不好。在较高烈度的地震区,采用钢筋混凝土筒中筒时,需要慎重设计。

3)束筒结构体系

两个或者两个以上的框筒(或其他筒体)排列在一起成束状,称为成束筒[图 2.11(c)]。例如,美国目前第一高的西尔斯大厦,就是 9 个框筒排列成的正方形(图 2.14)。束筒结构中的每一个框筒,可以是方形、矩形或者三角形等;多个框筒可以组成不同的平面形状;其中任

一个筒可以根据需要在任何高度中止,这就为建筑立面的变化提供了可能。

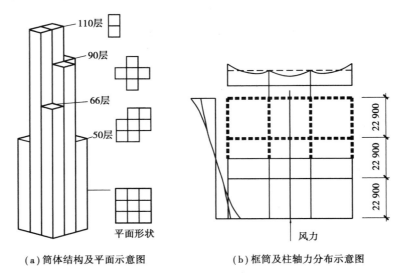

（a）筒体结构及平面示意图   （b）框筒及柱轴力分布示意图

图 2.14   西尔斯大楼结构布置示意图

筒体结构能充分发挥建筑材料的作用,使高层、超高层建筑在技术上、经济上可行,因而它是高层建筑发展历史上的一个里程碑。

► 2.1.5 巨型结构体系

由若干个"巨大"的竖向支承结构(组合柱、角筒体、边筒体等),与梁式或桁架式转换层结合,形成第一级结构,承受主要的水平和竖向荷载;普通的楼层梁柱为第二级结构,主要将楼面重量以及承受的水平力传递到第一级结构上去。这种由多级结构组成的结构体系就是巨型结构体系。巨型结构体系一般有巨型框架结构和巨型桁架结构,如图 2.15 所示。

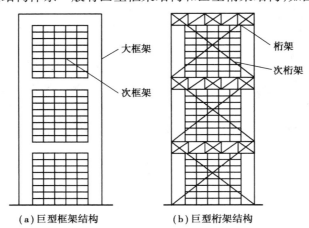

（a）巨型框架结构   （b）巨型桁架结构

图 2.15   巨型结构体系

1)巨型框架结构

巨型框架柱的截面尺寸大,多数采用由墙围成的井筒,也可以采用矩形或工形的实腹截面柱,巨柱之间用跨度和截面尺寸都很大的梁或桁架做成的巨梁连接,形成巨型框架结构。

主框架为巨型框架,次框架为普通框架。巨型框架相邻层的巨梁之间设置次框架,一般为 4～10 层。次框架支承在巨梁上,次框架梁柱截面尺寸较小,仅承受竖向荷载,竖向荷载由巨型框架传至基础;水平荷载由巨型框架承担。巨型框架一般设置在建筑的周边,中间无柱,提供大的可使用的自由空间。

2)巨型空间桁架结构

整幢结构用巨柱、巨梁和巨型支撑等巨型杆件组成空间桁架,相邻立面的支撑交汇在角柱,形成巨型空间桁架结构。空间桁架可以抵抗任何方向的水平力,水平力产生的层间剪力通过支撑斜杆的轴向力抵抗,可最大限度地利用材料;楼板和围护墙的重量通过次构件传至巨梁,再通过柱和斜撑传至基础。因此,巨型桁架是既高效又经济的抗侧力结构。

香港中国银行大厦是典型的空间桁架结构(图 2.16)。

图 2.16 香港中银大厦

巨型结构的优点:在主体巨型结构的平面布置和沿高度均为规则的前提下,建筑布置和建筑空间在不同楼层可以有所变化,形成不同的建筑平面和空间。

3)巨型框架(支撑框架)-核心筒-伸臂桁架结构

建筑高度达 500 m 以上时,巨型框架结构或巨型空间桁架结构已不再适用,需要采用刚度更大、更经济合理的结构体系。

上海中心大厦地上 120 层,塔尖高度 632 m,结构高度 574.6 m,抗侧力结构体系为巨型框架-核心筒-伸臂桁架如图 2.17 所示。结构竖向分为 8 个区段,每个区段顶部上层为加强层,

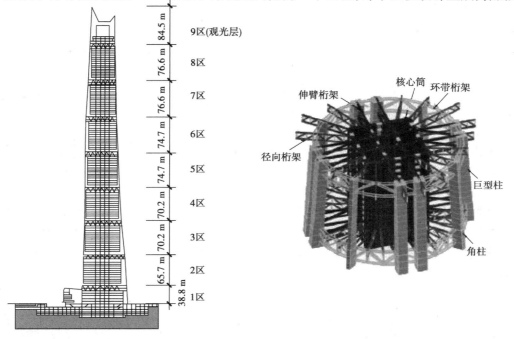

图 2.17 上海中心大厦结构示意图

设置伸臂桁架和箱形环带桁架。巨型框架由 8 根巨型柱、4 根角柱及 8 道两层高的箱形环带桁架组成。核心筒为边长约 30 m 的方形且底部加强区内埋设钢骨的钢筋混凝土筒体。

巨型框架(支撑框架)-核心筒-伸臂桁架结构属于双重抗侧力结构,其巨型框架必须分担一定量的地震剪力,其巨柱和巨型支撑为结构抗震的关键构件。

综上所述,高层建筑的主体结构体系具有多样性。一幢高层建筑的主体结构可以由其中的某一个体系单独构成,也可以由其中的某两个甚至三个体系组合而成。

高层建筑结构体系除上述类型之外,还有悬挂结构体系、板柱-剪力墙结构体系等,但目前应用最广泛的还是框架、剪力墙、框架-剪力墙和筒体结构体系。

2.2 结构总体布置原则

在高层建筑结构设计中,在初步设计阶段,除了要根据结构高度选择合理的结构体系外,还要恰当地设计和选择建筑物的平面、剖面形状和总体型。这些往往都在初步设计阶段,由建筑设计选择,但是应当注意,建筑平面和体型的选择必须在综合考虑使用要求、建筑美观、结构合理及便于施工等各种因素后才能确定。由于高层建筑中保证结构安全、经济合理等问题比一般低层建筑更为突出,结构布置及选型是否合理就更应受到重视。因此,安全、合理而经济的结构设计必须注重概念设计方法。

▶ 2.2.1 一般规定

①高层建筑不应采用严重不规则的结构体系,并应符合下列规定:

a. 应具有必要的刚度和延性;

b. 应避免因部分结构或构件的破坏而导致整个结构丧失承受重力荷载、风荷载和地震作用的能力;

c. 对可能出现的薄弱部位,应采取有效的加强措施;

d. 有关结构规则性的规定,后述内容将进一步阐述。

②高层建筑的结构体系尚应符合下列规定:

a. 结构的竖向和水平布置宜使结构具有合理的刚度和承载力分布,避免因刚度和承载力局部突变或结构扭转效应而形成薄弱部位;

b. 抗震设计时宜具有多道防线。

上述两条强调了高层建筑结构概念设计的基本原则,即宜采取规则的结构,不应采用严重不规则的结构。规则结构一般指:体型(平面和立面)规则,结构平面布置均匀、对称并具有较好的抗扭刚度;结构竖向布置均匀,结构的刚度、承载力和质量分布均匀、无突变。

有关结构规则性的具体规定,后述内容将进一步阐述。

▶ 2.2.2 控制房屋的高度和高宽比

高层建筑结构应根据房屋高度和高宽比、抗震类别、抗震设防烈度、场地类别、结构材料和施工条件等因素考虑适宜的结构体系。不同结构体系其承载力和刚度不同,因此其适用高度范围也不一样。一般来说,框架结构适用于设防烈度低、多层房屋及层数较少的高层房屋;框架-剪力墙结构和剪力墙结构适用于各种高度的高层房屋;在层数很多或设防烈度高时,宜采用筒体结构和混合结构等。

根据《高层规程》的规定,钢筋混凝土高层建筑结构的最大适用高度应分为 A 级和 B 级。A 级高度钢筋混凝土乙类和丙类高层建筑的最大适用高度应符合表 2.1 的规定,B 级高度钢筋混凝土乙类和丙类高层建筑的最大适用高度应符合表 2.2 的规定。平面和竖向均不规则的高层建筑结构,其最大适用高度宜适当降低。

表 2.1　A 级高度钢筋混凝土高层建筑的最大适用高度　　单位:m

结构体系		非抗震设计	抗震设防烈度				
			6 度	7 度	8 度		9 度
					0.20g	0.30g	
框　架		70	60	50	40	35	—
框架-剪力墙		150	130	120	100	80	50
剪力墙	全部落地剪力墙	150	140	120	100	80	60
	部分框支剪力墙	130	120	100	80	50	不应采用
筒体	框架-核心筒	160	150	130	100	90	70
	筒中筒	200	180	150	120	100	80
板柱-剪力墙		110	80	70	55	40	不应采用

注:①表中框架不含异形柱框架结构;
　②部分框支剪力墙结构指地面以上有部分框支剪力墙的剪力墙结构;
　③甲类建筑,6～8 度时宜按本地区抗震设防烈度提高一度后符合本表的要求,9 度时应专门研究;
　④框架结构、板柱-剪力墙结构以及 9 度抗震设防的表列其他结构,当房屋高度超过本表数值时,结构设计应有可靠依据,并采取有效的加强措施。

表 2.2　B 级高度钢筋混凝土高层建筑的最大适用高度　　单位:m

结构体系		非抗震设计	抗震设防烈度			
			6 度	7 度	8 度	
					0.20g	0.30g
框架-剪力墙		170	160	140	120	100
剪力墙	全部落地剪力墙	180	170	150	130	110
	部分框支剪力墙	150	140	120	100	80
筒体	框架-核心筒	220	210	180	140	120
	筒中筒	300	280	230	170	150

注:①部分框支剪力墙结构指地面以上有部分框支剪力墙的剪力墙结构;
　②甲类建筑,6 度、7 度时宜按本地区设防烈度提高一度后符合本表的要求,8 度时应专门研究;
　③当房屋高度超过表中数值时,结构设计应有可靠依据,并采取有效的加强措施。

对房屋高度超出表2.2的最大高度的特殊工程,应通过专门的审查、论证,补充多方面的计算分析,必要时进行相应的结构试验研究,采取专门的加强构造措施,才能予以实施。

在高层建筑结构中,控制水平位移常常成为结构设计的主要矛盾,而且随着高度增加,倾覆力矩将迅速增大。因此,建筑宽度很小的建筑物是不适宜的,一般应将结构高宽比H/B控制在3~8。高层建筑的高宽比,是对结构刚度、整体稳定、承载能力和经济合理性的宏观控制。钢筋混凝土高层建筑结构的高宽比不宜超过表2.3的规定。

表2.3 钢筋混凝土高层建筑结构适用的最大高宽比

结构体系	非抗震设计	抗震设防烈度		
		6度、7度	8度	9度
框 架	5	4	3	—
板柱-剪力墙	6	5	4	—
框架-剪力墙、剪力墙	7	6	5	4
框架-核心筒	8	7	6	4
筒中筒	8	8	7	5

在复杂体型的高层建筑中,如何确定高宽比是比较困难的问题。一般情况下,可按所考虑方向的最小投影宽度计算高宽比,但对凸出建筑物平面很小的局部结构(如电梯井、楼梯间等),一般不应包括在计算宽度之内。对于不宜采用最小投影宽度计算高宽比的情况,应由设计人员根据实际情况确定合理的计算方法。对带有裙房的高层建筑,当裙房的面积和刚度相对于其上部塔楼的面积和刚度较大时,计算高宽比的房屋高度和宽度可按裙房以上塔楼结构考虑。

▶ 2.2.3 结构的平面布置

高层建筑的外形可以分为板式和塔式两大类。板式建筑平面两个方向的尺寸相差较大,分为长、短边;为了增大一字形板式建筑短方向的抗侧刚度,可以将板式建筑平面做成折线或曲线形。塔式建筑平面两个方向的尺寸接近或相差不大,其平面形状有圆形、方形、长宽比小的矩形、Y形、井形、切角的三角形等。多数高层建筑为塔式。结构平面布置的基本要求如下:

①高层建筑的一个独立结构单元内,结构平面形状宜简单、规则、对称,刚度和承载力分布均匀,不应采用严重不规则的平面布置。

②高层建筑宜选用风作用效应较小的平面形状。

对抗风有利的平面形状是简单规则的凸平面,如圆形、正多边形、椭圆形、鼓形等平面;对抗风不利的平面是有较多凹凸的复杂形状平面,如V形、Y形、H形、弧形等平面。

③抗震设计的混凝土高层建筑,其平面布置宜符合下列规定:

a.平面宜简单、规则、对称,减少偏心;

b.平面长度不宜过长(图2.18),L/B宜符合表2.4的要求;

c. 平面凸出部分的长度 l 不宜过长、宽度 b 不宜过小(图 2.18),l/B_{max}、l/b 宜符合表 2.4 的要求;

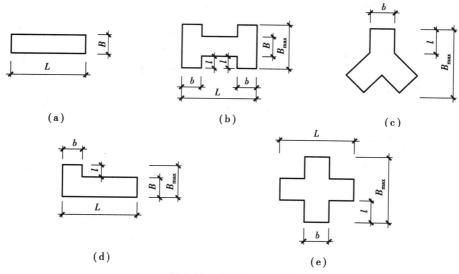

图 2.18 结构平面布置

表 2.4 平面尺寸及突出部分尺寸的比值限值

设防烈度	L/B	l/B_{max}	l/b
6,7 度	≤6.0	≤0.35	≤2.0
8,9 度	≤5.0	≤0.30	≤1.5

d. 建筑平面不宜采用角部重叠或细腰平面布置。

④结构平面布置应减少扭转的影响。在考虑偶然偏心影响的地震作用下,楼层竖向构件的最大水平位移和层间位移,A 级高度高层建筑不宜大于该层平均值的 1.2 倍,不应大于该楼层平均值的 1.5 倍;B 级高度高层建筑、超过 A 级高度的混合结构及复杂高层建筑不宜大于该楼层平均值的 1.2 倍,不应大于该楼层平均值的 1.4 倍。结构扭转为主的第一自振周期 T_t 与平动为主的第一自振周期 T_1 之比,A 级高度高层建筑不应大于 0.9,B 级高度高层建筑、超过 A 级高度的混合结构及复杂高层建筑不应大于 0.85。

⑤当楼板平面比较狭长、有较大的凹入和开洞时,应在设计中考虑其对楼板产生的不利影响。有效楼板宽度不宜小于该层楼面宽度的 50%;楼板开洞总面积不宜超过楼面面积的 30%;在扣除凹入或开洞后,楼板在任一方向的最小净宽度不宜小于 5 m,且开洞后每一边的楼板净宽度不应小于 2 m。本条规定是考虑平面过于狭长的建筑,在风荷载作用下,有可能出现楼板弯曲;在地震作用下,有可能因地震地面运动的相位差而使结构两端的振动不一致,产生震害;还可能出现楼板平面内高振型,这种变形在一般计算中无法计算。

⑥双十字形、井字形等外伸长度较大的建筑,当中央部分楼电梯间使楼板有较大削弱时,应加强楼板以及连接部位墙体的构造措施,必要时还可在外伸段凹槽处设置连接梁或连接板。

上述第③～⑤条对结构平面规则性提出了具体的限值条件。实际工程设计中,若结构方案中仅个别项目超过了有关规定的"不宜"的限值条件,此结构属平面不规则结构,但仍可按《高层规程》有关规定进行计算和采取相应的构造措施;若结构方案中有多项超过了有关规定的"不宜"的限值条件或某一项超过"不宜"的限值条件较多,此结构属平面特别不规则结构,应尽量避免;若结构方案中有多项超过了有关规定的"不宜"的限值条件且超过较多,或者有一项超过了有关规定的"不应"的限值条件,则此结构属平面严重不规则结构,这种结构方案不应采用,必须对结构方案进行调整。

《建筑抗震设计规范》(GB 50011—2010,2016 年版)(以下简称《抗震规范》)将平面不规则的主要类型分为三种,详见表 2.5。

表 2.5　平面不规则的主要类型

不规则类型	定义和参考指标
扭转不规则	在具有偶然偏心的规定水平力作用下,楼层两端抗侧力构件弹性水平位移(或层间位移)的最大值与平均值的比值大于 1.2
凹凸不规则	平面凹进的尺寸,大于相应投影方向总尺寸的 30%
楼板局部不连续	楼板的尺寸和平面刚度急剧变化,例如有效楼板宽度小于该层楼板典型宽度的 50%,或开洞面积大于该层楼面面积的 30%,或较大的楼层错层

在规则平面中,如果结构平面刚度不对称,仍然会产生扭转。所以,在布置抗侧力结构时,应使结构均匀分布,令荷载作用线通过结构刚度中心,以减少扭转的影响。尤其是布置刚度较大的楼电梯间时,更要注意保证其结构的对称性。但有时从建筑功能考虑,在平面拐角部位和端部布置多个电梯间,此时则采用剪力墙筒体等加强措施。

楼板开大洞削弱后,宜采取以下构造措施:
①加厚洞口附近楼板,提高楼板的配筋率;采用双层双向配筋,或加配斜向钢筋。
②洞口边缘设置边梁、暗梁。
③在楼板洞口角部集中配置斜向钢筋。

在方案阶段,结构专业与建筑专业应密切配合,适当调整和优化建筑平面布置,在满足建筑功能和建筑表现的前提下,使结构布置得更为合理。

▶ 2.2.4　结构的竖向布置

高层建筑结构的竖向布置宜规则、均匀,避免有过大的外挑和收进。结构的侧向刚度宜下大上小,逐渐均匀变化。

①抗震设计时,高层建筑相邻楼层的侧向刚度变化应符合下列规定:

a. 对框架结构,楼层与其相邻楼层的侧向刚度比 γ_1 可按式(2.1)计算,且本层与相邻上层的比值不宜小于 0.7,与相邻上部三层刚度平均值的比值不宜小于 0.8。

$$\gamma_1 = \frac{V_i \Delta_{i+1}}{V_{i+1} \Delta_i} \tag{2.1}$$

式中　　γ_1——楼层侧向刚度比;

V_i,V_{i+1}——第i层和第$i+1$层的地震剪力标准值,kN;

Δ_i,Δ_{i+1}——第i层和第$i+1$层在地震标准值作用下的层间位移,m。

b. 对框架-剪力墙、板柱-剪力墙结构、剪力墙结构、框架-核心筒结构、筒中筒结构,楼层与其相邻上层的侧向刚度比γ_2可按式(2.2)计算,且本层与相邻上层的比值不宜小于0.9;当本层层高大于相邻上层层高的1.5倍时,该比值不宜小于1.1;对结构底部嵌固层,该比值不宜小于1.5。

$$\gamma_2 = \frac{V_i \Delta_{i+1}}{V_{i+1} \Delta_i} \cdot \frac{h_i}{h_{i+1}} \qquad (2.2)$$

式中　γ_2——考虑层高修正的楼层侧向刚度比。

　　h_i,h_{i+1}——第i层和第$i+1$层的层高;其余字母含义同前。

②A级高度高层建筑的楼层抗侧力结构的层间受剪承载力不宜小于其相邻上一层受剪承载力的80%,不应小于其相邻上一层受剪承载力的65%;B级高度高层建筑的楼层抗侧力结构的层间受剪承载力不应小于其相邻上一层受剪承载力的75%。

楼层抗侧力结构的层间受剪承载力是指在所考虑的水平地震作用方向上,该层全部柱、剪力墙、斜撑的受剪承载力之和。

③抗震设计时,结构抗侧力构件宜上、下连续贯通。

④抗震设计时,当结构上部楼层收进部位到室外地面的高度H_1与房屋高度H之比大于0.2时,上部楼层收进后的水平尺寸B_1不宜小于下部楼层水平尺寸B的75%(图2.19);当上部结构楼层相对于下部楼层外挑时,上部楼层水平尺寸B_1不宜大于下部楼层的水平尺寸B的1.1倍,且水平外挑尺寸a不宜大于4 m(图2.19)。

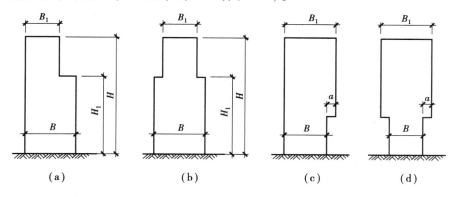

(a)　　　　　　(b)　　　　　　(c)　　　　　　(d)

图2.19　结构竖向收进和外挑示意

⑤不宜采用同一楼层刚度和承载力变化同时不满足上述第①、②两条规定的高层建筑结构。

⑥楼层质量沿高度宜均匀分布,楼层质量不宜大于相邻下部楼层质量的1.5倍。

⑦侧向刚度变化、承载力变化、竖向抗侧力构件连续性不符合上述第①～③条要求的楼层,其对应于地震作用标准值的剪力应乘以1.25的增大系数。

⑧结构顶层取消部分墙、柱形成空旷房间时,宜进行弹性或弹塑性时程分析补充计算并采取有效的构造措施。

上述第①,②条对结构竖向不规则性提出了具体的限值条件。实际工程设计时,有关竖

向不规则结构、竖向特别不规则结构、竖向严重不规则结构的含义可参见 2.2.3 节中有关平面不规则的说明。

《抗震规范》将结构竖向不规则的主要类型分为三种，详见表 2.6。

表 2.6　竖向不规则的主要类型

不规则类型	具体情况
侧向刚度不规则	该层的侧向刚度小于相邻上一层的70%，或小于其上相邻三个楼层侧向刚度平均值的80%；除顶层或出屋面小建筑外，局部收进的水平向尺寸大于相邻下一层的25%
竖向抗侧力构件不连续	竖向抗侧力构件（柱、抗震墙、抗震支撑）的内力由水平转换层（梁、桁架等）向下传递
楼层承载力突变	抗侧力结构的层间受剪承载力小于相邻上一楼层的80%

高层建筑结构侧向刚度的不规则主要是由以下两个原因产生的：

（1）竖向收进和外挑

①建筑顶部内收形成塔楼。顶部小塔楼因鞭梢效应而放大地震作用，塔楼的质量和刚度越小，则地震作用放大越明显。在可能的情况下，宜采用台阶形逐级内收的立面。

②楼层外挑内收。结构刚度和质量变化大，地震作用下易形成较薄弱环节，应尽量避免用于抗震设计的高层建筑中。

（2）竖向抗侧力结构布置改变

①底层或底部若干层取消一部分剪力墙或柱子形成大空间，这必将产生结构刚度的突变。这时，应尽量加大落地剪力墙和下层柱的截面尺寸，并提高这些楼层的混凝土强度等级，尽量降低刚度削弱的程度。

②中部楼层剪力墙中断。如果建筑功能要求必须取消中间楼层的部分墙体，则取消的墙不宜多于 1/3，不得超过半数，其余墙体应加强配筋。

③顶层设置空旷的大空间，取消部分剪力墙或内柱。由于顶层刚度削弱，高振型影响会使地震力加大。顶层取消的剪力墙也不宜多于 1/3，不得超过半数。框架取消内柱后，全部剪力应由外柱箍筋承受，顶层柱子应全长加密配箍。

在高层建筑结构设计中，往往沿竖向分段改变构件截面尺寸和混凝土强度等级，这种改变使结构刚度自下而上递减。从结构受力角度来看，分段改变宜多、均匀；而从施工的角度，分段改变不宜太多。在实际工程中，一般沿竖向变化不超过 4 段；每次改变，梁、柱尺寸减少 100～150 mm，墙厚减少 50 mm；混凝土强度降低一个等级；而且一般尺寸与强度改变错开楼层布置，避免楼层刚度产生较大突变。

近年来，现代高层建筑越建越高、越建越大，且向着体型复杂、功能多样的综合性方向发展，目的在于为人们提供良好的生活环境和工作条件。在同一座建筑中，沿房屋高度方向建筑功能要发生变化，上部楼层布置旅馆、住宅；中部楼层作为办公用房；下部楼层作商店、餐馆和文化娱乐设施，这种不同用途的楼层需要采用不同形式的结构。竖向抗侧力构件不连续主要是由于建筑功能的要求而使上下结构轴线布置或结构形式发生变化，这时就要设置结构转换层,如图2.20所示。

▶ 2.2.5 变形缝的设置

高层建筑总体布置中是否设缝是确定结构方案的主要任务之一。设缝主要是为了消除结构平面不规则、不均匀伸缩和沉降对结构的有害影响,但缝的设置又带来许多新的问题:由于缝两侧均需布置剪力墙或框架而使建筑使用不便,建筑立面处理困难;地下部分容易渗漏,防水问题困难;更为突出的是地震中防震缝的两侧结构产生弹塑性变形,可能因楼层位移增大而发生相互碰撞,加重震害。故高层建筑结构宜调整平面形状、尺寸和结构布置,采取构造和施工措施,尽量不设缝或少设缝;当需要设缝时,则应将高层建筑结构划分成独立的结构单元,并设置必要的缝宽,以防止震害。

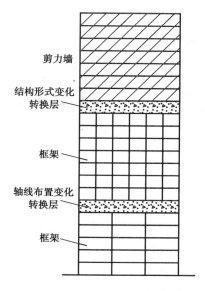

图 2.20　结构转换层

1)伸缩缝

为了释放建筑平面尺寸较大的房屋因温度变化和混凝土干缩产生的结构内力,在结构的适当位置设置伸缩缝(也称为温度缝)。由于因温度变化或混凝土干缩而引起的结构内力有很大的不确定性,一般在结构设计时不计算其内力值,而是根据施工经验和实践效果,由构造措施来解决,即每隔一定的距离设置一道伸缩缝,使房屋分成相互独立的单元,各单元可随温度变化等自由变形。伸缩缝必须贯通基础以上的建筑高度。《高层规程》规定高层建筑结构伸缩缝的最大间距宜符合表2.7的规定。

表 2.7　伸缩缝的最大间距

结构体系	施工方法	最大间距/m
框架结构	现浇	55
剪力墙结构	现浇	45

注:①框架-剪力墙的伸缩缝间距可根据结构的具体布置情况取表中框架结构与剪力墙结构之间的数值;
　　②当屋面无保温或隔热措施、混凝土的收缩较大或室内结构因施工外露时间较长时,伸缩缝间距应适当减小;
　　③位于气候干燥地区、夏季炎热且暴雨频繁地区的结构,伸缩缝的间距宜适当减小。

当采用有效的构造措施和施工措施减少温度和混凝土收缩对结构的影响时,可适当放宽伸缩缝的间距。这些措施可包括但不限于下列方面:
①顶层、底层、山墙和纵墙端开间等受温度变化影响较大的部位提高配筋率;
②顶层加强保温隔热措施,外墙设置外保温层;
③每30~40 m间距留出施工后浇带,带宽800~1 000 mm,钢筋采用搭接接头,后浇带混凝土宜在45 d后浇灌;
④采用收缩小的水泥,减少水泥用量,在混凝土中加入适宜的外加剂;

⑤提高每层楼板的构造配筋率或采用部分预应力结构。

2）沉降缝

当同一建筑物中的各部分的基础发生不均匀沉降时,有可能导致结构构件较大的内力和变形。此时,可采用设置沉降缝的方法将各部分分开。沉降缝不但贯通上部结构,而且应贯通基础本身。高层建筑在下述平面位置处应考虑设置沉降缝:

①建筑各部分高度差异较大处;

②上部不同结构体系或结构类型的相邻交界处;

③地基土的压缩性有显著差异处;

④基础底面标高相差较大,或基础类型不一致处。

工程实践中对沉降缝的处理一般有三种方法:

①放:设沉降缝,让各部分自由沉降,互不影响,避免出现由于不均匀沉降时产生的内力。这是一种传统的有效方法。其缺点是:在结构、建筑和施工上都较复杂,而且在高层建筑中采用此法往往使地下室容易渗水。

②抗:采用端承桩或利用刚度很大的刚性基础。前者由坚硬的基岩或砂卵石层来尽可能避免显著的沉降差;后者则用基础本身的刚度来抵抗沉降差。此方法材料消耗较多,不经济,只宜在一定情况下使用。

③调:在设计与施工中采取措施,调整各部分沉降,减少其差异,降低由沉降差产生的内力。这是趋于"放"与"抗"之间的一种方法。

采用"调"的方法,不设永久性沉降缝。在设计过程中,根据工程经验和相关规定调整各部分沉降差。在施工过程中留出后浇带作为临时沉降缝,等到各部分结构沉降基本稳定后再连为整体。通常有以下"调"的方法:

a.调整地基土压力。主楼和裙房采用不同的基础形式来调整地基土压力,使各部分沉降基本均匀一致,减少沉降差。

b.调整施工顺序,先主楼,后裙房。主楼工期较长、沉降大,待主楼基本建成,沉降基本稳定后,再施工裙房,使两者后期沉降基本相近。

c.预留沉降差。当地基承载力较高、有较多的沉降观测资料、沉降值计算较为可靠时,主楼标高定得稍高,裙房标高定得稍低,预留两者沉降差,使最后两者实际标高一致。

3）防震缝

抗震设计时,高层建筑宜调整平面形状和结构布置,避免设置防震缝。体型复杂、平立面不规则的建筑,应根据不规则程度、地基基础条件和技术经济等因素的比较分析,确定是否设置防震缝。当建筑物平面形状复杂而又无法调整其平面形状和结构布置使之成为较规则的结构时,宜设置防震缝将其划分为较简单的几个结构单元。抗震设计时,建筑物各部分之间的关系应明确:如分开,则彻底分开;如相连,则连接牢固。不宜采用似分不分、似连不连的结构方案。

（1）宜设防震缝的情况

①平面长度和突出部分超过了表2.4的规定,而又没有采取加强措施时;

②各部分结构刚度、荷载或质量相差悬殊,而又没有采取有效措施时;

③房屋有较大错层时。

（2）设置防震缝时应符合的规定

①防震缝宽度应符合下列要求：

a. 框架结构房屋，高度不超过 15 m 时，防震缝的宽度不应小于 100 mm；超过 15 m 时，6度、7度、8度和9度分别每增加高度 5 m、4 m、3 m 和 2 m，防震缝宜加宽 20 mm。

b. 框架-剪力墙结构房屋不应小于第 a 项规定数值的 70%，剪力墙结构房屋不应小于第 a 项规定数值的 50%，但两者防震缝均不宜小于 100 mm。

②防震缝两侧结构体系不同时，防震缝宽度应按不利的结构类型确定。

③防震缝两侧的房屋高度不同时，防震缝宽度应按较低的房屋高度确定。

④8度、9度抗震设计的框架房屋，防震缝两侧结构相差较大时，防震缝两侧框架柱的箍筋应沿房屋全高加密，并可根据需要沿房屋全高在缝两侧各设置不少于两道垂直于防震缝的抗撞墙。

⑤当相邻结构的基础存在较大沉降差时，宜增大防震缝的宽度。

⑥防震缝宜沿房屋全高设置，地下室、基础可不设防震缝，但在与上部防震缝对应处应加强构造和连接。

⑦结构单元之间或主楼与裙房之间不宜采用牛腿托梁的做法设置防震缝，应采取可靠措施。

▶ 2.2.6 楼盖结构布置

在高层建筑中，水平结构除承受作用于楼面或屋面上的竖向荷载外，还要担当起连接各竖向承重构件的任务。作用在各榀竖向承重结构上的水平力是通过楼盖及屋盖来传递或分配的，特别是当各榀框架、剪力墙结构的抗侧刚度不等时，或当建筑物发生整体扭转时，楼盖结构中将产生楼板平面内的剪力和轴力，以实现各榀框架、剪力墙结构变形协调、共同工作。这就是所谓的空间协同工作或空间整体工作。另外，楼盖结构作为竖向承重结构的支承，使各榀框架、剪力墙不致产生平面外失稳。

基于高层建筑结构在侧向力作用下空间协同工作的合理性，在目前高层建筑结构计算中，一般假定楼板在其自身平面内的刚度无限大，在水平荷载作用下楼盖只有刚性位移而不变形。因此，高层建筑楼盖结构形式的选择和楼盖结构的布置，首先应考虑使结构的整体性好、楼盖平面内刚度大，使楼盖在实际结构中的作用与在计算简图中平面内刚度无限大的假定相一致。因此，房屋高度超过 50 m 的高层建筑采用现浇楼盖比较可靠。其次，楼盖结构的选型应尽量使结构高度小、质量轻。因为高层建筑层数多，楼盖结构的高度和质量对建筑的总高度、总荷重影响较大。建筑总高度大，则相应的结构材料、装饰材料、设备管线材料、电梯提升高度都将增大。建筑总荷重则影响到墙柱截面尺寸、地基处理费用及基础造价等。另外，楼盖结构的选型和布置还要考虑到建筑使用要求、建筑装饰要求、设备布置要求及施工技术条件等。

在高层建筑特别是超高层建筑结构的布置中，常常会在某些高度设置刚性层。这时需将楼盖结构与刚性桁架或刚性大梁连成整体。在某些转换层，如框支剪力墙的转换层，楼盖结构的布置也应与转换层大梁结构的布置相协调，以增强转换层结构的刚度；同时，也应将楼盖

加强加厚,以实现各抗侧力结构之间水平力的有效传递。

1)楼盖结构的类型

目前,国内外高层建筑钢筋混凝土楼盖结构体系按不同的分类方式有以下几种。

(1)楼盖按结构形式分类

按结构形式,楼盖可分为梁板结构体系、井式楼盖体系、密肋楼盖体系和无梁楼盖(又称板柱结构)体系,如图2.21所示。其中,梁板结构体系用得最普遍。

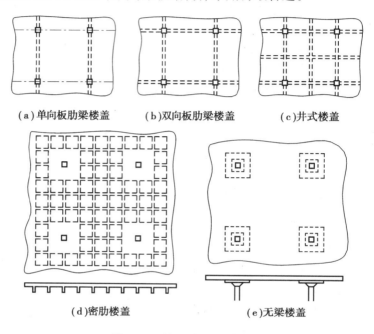

(a)单向板肋梁楼盖　　　(b)双向板肋梁楼盖　　　(c)井式楼盖

(d)密肋楼盖　　　　　　　　(e)无梁楼盖

图2.21　楼盖的结构类型

①梁板结构体系。这是最常见的楼盖结构形式,由梁和板组成,梁的网格将楼板划分为一个一个的板块,根据板块传力方式不同分为单向板肋梁楼盖[图2.21(a)]和双向板肋梁楼盖[图2.21(b)]。该结构体系具有传力明确、受力合理、楼板平面内刚度大、施工方便等优点;其缺点是占用层高空间大,不利于管线布置。

现浇梁板式楼盖可用普通木模或定型钢模板施工。在框架和框架-剪力墙结构中,常由预制楼板、预制梁组成装配整体式楼盖,这时宜在预制板上按要求设置现浇面层。

②井式楼盖。井式楼盖中两个方向梁的截面相同,且梁的网格基本接近正方形,即板块均为双向板[图2.21(c)]。通常,两个方向梁将板面荷载直接传递给周边的墙或柱,中部一般不设柱支承,其跨越的平面空间较大,当平面尺寸很大时中间需增设柱。

③密肋楼盖。密肋楼盖实际上可以看作前面几种楼盖形式的一种特殊形式[图2.21(d)],有单向板密肋楼盖、双向板密肋楼盖和无梁密肋楼盖。其主要特点是采用密排布置的小梁(称肋),由于肋的间距小,楼板厚度可以做得很薄,一般仅30~50 mm,因此楼板质量较轻,有较好的经济性。双向板密肋楼盖的一个单元板块中,正交密布的肋相当于一个小的井式楼盖。此种楼盖优点是跨度大、结构高度小、承受荷载大,缺点是施工工艺麻烦。双向板密肋楼盖和无梁密肋楼盖采用预制塑料模壳,克服了支模施工复杂的缺点,且建筑效

果也很好,故应用较多。

④无梁楼盖。无梁楼盖是将楼板直接支承于柱上,荷载由板直接传给柱或墙[图2.21(e)],柱网尺寸一般接近方形。无梁楼盖的结构高度小,楼板底面平整,支模简单,但楼板厚度大,用钢量较大。因为楼板直接支承于柱上,板柱节点处受力复杂,柱的反力对楼板来说相当于集中力,容易导致楼板的冲切破坏。因此,当柱网尺寸较大时,柱顶一般设置柱帽以提高板的抗冲切能力。此外,因柱间无梁,结构抗侧刚度和抗水平荷载的能力较差,不适用于高层的抗震结构。其优点是能承受较大的竖向荷载,结构高度最小;缺点是节点抗震性能差,抗冲切强度不足,易产生冲切破坏。

(2)楼盖按预应力情况分类

按预加应力情况,楼盖可分为钢筋混凝土楼盖和预应力混凝土楼盖两种。其中预应力混凝土楼盖用得最普遍的是无粘结预应力混凝土平板楼盖。当柱网尺寸较大时,预应力楼盖可有效减小板厚,降低建筑高度。

①非预应力平板。非预应力平板广泛应用于剪力墙结构和筒体结构,其优点是可以降低建筑物层高,板底平整可以不加吊顶,施工方便。非预应力平板一般为实心板,跨度不超过7 m。在筒体结构中,当内外间距离为8 m时,板厚可达300～350 mm,自重较大,混凝土用量多,不是很合理。目前采用特制轻质管形成空心的现浇非预应力楼盖已经开始使用,由于板内有圆形空腔,自重降低,取得较好的效果。

②预应力平板。预应力平板包括预应力空心板、预应力大楼板、预应力叠合板、无粘结预应力现浇平板等几种不同的形式。其中前三种一般用于装配整体式楼盖。此类结构的优点是跨度大、结构高度小、综合经济性能好;缺点是施工工艺要求复杂,技术标准高。

(3)楼盖按施工方法分类

按施工方法,楼盖可分为现浇楼盖、装配式楼盖和装配整体式楼盖三种。

①现浇楼盖。现浇楼盖又称整体式楼盖,是混凝土结构中最常用的楼盖结构形式,尤其是在高层建筑的楼、屋盖结构中。其优点是整体性好,施工技术成熟;缺点是模板用量较大,施工周期长。

②装配式楼盖。装配式楼盖由于结构整体性差,在地震区的高层建筑中一般不允许采用。

③装配整体式楼盖。装配整体式楼盖目前在低烈度(6度、7度)区高层建筑的楼、屋盖结构中得到了比较广泛的应用。一般梁为叠合梁,板为预制板,为保证楼、屋盖的整体性及平面内的较大刚度,应在预制楼板上做配筋混凝土现浇层。装配整体式楼盖其整体性较装配式结构好,又较现浇楼盖模板用量少,但缺点是用钢量和焊接量较大,由于两次混凝土浇筑,会对施工进度和工程造价带来不利影响。

2)楼盖结构布置的要求

实际工程设计时,《高层规程》对高层建筑的楼盖结构作了如下规定:

①房屋高度超过50 m时,框架-剪力墙结构、筒体结构及复杂高层建筑结构应采用现浇楼盖结构。

②房屋高度不超过50 m时,8度、9度抗震设计宜采用现浇楼盖结构;6度、7度时可采用装配整体式楼盖,且应符合下列要求:

a.无现浇叠合层的预制板,板端搁置在梁上的长度不宜小于 50 mm。

b.预制板板端宜预留胡子筋,其长度不宜小于 100 mm。

c.预制空心板孔端应有堵头,堵头深度不宜小于 60 mm,并应采用强度等级不低于 C20 的混凝土浇灌密实。

d.楼盖的预制板板缝上缘宽度不宜小于 40 mm,板缝大于 40 mm 时应在板缝内配置钢筋,并宜贯通整个结构单元。现浇板缝、板缝梁的混凝土强度等级宜高于预制板的混凝土强度等级。

e.楼盖每层宜设置钢筋混凝土现浇层。现浇层厚度不应小于 50 mm,并应双向配置直径不小于 6 mm、间距不大于 200 mm 的钢筋网,钢筋应锚固在梁或剪力墙内。

③房屋的顶层、结构转换层、大底盘多塔楼结构的底盘顶层、平面复杂或开洞过大的楼层、作为上部结构嵌固部位的地下室楼层应采用现浇楼盖结构。一般楼层现浇楼板厚度不宜小于 80 mm,当板内预埋暗管时不宜小于 100 mm;顶层楼板厚度不宜小于 120 mm,宜双层双向配筋;转换层楼板厚度参见《高层规程》复杂高层建筑结构设计的有关规定;普通地下室顶板厚度不宜小于 160 mm;作为上部结构嵌固部位的地下室楼层的顶楼盖应采用梁板结构,楼板厚度不宜小于 180 mm,应双层双向配筋,且每层每个方向的配筋率不宜小于 0.25%。

④现浇预应力混凝土楼板厚度可按跨度的 1/45 ~ 1/50 采用,且不宜小于 150 mm。

⑤现浇预应力混凝土楼板设计中应采取措施防止或减少主体结构对楼板施加预应力的阻碍作用。

随着商品混凝土、泵送混凝土以及工具式模板的广泛使用,高层钢筋混凝土结构,包括楼盖结构在内,大多采用现浇结构。

2.3　地下室与基础结构布置

高层建筑结构中宜设置地下室,这是因为地下室的设置会有以下几个作用:

①利用土体的侧压力防止水平力作用下结构的滑移、倾覆;

②减小土的重力,降低地基的附加压应力;

③提高地基土的承载力;

④减少地震作用对上部结构的影响。

震害表明,有地下室的建筑物震害明显减轻。同一结构单元应全部设置地下室,不宜采用部分地下室,且地下室应当有相同的埋深。

高层建筑高度大、自重大,在水平力作用下有较大的倾覆力矩和剪力,因此对高层建筑基础的要求较高。高层建筑的基础是整个结构的重要组成部分,关系到整个结构的安全与经济。

高层建筑基础结构的布置,应根据上部结构形式、荷载特点、工程地质条件、施工条件等因素综合确定。

▶　2.3.1　地下室设计的基本要求

①高层建筑地下室顶板作为上部结构的嵌固部位时,应符合下列规定:

a.地下室顶板应避免开设大洞口,其混凝土强度等级及楼盖设计均应符合《高层规程》中的相关规定。

b.高层建筑整体结构计算中,地下一层与首层侧向刚度比不宜小于2。

c.地下室顶板对应于地下框架柱的梁柱节点设计应符合下列要求之一:

Ⅰ.地下室一层柱截面每侧的纵向钢筋面积除应符合计算要求外,不应少于地上一层对应柱每侧纵向钢筋面积的1.1倍;地下一层梁端顶面和底面的纵向钢筋应比设计值增大10%采用。

Ⅱ.地下室一层柱截面每侧的纵向钢筋面积不小于地上一层对应柱每侧纵向钢筋面积的1.1倍,且地下室顶板梁柱节点左右梁端截面与下柱上端同一方向实配的受弯承载力之和不小于地上一层对应柱下端实配的受弯承载力的1.3倍。

d.地下室与上部对应的剪力墙墙肢端部边缘构件的纵向钢筋截面面积不应小于地上一层对应的剪力墙墙肢边缘构件的纵向钢筋截面面积。

②高层建筑地下室不宜设置变形缝。当地下室长度超过伸缩缝最大间距时,可考虑利用混凝土后期强度,降低水泥用量;也可每隔30~40 m设置贯通顶板、底部及墙板的施工后浇带。后浇带可设置在柱距三等分的中间范围内以及剪力墙附近,其方向宜与梁正交,沿竖向应在结构同跨内;地板及外墙的后浇带宜增设附加防水层;后浇带封闭时间宜滞后45 d以上,其混凝土强度等级宜提高一级,并宜采用无收缩混凝土,低温入模。

③高层建筑主体结构地下室底板与扩大地下室底板交界处,其截面厚度和配筋应适当加强。

④高层建筑地下室外墙设计,应满足水土压力及地面荷载侧向压力下承载力要求,其竖向和水平分布钢筋应双向双层布置,间距不宜大于150 mm,配筋率不宜小于0.3%。

▶ 2.3.2 基础结构布置

1)基础形式

高层建筑常用的基础形式有筏形基础、箱形基础、桩基等。

(1)筏形基础

筏形基础具有良好的整体刚度,适用于地基承载力较低、上部结构竖向荷载较大的工程。筏形基础本身是地下室外的底板,厚度较大,有良好的抗渗性能。由于筏板刚度大,可以调节基础不均匀沉降。

筏形基础不必设置很多墙壁体,可以形成较大的自由空间,便于地下室的多种用途,因而能较好地满足建筑功能上的要求。

筏形基础如同倒置的楼盖,可采用平板式和梁板式两种方式。梁板式筏形基础的梁可设在板上或板下土体中。当采用板上梁时,梁应留出排水孔,并设置架空地板。

筏形基础一般伸出外墙1 m左右,使筏形基础面积稍大于上部结构面积。

(2)箱形基础

箱形基础是由数量较多的纵向与横向墙体和有足够厚度的底板、顶板组成的刚度很大的箱形空间结构。箱形基础具有较大的结构刚度和整体性,是高层建筑中广泛使用的一种基础类型。它既能够抵抗和协调地基的不均匀变形,又能扩大基底面积,将上部荷载均匀传递到

地基土上,同时又使得部分土体重量得到置换,降低了土压力。

（3）桩基

桩基也是高层建筑广泛使用的一种基础类型。桩基具有承载力可靠、沉降量小的优点,适用于软弱地基土和可能液化的地基条件。当为端承桩时,桩身穿过软弱土层或可液化土层支承在坚实可靠的土层上;当为摩擦桩时,桩身可穿过可液化土层,深入非液化土层内。

高层建筑应采用整体性好,能满足地基承载力和建筑物容许变形要求,并能调节不均匀沉降的基础形式,宜采用筏形基础或带桩基的筏形基础,必要时可采用箱形基础。当地质条件好,能满足地基承载力和变形要求时,也可采用交叉梁式基础或其他形式基础;当地基承载力或变形不满足设计要求时,可采用桩基或复合地基。

高层建筑主体结构基础地面形心宜与永久作用重力荷载重心重合;当采用桩基础时,桩基的竖向刚度中心宜与高层建筑主体结构永久重力荷载重心重合。

为保证高层建筑的抗倾覆能力具有足够的安全储备,《高层规程》对基础地面压应力较小一端的应力状态作了如下限制:在重力荷载与水平荷载标准值或重力荷载代表值与多遇地震、水平地震作用标准值共同作用下,高宽比大于 4 的高层建筑,基础底面不宜出现零应力区;高宽比不大于 4 的高层建筑,基础底面与地基之间零应力区面积不应超过基础底面面积的 15%。质量偏心较大的裙楼与主楼可分别计算基底应力。

2）基础的埋置深度

为了防止建筑物在地震和风荷载作用下产生侧移和倾覆,高层建筑的基础必须有足够的埋深,这样一方面起到嵌固作用,另一方面可以减少地基土压力和地震反应。

基础埋置深度一般从室外地面算起。当地下室周围无可靠侧向限制时,埋置深度应从具有侧限的地面算起,如图 2.22 所示。

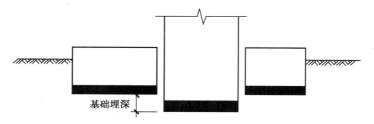

图 2.22　高层结构基础埋深

在确定埋置深度时,应综合考虑建筑物的高度、体型、地基土质、抗震设防烈度等因素。基础埋置深度可从室外地坪算至基础底面,并宜符合下列规定:

①天然地基或复合地基,可取房屋高度的 1/15;

②桩基础,不计桩长,可取房屋高度的 1/18。

当建筑物采用岩石地基或采取有效措施时,在满足地基承载力、稳定性要求及结构整体抗倾覆要求的前提下,基础埋深比上述两条可适当放松。当地基可能产生滑移时,应采取有效的抗滑移措施。

高层建筑的基础和与其相连的裙房的基础,设置沉降缝时,应考虑高层主楼基础有可靠的侧向约束及有效埋深;不设沉降缝时,应采取有效措施减少差异沉降及其影响。

思考题

2.1 为什么高层建筑结构设计更应重视概念设计？

2.2 多高层建筑的结构体系有哪些？

2.3 框架结构体系的特点是什么？

2.4 剪力墙结构体系的特点是什么？

2.5 框架-剪力墙结构体系的特点是什么？

2.6 筒体结构体系的特征是什么？

2.7 高层建筑结构体系对抗震有哪些要求？

2.8 较复杂体型的高层建筑高宽比如何确定？

2.9 "不规则、严重不规则、特别不规则"的程度如何区分？

2.10 伸缩缝、沉降缝和防震缝的设置有何要求？

2.11 高层建筑基础的埋置深度宜符合哪些基本规定？

习 题

2.1 框架结构与剪力墙结构相比，下述概念正确的是( )。

A. 由于框架结构变形大、延性好、抗侧力小，因此考虑经济合理，其建造高度比剪力墙结构低

B. 框架结构延性好，抗震性好，只要加大柱承载力，建造更高的框架结构是可能的，也是合理的

C. 剪力墙结构延性小，因此建造高度也受到限制(可比框架结构高度大)

D. 框架结构必定是延性结构，剪力墙结构是脆性或低延性结构

2.2 在抗震设防烈度为8度的地区建造一幢高度为60 m的高层办公楼，采用下列何种体系比较好？( )。

A. 框架结构　　　　B. 剪力墙结构　　　　C. 框架-剪力墙结构　　　　D. 筒中筒结构

2.3 一座8层的钢筋混凝土结构教学楼，各层层高均为4.2 m，局部突出屋面的水箱、楼电梯间高5.0 m，房屋室内外高差0.45 m。在决定结构抗震等级时房屋高度 H 应取以下何项数值？( )。

A. 33.6 m　　　　B. 34.05 m　　　　C. 38.6 m　　　　D. 39.2 m

2.4 某大底盘单塔楼高层建筑，主楼为钢筋混凝土框架-核心筒，与主楼连为整体的裙房为混凝土框架结构，如题2.4图所示。

假定裙房的面积、刚度相对于其上部塔楼的面积和刚度较大时，试问该房屋主楼的高宽比取值最接近下列何项数值？( )。

A. 1.4　　　　B. 2.2　　　　C. 3.4　　　　D. 3.7

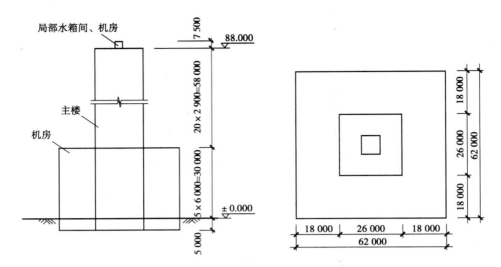

题 2.4 图

2.5 房屋规则性的判断。在 7 度抗震设防区、Ⅲ类建筑场,拟建综合楼一座,高 94 m,24 层(1~3 层为商场,第 4 层为转换层,5~24 层为旅店)。在 1~3 层的商场中央为共享空间,开有 24 m×10 m 的大洞。该楼为部分框支剪力墙结构,其结构平面规则、对称。房屋的立面外形也规则、对称,无挑出和收进,如题 2.5 图所示。

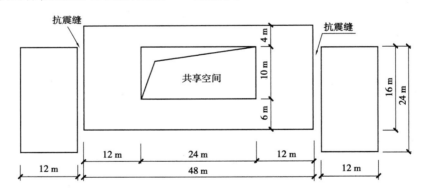

题 2.5 图

经初步计算,在考虑了偶然偏心影响的地震作用下,楼层竖向构件的最大弹性水平位移小于该层弹性平均水平位移值的 1.2 倍,转换层侧向刚度 K_4 为其相邻的第五层侧向刚度 K_5 的 70%,转换层上部与下部结构的等效侧向刚度比 γ_e 为 1.1。

请判断这个结构中央部分的结构方案属哪种类型。

2.6 高层建筑结构防震缝的设置,下列所述哪种是正确的?(   )。

A. 应沿房屋全高设置,包括基础也应断开

B. 宜沿房屋全高设置,基础可不设防震缝,但在与上部防震缝对应处应加强构造和连接

C. 一般宜沿房屋全高设置,有地下室时仅地面以上设置

D. 仅地面以上设置

2.7 在选择楼盖结构方案时,以下哪项是不正确的?(   )。

A. 抗震设计时,不论柱-剪力墙结构房屋有多高,顶层及地下一层的顶板应采用现浇的肋形梁板结构

B. 房屋高度超过 50 m 时,框架-核心筒结构房屋的楼盖应采用现浇楼盖结构,包括肋形梁板楼盖、双向密肋楼盖、压型钢板与混凝土的组合楼盖等

C. 房屋高度不超过 50 m 的部分框支剪力墙结构,其转换层可采用装配整体式楼盖,但应采取增加预制板之间整体性的一系列构造措施

D. 7 度抗震设计时,房屋高度不超过 50 m 的框架结构或剪力墙结构,允许采用装配整体式楼盖

3

荷载作用及结构设计原则

〖**本章学习要点**〗

熟悉高层建筑结构上的各种荷载、作用,并了解其对高层建筑结构的影响;

掌握风荷载及地震作用的取值标准和计算方法;

理解高层建筑结构设计基本假定和要求;

熟练掌握荷载效应的组合方法。

高层建筑结构在使用过程中承受多种荷载作用,在设计过程中应考虑的作用有:竖向荷载(包括永久荷载和可变荷载)、风荷载、地震作用、施工荷载、温度作用以及混凝土的徐变、收缩和地基不均匀沉降等。

高层建筑的荷载与多、低层建筑的荷载有所不同,不仅因为高层建筑竖向荷载远远大于多、低层建筑,可引起相当大的结构内力;而且高层建筑由于高度的增加,使得水平荷载的影响显著增大,成为高层建筑结构设计的主要影响因素。因此,抗风和抗震设计对高层建筑结构来说显得十分重要。

本章主要介绍竖向荷载计算、风荷载计算、地震作用计算以及结构设计的一般原则。

3.1 竖向荷载

▶ 3.1.1 永久荷载

永久荷载一般简称恒荷载,是指各种结构构件的自重和找平层、保温层、防水层、装修材料层、隔墙、幕墙及其附件、固定设备及其管道等质量,其标准值可按构件及其装修的设计尺寸和材料单位体积或面积的自重计算确定。对常用材料和构件的容重可从《建筑结构荷载规范》(GB 50009—2012,以下简称《荷载规范》)附表中得得。对某些自重变异较大的材料和构件(如现场制作的保温材料、混凝土薄壁构件等),考虑到结构的可靠度,在设计时应根据该荷载对结构产生的有利或不利影响,取其自重上限值或下限值。固定设备质量由有关专业设计人员提供。

► 3.1.2 可变荷载

1)楼面活荷载

民用建筑楼面均布活荷载的标准值及其组合值系数、频遇值系数和准永久值系数的取值,不应小于表3.1的规定。

表3.1 民用建筑楼面均布活荷载标准值及其组合值、频遇值和准永久值系数

项次	类 别			标准值/(kN·m⁻²)	组合值系数 ψ_c	频遇值系数 ψ_f	准永久值系数 ψ_q
1	(1)住宅、宿舍、旅馆、办公楼、医院、病房、托儿所、幼儿园			2.0	0.7	0.5	0.4
	(2)实验室、阅览室、会议室、医院门诊					0.6	0.5
2	教室、食堂、餐厅、一般资料档案室			2.5	0.7	0.6	0.5
3	(1)礼堂、剧场、影院有固定座位看台			3.0	0.7	0.5	0.3
	(2)公共洗衣房			3.0	0.7	0.6	0.5
4	(1)商店、展览厅、车站、港口、机场大厅及旅馆等候室			3.5	0.7	0.6	0.5
	(2)无固定座位看台			3.5	0.7	0.5	0.3
5	(1)健身房、演出舞场			4.0	0.7	0.6	0.5
	(2)运动场、舞厅			4.0	0.7	0.6	0.3
6	(1)书库、档案库、储藏室、百货食品超市			5.0	0.9	0.9	0.8
	(2)密集柜书库			12.0			
7	通风机房、电梯机房			7.0	0.9	0.9	0.8
8	汽车通道及客车停车库	(1)单向板楼盖(板跨不小于2 m)和双向板楼盖(板跨不小于3 m×3 m)	客 车	4.0	0.7	0.7	0.6
			消防车	35.0	0.7	0.5	0.0
		(2)双向板楼盖(板跨不小于6 m×6 m)和无梁楼盖(柱网尺寸不小于6 m×6 m)	客 车	2.5	0.7	0.7	0.6
			消防车	20.0	0.7	0.5	0.0
9	厨房	(1)餐厅		4.0	0.7	0.7	0.7
		(2)其他		2.0	0.7	0.6	0.5

续表

项次	类别		标准值/(kN·m^{-2})	组合值系数 ψ_c	频遇值系数 ψ_f	准永久值系数 ψ_q
10	浴室、卫生间、盥洗室		2.5	0.7	0.6	0.5
11	走廊门厅	（1）宿舍、旅馆、医院病房、托儿所、幼儿园、住宅	2.0	0.7	0.5	0.4
		（2）办公楼、餐厅、医院门诊室	2.5	0.7	0.6	0.5
		（3）教学楼及其他可能出现人员密集的情况	3.5	0.7	0.5	0.3
12	楼梯	（1）多层住宅	2.0	0.7	0.5	0.4
		（2）其他	3.5	0.7	0.5	0.3
13	阳台	（1）可能出现人员密集的情况	3.5	0.7	0.6	0.5
		（2）其他	2.5			

注：①本表所给各项活荷载适用于一般使用条件，当使用荷载较大、情况特殊或有专门要求时，应按实际情况采用。

②第6项书库活荷载，当书架高度大于2 m时，书库活荷载尚应按每米书架高度不小于2.5 kN/m^{2}确定。

③第8项中的客车活荷载只适用于停放载人少于9人的客车；消防车活荷载是适用于满载总重为300 kN的大型车辆；当不符合本表的要求时，应将车轮的局部荷载按结构效应的等效原则换算为等效均布荷载。

④第8项消防车活荷载当双向板楼盖板跨介于3 m×3 m～6 m×6 m时，可按线性插值确定。

⑤第12项楼梯活荷载，对预制楼梯踏步平板，尚应按1.5 kN集中荷载验算。

⑥本表各项荷载不包括隔墙自重和二次装修荷载。对固定隔墙的自重应按恒载考虑，当隔墙位置可灵活自由布置时，非固定隔墙的自重应取每延米长墙重（kN/m）的1/3作为楼面活荷载的附加值（kN/m^2）计入，且附加值不小于1.0 kN/m^2。

设计楼面梁、墙、柱及基础时，表3.1中的楼面活荷载标准值在下列情况下应乘以规定的折减系数。

（1）设计楼面梁时的折减系数

①第1（1）项当楼面梁从属面积（楼面梁的从属面积应按梁两侧各延伸1/2梁间距的范围内的实际面积确定）超过25 m^{2}时，应取0.9；

②第1（2）～7项当楼面梁从属面积超过50 m^{2}时应取0.9；

③第8项对单向板楼盖的次梁和槽形板的纵肋取0.8，对单向板楼盖的主梁应取0.6，对双向板楼盖的梁应取0.8；

④第9～12项应采用与所属房屋类别相同的折减系数。

（2）设计墙、柱和基础时的折减系数

①第1（1）项应按表3.2的规定采用；

表3.2　活荷载按楼层的折减系数

墙柱基础计算截面以上楼层	1	2～3	4～5	6～8	9～20	＞20
计算截面以上各楼层活荷载折减系数	1.00（0.90）	0.85	0.70	0.65	0.60	0.55

注：当楼面梁的从属面积超过25 m^{2}时，应用括号内的数字。

②第1(2)~7项应采用与其楼面梁相同的折减系数；

③第8项对单向板楼盖应取0.5,对双向板楼盖和无梁楼盖应取0.8;

④第9~13项应采用与所属房屋类别相同的折减系数。

2)屋面活荷载

房屋建筑的屋面,其水平投影面上的屋面均布活荷载的标准值及其组合值系数、频遇值系数和准永久值系数的取值,不应小于表3.3的规定。

表3.3 屋面均布活荷载标准值及其组合值系数、频遇值系数、准永久值系数

项 次	类 别	标准值 /$(kN \cdot m^{-2})$	组合值系数 ψ_c	频遇值系数 ψ_f	准永久值系数 ψ_q
1	不上人屋面	0.5	0.7	0.5	0.0
2	上人屋面	2.0	0.7	0.5	0.4
3	屋顶花园	3.0	0.7	0.6	0.5
4	屋顶运动场地	3.0	0.7	0.6	0.4

注:①不上人的屋面,当施工或维修荷载较大时,应按实际情况采用;对不同类型的结构应按有关设计规范的规定采用,但不得低于0.3 kN/m^2。

②上人的屋面,当兼作其他用途时,应按相应的楼面活荷载采用。

③对于因屋面排水不畅、堵塞等引起的积水荷载,应采取构造措施加以防止;必要时,应按积水的可能深度确定屋面活荷载。

④屋顶花园活荷载不包括花圃土石等材料自重。

不上人的屋面均布活荷载,可不与雪荷载和风荷载同时组合。

屋面直升机停机坪荷载应按局部荷载考虑,或根据局部荷载换算为等效均布荷载。等效均布荷载标准值不应低于5.0 kN/m^2。局部荷载应按直升机实际最大起飞质量确定,当没有机型技术资料时,一般可依据轻、中、重三种类型的不同要求,按下述规定选用局部荷载标准值及作用面积。

轻型:最大起飞质量2 t,局部荷载标准值取20 kN,作用面积0.20 m×0.20 m;

中型:最大起飞质量4 t,局部荷载标准值取40 kN,作用面积0.25 m×0.25 m;

重型:最大起飞质量6 t,局部荷载标准值取60 kN,作用面积0.30 m×0.30 m。

屋面直升机停机坪荷载的组合值系数应取0.7,频遇值系数应取0.6,准永久值系数应取0。

3)雪荷载

屋面水平投影面上的雪荷载标准值 S_k,应按式(3.1)计算:

$$S_k = \mu_r S_0 \tag{3.1}$$

式中 S_k——雪荷载标准值,kN/m^2。

μ_r——屋面积雪分布系数。屋面坡度 $\alpha \leq 25°$ 时,μ_r 取1.0,其他情况可按《荷载规范》取用。

S_0——基本雪压,kN/m²。按《荷载规范》规定给出的 50 年一遇的雪压采用。对雪荷载敏感的结构,基本雪压应适当提高,并应符合有关结构设计规范的具体规定。雪荷载的组合值系数可取 0.7,频遇值系数可取 0.6,准永久值系数应按雪荷载区分Ⅰ、Ⅱ和Ⅲ的不同,分别取 0.5、0.2 和 0。

4)施工和检修荷载及栏杆水平荷载

设计屋面板、檩条、钢筋混凝土挑檐、雨篷和预制小梁时,施工或检修集中荷载(人和小工具的自重)应取 1.0 kN,并应在最不利位置处验算。

楼梯、看台、阳台和上人屋面等栏杆活荷载标准值不应小于下列规定:

①住宅、宿舍、办公楼、旅馆、医院、托儿所、幼儿园应取 1.0 kN/m;

②学校、食堂、剧场、电影院、车站、礼堂、展览馆或体育场,应取 1.0 kN/m;竖向荷载应取 1.2 kN/m,水平荷载与竖向荷载应分别考虑。

当采用荷载准永久组合时,可不考虑施工和检修荷载及栏杆水平荷载。

施工中采用附墙塔、爬塔等对结构受力有影响的起重机械或其他施工设备时,应根据具体情况确定对结构产生的施工荷载。

旋转餐厅轨道和驱动设备的自重按实际情况确定。

擦窗机等清洗设备应按其实际情况确定其自重的大小和作用位置。

目前,我国钢筋混凝土高层建筑单位面积的重量(恒荷载与活荷载)可以按以下情况采用:

①框架、框架-剪力墙结构体系:12 ~ 14 kN/m²;

②剪力墙、筒体结构体系:14 ~ 16 kN/m²。

考虑到活荷载的折减,其中活荷载平均为 1.5 ~ 2.0 kN/m²,仅占全部竖向荷载的 10% ~ 15%。可见,在计算活荷载产生的内力时,活荷载不利布置产生的影响较小;同时考虑到高层建筑的层数和结构的跨数都很多,不利布置方式繁多,难以一一计算。因此,为简化计算,工程设计中,一般将恒荷载和活荷载合并计算,即按满载考虑,不再考虑活荷载的不利布置,可将满载所得的框架梁跨中弯矩乘以 1.1 ~ 1.2 的放大系数。如果活荷载较大(>4 kN/m²),宜考虑活荷载不利分布所产生的影响。

3.2 风荷载

空气从气压大的地方向气压小的地方流动形成了风,与建筑物有关的是靠近地面的流动风,简称为近地风。当风遇到建筑物时在其表面上所产生的压力或吸力即为建筑物的风荷载。风荷载的大小及其分布非常复杂,除与风速、风向有关外,还与建筑物的高度、形状、表面状况、周围环境等因素有关,一般可通过实测或风洞试验来确定。

对于高层建筑,一方面风使建筑物受到一个基本上比较稳定的风压,这部分称为稳定风;另一方面风力使建筑物产生振动,这部分称为脉动风。因此,高层建筑不仅要考虑风的静力作用,还要考虑风的动力作用。对于主要承重结构,风荷载标准值的表达有两种形式:其一为平均风压加上由脉动风引起导致结构风振的等效风压;另一种为平均风压乘以风振系数。由于结构的风振计算中,一般往往是受力方向基本振型(即第1)起主要作用,所以我国与大多数国家相同,都采用后一种表达方式,即采用风振系数 β_z,它综合考虑了结构在风荷载作用下的动力响应,其中包括风速随时间、空间的变异性和结构的阻尼特性等因素。

▶ 3.2.1 风荷载标准值

计算主要受力结构时,垂直于建筑物表面的风荷载标准值 w_k 按式(3.2)计算。

$$w_k = \beta_z \mu_s \mu_z w_0 \qquad (3.2)$$

式中 w_k——风荷载标准值,kN/m^2;

       w_0——高层建筑基本风压值,kN/m^2;

       μ_s——风载体型系数;

       μ_z——z 高度处的风压高度变化系数;

       β_z——z 高度处的风振系数。

当计算围护时,垂直于建筑物表面的风荷载标准值 w_k 应按式(3.3)计算。

$$w_k = \beta_{gz} \mu_{s1} \mu_z w_0 \qquad (3.3)$$

式中 β_{gz}——z 高度处的阵风系数;

       μ_{s1}——局部风载体型系数。

1)基本风压 w_0

基本风压 w_0 是根据全国各气象台站历年来的最大风速记录,按基本风压的标准要求,将不同测风仪高度和时次时距的年最大风速,统一换算为离地 10 m 高,自记式风速仪 10 min 平均年最大风速(m/s)。根据该风速数据,按有关规定经统计分析确定重现期为 50 年的最大风速,作为当地的基本风速 v_0,再按贝努利公式(式 3.4)确定基本风压。

$$w_0 = \frac{1}{2}\rho v_0^2 \qquad (3.4)$$

式中 ρ——空气密度,可近似取 1.25 kg/m^3 计算。

基本风压应按《荷载规范》给出的 50 年重现期的风压采用,但不得小于 0.3 kN/m^2。对于高层建筑、高耸结构以及对风荷载比较敏感的其他结构,基本风压的取值应适当提高,并应符合有关结构设计规范的规定。

《高层规程》规定,对风荷载比较敏感的高层建筑,承载力设计时应按基本风压的 1.1 倍采用。

对风荷载是否敏感,主要与高层建筑的体型、结构体系和自振特性有关,目前尚无实用的划分标准。一般情况下,对于房屋高度大于 60 m 的高层建筑,承载力设计时风荷载计算可按基本风压的 1.1 倍采用;对于房屋高度不超过 60 m 的高层建筑,风荷载取值是否提高,可由设计人员根据实际情况确定。

当城市或建设地点的基本风压值在《荷载规范》全国基本风压图上没有给出时,基本风压值可根据当地年最大风速资料,按基本风压定义,通过统计分析确定;分析时应考虑样本数量的影响。当地没有风速资料时,可根据附近地区规定的基本风压或长期资料,通过气象和地形条件的对比分析确定;也可按《荷载规范》中全国基本风压分布图近似确定。

2）风压高度变化系数 μ_z

由于《荷载规范》的基本风压是按 10 m 的高度给出的，所以不同高度上的风压应将 w_0 乘以高度系数 μ_z 得出。

在大气边界层内，风速随离地面高度而增大。当气压场随高度不变时，风速随高度增大的规律主要取决于地面粗糙度和温度垂直梯度。通常认为在离地面高度为 300～500 m 时，风速不再受地面粗糙度的影响，也即达到所谓的"梯度风速"，该高度称为梯度风高度。地面粗糙度等级低的地区，其梯度风高度比等级高的地区为低。

①对于平坦或稍有起伏的地形，风压高度变化系数应根据地面粗糙度类别按表 3.4 确定。

表 3.4　风压高度变化系数 μ_z

离地面或海平面 高度/m	地面粗糙类别			
	A	B	C	D
5	1.09	1.00	0.65	0.51
10	1.28	1.00	0.65	0.51
15	1.42	1.13	0.65	0.51
20	1.52	1.23	0.74	0.51
30	1.67	1.39	0.88	0.51
40	1.79	1.52	1.00	0.60
50	1.89	1.62	1.10	0.69
60	1.97	1.71	1.20	0.77
70	2.05	1.79	1.28	0.84
80	2.12	1.87	1.36	0.91
90	2.18	1.93	1.43	0.98
100	2.23	2.00	1.50	1.04
150	2.46	2.25	1.79	1.33
200	2.64	2.46	2.03	1.58
250	2.78	2.63	2.24	1.81
300	2.91	2.77	2.43	2.02
350	2.91	2.91	2.60	2.22
400	2.91	2.91	2.76	2.40
450	2.91	2.91	2.91	2.58
500	2.91	2.91	2.91	2.74
≥550	2.91	2.91	2.91	2.91

《荷载规范》将地面粗糙度分为 A，B，C，D 四类：

● A 类：指近海海面和海岛、海岸、湖岸及沙漠地区；

- B 类:指田野、乡村、丛林、丘陵以及房屋比较稀疏的乡镇;
- C 类:指有密集建筑群的城市市区;
- D 类:指有密集建筑群且房屋较高的城市市区。

②对于山区的建筑物,风压高度变化系数除可按平坦地面的粗糙度类别由表 3.4 确定外,还应考虑地形条件的修正,修正系数 η 分别按下述规定采用:

a. 对于山峰和山坡,其顶部 B 处的修正系数可按下述公式采用:

$$\eta_B = \left[1 + \kappa \tan \alpha \left(1 - \frac{z}{2.5H} \right) \right]^2 \qquad (3.5)$$

式中 $\tan \alpha$——山峰或山坡在迎风面一侧的坡度,当 $\tan \alpha > 0.3$ 时,取 $\tan \alpha = 0.3$;

κ——系数,对山峰取 2.2,对山坡取 1.4;

H——山顶或山坡全高,m;

z——建筑物计算位置离建筑物地面的高度,m,当 $z > 2.5H$ 时,取 $z = 2.5H$。

b. 对于山峰和山坡的其他部位,可按图 3.1 所示,取 A,C 处的修正系数 η_A,η_C 为 1,AB 间和 BC 间的修正系数按 η 的线性插值确定。

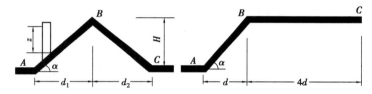

图 3.1 山峰和山坡的示意

c. 对于山间盆地、谷地等闭塞地形,η 可在 0.75 ~ 0.85 选取。

d. 对于与风向一致的谷口、山口,η 可在 1.20 ~ 1.50 选取。

e. 对于远海海面和海岛的建筑物或构筑物,风压高度变化系数可按 A 类粗糙度类别,由表 3.4 确定外,还应考虑表 3.5 中给出的修正系数 η。

表 3.5 远海海面和海岛的修正系数 η

距海岸距离/km	η
<40	1.0
40 ~ 60	1.0 ~ 1.1
60 ~ 100	1.1 ~ 1.2

3)风荷载体型系数 μ_s

风荷载体型系数是风作用在建筑物表面上所引起的实际压力(或吸力)与来流风的速度压的比值,它描述的是建筑物表面在稳定风压作用下的静态压力的分布规律,主要与建筑物的体型和尺度有关,也与周围环境和地面粗糙度有关。

风流经建筑物时对建筑物的作用,迎风面为压力(体型系数为"+"数),侧风面及背风面为吸力(体型系数为"-"数),各面上的风压分布并不均匀。《高层规程》对《荷载规范》中的风荷载体型系数进行了适当的简化和整理,以便于高层建筑结构设计时应用。

（1）计算主体结构风荷载效应时风荷载体型系数的取用

计算主体结构的风荷载效应时，高层建筑的风荷载体型系数 μ_s 可按下列规定取用：

①圆形和椭圆形平面建筑 μ_s 取 0.8；

②正多边形及截角三角形平面建筑，由式（3.6）计算：

$$\mu_s = 0.8 + \frac{1.2}{\sqrt{n}} \qquad (3.6)$$

式中　n——多边形的边数。

③高宽比 H/B 不大于 4 的矩形、方形、十字形平面建筑 μ_s 取 1.3；

④下列建筑 μ_s 取 1.4：

a. V 形、Y 形、弧形、双十字形、井字形平面建筑；

b. L 形、槽形和高宽比 H/B 大于 4 的十字形平面建筑；

c. 高宽比 H/B 大于 4，长宽比 L/B 不大于 1.5 的矩形、鼓形平面建筑。

⑤在需要更细致进行风荷载计算的场合，风荷载体型系数可参照表 3.6 取用，或由风洞试验确定。

表 3.6　高层建筑风荷载体型系数 μ_s

序　号	名　　称	建筑体型及体型系数
1	高度超过 45 m 的矩形平面	$+0.8$ 　-0.7 　-0.7 　μ_{s1} 　B 　D 表：D/B：$\leqslant 1$，1.2，2，$\geqslant 4$；μ_{s1}：-0.6，-0.5，-0.4，-0.3 注：其他情况矩形平面取 $\mu_{s1}=-0.5$
2	Y 形平面	-0.7 -0.5 -0.55 $+1.0$ $+1.0$ -0.5 -0.55 -0.7 ；$40°$ $+0.7$ -0.75 -0.65 $+0.9$ -0.55 -0.5 -0.5
3	L 形平面	-0.6 $+0.8$ -0.5 $+0.8$ -0.6 ；$45°$ $+0.9$ $+0.3$ $+0.9$ $+0.3$ -0.6 -0.6 ；-0.6 -0.5 -0.5 $+0.8$ -0.6 -0.7
4	Π 形平面	-0.7 $+0.8$ $+0.9$ $+0.9$ -0.5 $+0.8$ -0.7 ；-0.7 -0.6 $+0.8$ -0.5 -0.5 -0.5 -0.6 -0.7
5	十字形平面	$+0.6$ -0.6 -0.5 -0.4 -0.5 $+0.8$ -0.5 -0.4 -0.5 $+0.6$ -0.6 ；$+0.6$ -0.6 -0.5 $+0.8$ -0.5 $+1.0$ -0.4 -0.4 $+0.8$ -0.5 $+0.6$ -0.6

续表

序 号	名　称	建筑体型及体型系数
6	截角三边形、梭形平面	
7	圆形及弧形平面	

注:表中符号"→"表示风向,"＋"表示压力,"－"表示吸力,所有风压(吸)力方向都垂直于该表面。《高层规程》附录 B 中有更详细的风荷载体型系数表,可供参考。

（2）宜进行风洞试验判断确定建筑物风荷载的情形

房屋高度大于 200 m 或有下列情况之一时,宜进行风洞试验判断确定建筑物的风荷载:

①平面形状或立面形状复杂;

②立面开洞或连体建筑;

③周围地形和环境较复杂。

（3）群体风压体型系数

对建筑群,尤其是高层建筑群,当房屋相互间距较近时,由于漩涡的相互干扰,房屋某些部位的局部风压会显著增大。为此《荷载规范》规定,当多个建筑物,特别是群集的高层建筑,相互间距较近时,宜考虑风力相互干扰的群体效应。一般可将单独建筑物的体型系数 μ_s 乘以相互干扰增大系数。相互干扰增大系数可按下列规定确定:

①对矩形平面高层建筑,当单个施扰建筑与受扰建筑高度相近时,根据施扰建筑的位置,对顺风向,风荷载可在 1.00～1.10 范围内选取;对横顺风向,风荷载可在 1.00～1.20 范围内选取。

②其他情况可参照类似条件的风洞试验资料确定,必要时宜通过风洞试验确定。

（4）局部风压体型系数 μ_{s1}

由于风压力分布很不均匀,在建筑物角隅、檐口、边棱处和在附属结构的部位(如阳台、雨篷等外挑构件),局部风压会超过平均风压。

《荷载规范》规定,计算围护结构及其连接的风荷载时,可按下列规定采用局部风压体型系数 μ_{s1}:

①封闭式矩形平面房屋的墙面及屋面可按表 3.7 的规定采用;

②对檐口、雨篷、遮阳板、边棱处的装饰条等突出构件,取 －2.0;

③其他房屋和构筑物可按表 3.6 规定体型系数的 1.25 倍取值。

计算非直接承受风荷载的围护构件,局部体型系数可按构件从属面积折减,折减系数按下列规定采用:

①当从属面积不大于 1 m² 时,折减系数取 1;

②当从属面积大于或等于 25 m² 时,对墙面折减系数取 0.8,对局部体型系数绝对值大于 1.0 的屋面折减系数取 0.6,其他屋面折减系数取 1;

③当从属面积大于 1 m² 小于 25 m² 时,对墙面和绝对值大于 1.0 的屋面局部体型系数可采用对数插值,即按下式计算局部体型系数:

$$\mu_{sl}(A) = \mu_{sl}(1) + [\mu_{sl}(25) - \mu_{sl}(1)]\log A$$

《高层规程》规定:檐口、雨篷、遮阳板、阳台等水平构件,计算局部上浮风荷载时,风荷载体型系数不宜小于 2.0。设计高层建筑的幕墙结构时,风荷载应按国家现行有关标准的规定采用。

4)风振系数 β_z

风对建筑物的作用是不规则的,风压随风速、风向的紊乱变化而不停地改变,为便于分

表 3.7　封闭式矩形平面房屋的局部体型系数

项次	类　别	体型及局部体型参数					备　注
1	封闭式矩形平面房屋的墙面	迎风面　1.0　侧面 S_a −1.4　S_b −1.0　背风面 −0.6					E 应取 $2H$ 和迎风宽度 B 中的较小者
2	封闭式矩形平面房屋的双坡屋面	α	≤5	15	30	≥45	①E 取 $2H$ 和迎风宽度 B 中的较小者;②中间值可按线性插值法计算(应对相同符号项插值);③同时给出的两个值的区域应分别考虑正负风压的作用;④风沿纵轴吹来时,靠近山墙的屋面可参照表中 $\alpha \leq 5$ 时的 R_a 和 R_b 取值
		R_a　$H/D \leq 0.5$	−1.8 +0.0	−1.5 +0.2	−1.5	−0.0	
		R_a　$H/D \geq 1.0$	−2.0 +0.0	−2.0 +0.2	+0.7	+0.7	
		R_b	−1.8 +0.0	−1.5 +0.2	−1.5 +0.7	−0.0 +0.7	
		R_c	−1.2 +0.0	−0.6 +0.2	−0.3 +0.4	−0.0 +0.6	
		R_d	−0.6 +0.2	−1.5 +0.0	−0.5 +0.0	−0.3 +0.0	
		R_e	−0.6 +0.0	−0.4 +0.0	−0.4 +0.0	−0.2 +0.0	

项次	类别	体型及局部体型参数	备注
3	封闭式矩形平面房屋的单坡屋面		①E 应取 $2H$ 和迎风宽度 B 中较小者；②中间值可按线性插值法计算；③迎风坡面参考第 2 项取值

α	$\leqslant 5$	15	30	$\geqslant 45$
R_a	-2.5	-2.8	-2.3	-1.2
R_b	-2.0	-2.0	-1.5	-0.5
R_c	-1.2	-1.2	-0.8	-0.5

析,通常把实际风分解为平均风(稳定风)和脉动风两部分,实际风压是在平均风压的基础上波动。平均风压使建筑物产生一定的侧移,而脉动风压使建筑物在平均侧移附近振动。对于高度较大、刚度较小的高层建筑,脉动风压会产生不可忽略的动力效应,在设计中必须考虑。

《荷载规范》关于顺风向风振和风振系数的规定如下:

①对于高度大于 30 m 且高宽比大于 1.5 的房屋以及基本自振周期 T_1 大于 0.25 s 的各种高耸结构,应考虑风压脉动对结构产生顺风向风振的影响。结构顺风向风振响应应按结构随机振动理论进行。对于符合下面第③条规定的结构,可采用风振系数法计算顺风向风荷载。

结构的自振周期应按结构动力学计算;近似的基本自振周期 T_1 可按《荷载规范》附录 F 计算。

高层建筑顺风向风振加速度可按《荷载规范》附录 J 计算。

②对于风敏感的或跨度大于 36 m 的柔性屋盖结构,应考虑风压脉动对结构产生风振的影响。屋盖结构的风振响应,宜依据风洞试验结果按随机振动理论计算确定。

③对于一般竖向悬臂形结构,例如高层建筑和构架、塔架、烟囱等高耸结构,均可仅考虑结构第一振型的影响,结构的顺风向风荷载可按式(3.2)计算。z 高度处的风振系数 β_z 可按式(3.7)计算:

$$\beta_z = 1 + 2gI_{10}B_z\sqrt{1 + R^2} \tag{3.7}$$

式中　g——峰值因子,可取2.5;

　　　I_{10}——为 10 m 高度处的湍流强度,对应 A,B,C 和 D 类地面粗糙度,可分别取 0.12, 0.14,0.23 和 0.39;

　　　R——脉动风荷载的共振分量因子;

　　　B_z——脉动风荷载的背景分量因子。

④脉动风荷载的共振分量因子可按下列公式计算:

$$R = \sqrt{\frac{\pi}{6\zeta_1}\frac{x_1^2}{(1+x_1^2)^{\frac{4}{3}}}} \tag{3.8}$$

$$x_1 = \frac{30f_1}{\sqrt{k_w w_0}}, x_1 > 5 \tag{3.9}$$

式中　f_1——结构第一阶自振频率,Hz;

　　　k_w——地面粗糙度修正系数,对 A,B,C 和 D 类地面粗糙度分别取 1.28,1.0,0.54 和 0.26;

　　　ζ_1——结构阻尼比,对钢结构可取 0.01,对有填充墙的钢结构房屋可取 0.02,对钢筋混凝土及砌体结构可取 0.05,对其他结构可根据工程经验确定。

⑤脉动风荷载的背景分量因子可按下列规定确定:

对体型和质量沿高度均匀分布的高层建筑和高耸结构,可按式(3.10)计算:

$$B_z = kH^{a_1}\rho_x\rho_z\frac{\phi_1(z)}{\mu_z(z)} \tag{3.10}$$

式中　$\phi_1(z)$——结构第一阶振型系数;

　　　H——结构总高度(m),对 A,B,C 和 D 类地面粗糙度,H 的取值分别不应大于 300, 350,450,550 m;

　　　ρ_x——脉动风荷载水平方向相关系数;

　　　ρ_z——脉动风荷载竖直方向相关系数;

　　　k,a_1——系数,按表 3.8 取值。

表 3.8　系数 k 和 a_1

粗糙度类别		A	B	C	D
高层建筑	k	0.944	0.67	0.295	0.112
	a_1	0.155	0.187	0.261	0.346
高耸结构	k	1.276	0.91	0.404	0.155
	a_1	0.186	0.218	0.292	0.376

⑥脉动风荷载的空间相关性系数可按下列规定确定:

a. 竖直方向的相关系数可按式(3.11)计算:

$$\rho_z = \frac{10\sqrt{H + 60e^{-H/60} - 60}}{H} \tag{3.11}$$

式中　H——结构总高度(m),对 A,B,C 和 D 类地面粗糙度,H 的取值分别不应大于 300,

350，450，550 m。

b. 水平方向相关系数可按式(3.12)计算：

$$\rho_x = \frac{10\sqrt{B + 50e^{-B/50} - 50}}{B} \qquad (3.12)$$

式中　B——结构迎风面宽度，m，$B \leqslant 2H$。

c. 对迎风面宽度较小的高耸结构，水平方向相关系数可取 $\rho_x = 1$。

⑦振型系数应根据结构动力计算确定。对外形、质量、刚度沿高度按连续规律变化的竖向悬臂形高耸结构及沿高度比较均匀的高层建筑，振型系数 $\phi_1(z)$ 也可根据相对高度 z/H 按《荷载规范》附录 G 确定。

对于横风向风振作用效应明显的高层建筑以及细长圆形截面构筑物，宜考虑横风向风振的影响。横风向风振作用效应明显一般指建筑高度超过 150 m 或高宽比大于 5 的高层建筑。对于扭转风振作用效应明显的高层建筑和高耸结构，宜考虑扭转风振的影响。横风向风振和扭转风振的有关计算详见《荷载规范》，鉴于篇幅本书略。

5)阵风系数 β_{gz}

计算围护构件(包括门窗)风荷载时的阵风系数应按表3.9确定。

表 3.9　阵风系数 β_{gz}

离地面高度/m	地面粗糙度类别			
	A	B	C	D
5	1.68	1.88	2.30	3.21
10	1.63	1.78	2.10	2.76
15	1.60	1.72	1.99	2.54
20	1.58	1.69	1.92	2.39
30	1.54	1.64	1.83	2.21
40	1.52	1.60	1.77	2.09
50	1.51	1.58	1.73	2.01
60	1.49	1.56	1.69	1.94
70	1.48	1.54	1.66	1.89
80	1.47	1.53	1.64	1.85
90	1.47	1.52	1.62	1.81
100	1.46	1.51	1.60	1.78
150	1.43	1.47	1.54	1.67
200	1.42	1.44	1.50	1.60
250	1.40	1.42	1.46	1.55
300	1.39	1.41	1.44	1.51

续表

离地面高度/m	地面粗糙度类别			
	A	B	C	D
350	1.40	1.40	1.53	1.67
400	1.40	1.40	1.51	1.64
450	1.40	1.40	1.50	1.62
500	1.40	1.40	1.50	1.60
550	1.40	1.40	1.50	1.59

▶ 3.2.2 总风荷载与局部风荷载

结构计算时,应分别计算风荷载对建筑物的总体效应和局部效应,总风荷载使主体结构产生内力与变形;局部风荷载用于验算围护构件、悬挑构件及其连接。

1)总风荷载

在承重结构设计时,应计算其在某一主轴方向总风荷载作用下的内力和位移,即风荷载对建筑物的总体效应。总风荷载为建筑物各个表面上承受风力的合力,是沿建筑物高度变化的线荷载。通常按 x,y 两个互相垂直的方向分别计算总风荷载,z 高度处的总风荷载标准值按式(3.13)计算:

$$W_z = \beta_z \mu_z w_0 (\mu_{s1} B_1 \cos \alpha_1 + \mu_{s2} B_2 \cos \alpha_2 + \cdots + \mu_{sn} B_n \cos \alpha_n) \qquad (3.13)$$

式中　n——建筑物外围表面数(每一个平面作为一个表面);

B_1,B_2,$\cdots$,B_n——第 $1 \sim n$ 个表面的宽度;

μ_{s1},μ_{s2},$\cdots$,μ_{sn}——第 $1 \sim n$ 个表面的平均风载体型系数;

α_1,α_2,$\cdots$,α_n——第 $1 \sim n$ 个表面法线与风作用方向的夹角。

当建筑物某个表面与风力作用方向垂直时,$\alpha_i = 0°$,这个表面的风压全部计入总风荷载;当某个表面与风力作用方向平行时,$\alpha_i = 90°$,这个表面的风压不计入总风荷载;其他与风作用方向成某一夹角的表面,都应计入该表面上压力在风作用方向的分力。要注意区别是风压力还是风吸力,以便作矢量相加。各表面风荷载的合力作用点,即总风荷载作用点。

【例3.1】　已知某高层建筑剪力墙结构,上部结构为38层,底部 $1 \sim 3$ 层层高为 4 m,其他各层层高为 3 m,室外地面至檐口的高度为120 m,平面尺寸为 30 m×40 m,地下室筏板基础地面埋深为 12 m,如图 3.2 所示。基本风压 $w_0 = 0.45$ kN/m²,建筑场地位置是房屋比较稀疏的某城市郊区。已计算求得作用于突出屋面小塔楼上的风荷载标准值的总值为800 kN。为简化计算,将建筑物沿高度划分为 6 个区段,每个区段为 20 m,近似取其中点位置的风荷载作为该区段的平均值。试计算在风荷载作用下结构底部(一层)的剪力设计值和筏板基础底面的弯矩设计值。

【解】　(1)基本自振周期

根据钢筋混凝土剪力墙结构的经验公式,可得结构的基本周期为:

$$T_1 = 0.05n = 0.05 \times 38 \text{ s} = 1.90 \text{ s}$$

则可取结构第一阶自振频率 $f_1 = 1/T_1 = 1/1.90 \text{ Hz} = 0.526 \text{ Hz}$。

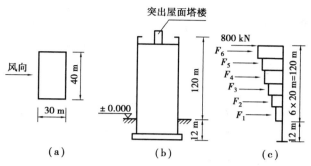

图 3.2　高层结构外形尺寸及计算简图

（2）风荷载体型系数

对于高度超过 45 m 的矩形截面高层建筑，由表 3.6 可得：

$$\mu_{s1} = 0.80, \mu_{s2} = -0.6$$

（3）风振系数

由公式 $\beta_z = 1 + 2gI_{10}B_z\sqrt{1 + R^2}$ 计算风振系数。

由已知条件带入上述有关参数的计算公式，可得：

脉动风荷载的共振分量因子：$R = 1.128$。

竖直方向的相关系数：$\rho_z = 0.688$；水平方向的相关系数：$\rho_x = 0.833$。

计算脉动风荷载的背景分量因子：

$$B_z = kH^{a_1}\rho_x\rho_z\frac{\phi_1(z)}{\mu_z(z)} = 0.670 \times (120)^{0.187} \times 0.833 \times 0.688 \frac{\phi_1(z)}{\mu_z(z)} = 0.940\frac{\phi_1(z)}{\mu_z(z)}$$

则：$\beta_z = 1 + 2gI_{10}B_z\sqrt{1 + R^2} = 1 + 2 \times 2.5 \times 0.14B_z\sqrt{1 + 1.128^2} = 1 + 1.055B_z$

振型系数 $\phi_1(z)$ 可由《荷载规范》附录 G 取值，结果见表 3.10。

表 3.10　风荷载作用下各区段合力的计算

区　段	z_i/m	z_i/H	$\phi_1(z)$	μ_z	B_z	β_z	$q(z)/(\text{kN}\cdot\text{m}^{-2})$	区段合力 F_i/kN
突出屋面								800
6	110	0.917	0.884	2.05	0.386	1.408	80.01	1 600.2
5	90	0.750	0.705	1.93	0.328	1.346	72.01	1 440.2
4	70	0.583	0.438	1.79	0.221	1.234	61.23	1 224.6
3	50	0.417	0.289	1.62	0.163	1.172	52.63	1 052.6
2	30	0.250	0.125	1.39	0.083	1.087	41.88	837.6
1	10	0.083	0.017	1.00	0.016	1.017	28.19	563.7

风荷载高度变化系数可查表 3.4，结果见表 3.10。

（4）风荷载的计算

因该房屋高度为 120 m，承载力计算时，基本风压应按规定值的 1.1 倍采用。

风荷载作用下，按式（3.2）可得沿房屋高度分布的风荷载标准值为：

$$q(z) = 1.1 \times 0.45 \times (0.8 + 0.6) \times 40\mu_z\beta_z = 27.72\mu_z\beta_z$$

按上述方法可得各区段中点处的风荷载标准值及各区段的合力，计算简图如图 3.2（c）所示，计算结果见表 3.10。

则可求得在风荷载作用下结构底部一层的剪力设计值为：

$$V_1 = \sum F_i = 7\,518.9 \text{ kN}$$

可得筏板基础底面的弯矩设计值为：

$$M = (800 \times 132 + 1\,600.2 \times 122 + 1\,440.2 \times 102 + 1\,224.6 \times 82 +$$
$$1\,052.6 \times 62 + 837.6 \times 42 + 563.7 \times 22)\text{kN·m} = 660\,983.8 \text{ kN·m}$$

2）局部风荷载

风压在建筑物表面上的分布是不均匀的，如迎风面的中部及一些凹陷部位，因气流不易向四周扩散，其局部风压往往超过平均风压，在风流侧面房屋的角隅处及房屋顶部风流的前沿部位吸力较大。在计算总体风荷载时取风压平均值，在验算围护构件、悬挑构件及其连接时，应考虑采用局部加大的风压，采用局部增大的风压体型系数。

局部风荷载按前述公式（3.3）计算。

3.3　地震作用

▶　3.3.1　地震作用概述

1）地震作用的特点

地震作用是由地震引起的结构动态作用，包括水平地震作用和竖向地震作用。地震波从震源经过基岩传播到建筑场地后，地表土相当于一个放大器和滤波器：它一方面把基岩的加速度放大，地表土越厚，土质越差，放大作用越显著，对建筑物产生的震害越大；另一方面，由各种不同频率组成的地震波通过地表土时，地表土起到滤波器的作用。这样当建筑物的自振周期与地面特征周期一致或接近时，由于共振作用会使震害更加严重。在 1976 年唐山地震中，塘沽地区（烈度 8 度）的 7～10 层框架结构破坏非常严重，许多甚至完全倒塌；相反，3～5 层的混合结构住宅则损坏轻微。这是由于塘沽是海滨，场地土的自振周期为 0.8～1.0 s，7～10 层框架结构的自振周期为 0.6～1.0 s，两者周期一致；而低层砖混住宅的自振周期为 0.3 s 以下，远离了场地土的自振周期，因而破坏较轻微。

在地震时，结构因振动而产生惯性力，使建筑物产生内力，振动建筑物会产生位移、速度和加速度。地震作用的大小除了和地震波的特性有极为密切的关系外，还和场地土的性质、建筑物本身的动力特性有很大关系。建筑物本身的动力特性是指建筑物的自振周期、振型与阻尼，它们与结构的质量和刚度有关。在同等烈度和场地条件下，建筑物的质量越大，受到地震力也越大,因此减小结构自重不仅可以节省材料,而且有利于抗震。同样,结构刚度越大、自振周期越短,地震作用也越大,因此,在满足位移限值的前提下,结构应有适宜的刚度。适当延长建筑物的周期,从而降低地震作用,将取得很大的经济效益。

地震作用相当复杂,带有很多不确定因素。即使在相同的设防烈度下,不同的地震波使建筑物产生不同的反应,而且离散性很大。现行《抗震规范》给出的反应谱曲线,也只是很多不同地震的实际反应谱的平均数值,不能认为按反应谱曲线计算得到的地震作用就是真正、确实的数值。因此,结构抗震设计必须多方面考虑,并留有充分余地。

2)结构的抗震性能

高层建筑结构的设计和配筋构造都要具有足够的延性。我们将构件破坏时的变形 Δu 与屈服时的变形 Δy 的比值称为构件的延性系数 μ,即 $\mu = \Delta u/\Delta y$。

通常,为保证结构有良好的抗震性能,要求 $\mu > 3$。构件的延性可以由合理的截面尺寸、适宜的钢筋、充分的构造措施来保证。

3)抗震设防目标

按《抗震规范》进行抗震设计的建筑,其基本的抗震设防目标是:当遭受低于本地区抗震设防烈度的多遇地震影响时,主体结构不受损坏或不需要修理可继续使用;当遭受相当于本地区抗震设防烈度的设防地震影响时,可能发生损坏,但经一般性修理可继续使用;当遭受高于本地区抗震设防烈度的罕遇地震影响时,不致倒塌或发生危及生命的严重破坏。

上述关于抗震设防目标的规定,简称"三个水准"的抗震设防目标,即"小震不坏、中震可修、大震不倒"。

使用功能或其他方面有专门要求的建筑,当采用抗震性能化设计时,具有更具体或更高的抗震设防目标。

4)结构抗震性能设计

我国自 1989 版《建筑抗震设计规范》以来提出的"小震不坏、中震可修、大震不倒",就是属于一般情况的抗震性能目标——小震、中震、大震有明确的概率指标;房屋建筑不坏、可修、不倒的破坏程度,在《建筑地震破坏等级划分标准》[中华人民共和国建设部(1990)建抗字第377 号]中提出了定性的划分。

《抗震规范》提出了建筑抗震性能化设计,并规定当建筑结构采用抗震性能化设计时,应根据其抗震设防类别、设防烈度、场地条件、结构类型和不规则性,建筑使用功能和附属设施功能的要求、投资大小、震后损失和修复难易程度等,对选定的抗震性能目标提出技术和经济可行性综合分析和论证。

《高层规程》规定,结构抗震性能设计应分析结构方案的特殊性、选用适宜的结构抗震性能目标,并采取满足预期的抗震性能目标的措施。

结构抗震性能目标应综合考虑抗震设防类别、设防烈度、场地条件、结构的特殊性、建造费用、震后损失和修复难易程度等各项因素选定。结构抗震性能目标分为 A,B,C,D 四个等级,结构抗震性能分为 1,2,3,4,5 五个水准(表 3.11),每个性能目标均与一组在制定地震地面运动下的结构抗震性能水准相对应。

表 3.11　结构的抗震性能目标和性能水准

性能水准　地震水准	A	B	C	D
多遇地震	1	1	1	1
设防烈度地震	1	2	3	4
预估的罕遇地震	2	3	4	5

结构的抗震性能水准可按表3.12进行宏观判别。

表 3.12　各性能水准结构预期的震后性能状况

结构抗震性能水准	宏观破坏程度	损坏部位			继续使用的可能性
		关键构件	普通竖向构件	耗能构件	
1	完好、无损坏	无损坏	无损坏	无损坏	不需修理即可继续使用
2	基本完好轻微损坏	无损坏	无损坏	轻微损坏	稍加修理即可继续使用
3	轻度损坏	轻微损坏	轻微损坏	轻度损坏部分中度损坏	一般修理后可继续使用
4	中度损坏	轻度损坏	部分构件中度损坏	中度损坏部分比较严重损坏	修复或加固后可继续使用
5	比较严重损坏	中度损坏	部分构件比较严重损坏	比较严重损坏	需排险大修

注：关键构件是指该构件的失效可能引起结构的连续破坏或危及生命安全的严重破坏；普通竖向构件是指关键构件之外的竖向构件；耗能构件包括框架梁、剪力墙连梁及耗能支撑等。

5）二阶段抗震设计

采用二阶段抗震设计以实现三个水准的设防目标。

（1）第一阶段设计

第一阶段设计是承载力验算，取第一水准的地震（多遇地震）动参数计算结构的弹性地震作用标准值和相应的地震作用效应，并采用《建筑结构可靠度设计统一标准》（GB 50068—2001）规定的分项系数设计表达式进行结构构件的截面承载力抗震验算以及层间弹性位移验算；同时按延性和耗能要求进行截面配筋及构造设计，并采取相应的抗震构造措施。虽然只是采用多遇地震进行计算，但是结构的方案、布置、构件设计及配筋构造都是以第三水准设防为目标，也就是说，经过第一阶段设计，结构就应该实现"小震不坏、中震可修、大震不倒"的目标。对大多数的结构，可只进行第一阶段设计，而通过概念设计和抗震构造措施来满足第三水准的设计要求。

（2）第二阶段设计

第二阶段设计是弹塑性变形验算，对不规则且有明显薄弱部位可能导致重大地震破坏的建筑结构，除进行第一阶段设计外，还应按《抗震规范》有关规定进行罕遇地震作用下的弹塑性变形分析并采取相应的抗震构造措施，实现第三水准的设防要求。罕遇地震作用下，结构必定已经进入弹塑性状态，因此要考虑构件的弹塑性性能。如果罕遇地震作用下的层间变形超过允许值，则应修改结构设计，直到层间变形满足要求为止。

第二阶段设计主要是针对不规则并具有明显薄弱部位可能导致重大地震破坏，特别是有严重变形集中导致地震倒塌的结构。

表 3.12 中所列的轻微损坏、中度损坏、严重损坏等可以参照《抗震规范》条文说明中的破坏描述和变形参考值来确定。例如，结构轻微损坏时，变形参考值为 $(1.5 \sim 2)[\Delta u_e]$，$[\Delta u_e]$ 为弹性位移角限值；结构中等破坏时，变形参考值为 $(3 \sim 4)[\Delta u_e]$。

▶ 3.3.2 地震作用的一般计算原则

1）高层建筑分类及抗震要求

抗震设计的高层建筑应根据使用功能的重要性分为甲类建筑、乙类建筑、丙类建筑三种。

（1）甲类建筑

甲类建筑即特殊设防类，应属于重大建筑工程和地震时可能发生严重次生灾害的建筑。甲类建筑的抗震设计应符合下列要求：地震作用应按批准的地震安全性评价结果且高于本地区抗震设防烈度的要求来确定，抗震措施应比本地区抗震设防烈度提高一度要求。

（2）乙类建筑

乙类建筑即重点设防类，应属于地震时使用功能不能中断或需尽快恢复的建筑。乙类建筑的抗震设计应符合下列要求：地震作用应按本地区抗震设防烈度计算，抗震措施应比本地区抗震设防烈度提高一度要求。

（3）丙类建筑

丙类建筑即标准设防类，应属于除甲、乙类以外的一般建筑。丙类建筑的抗震设计应符合地震作用和抗震措施均按本地区抗震设防烈度要求。

2）地震作用计算原则

《高层规程》规定高层建筑结构应按下列原则考虑地震作用：

①一般情况下，应至少在结构两个主轴方向分别计算水平地震作用；有斜交抗侧力构件的结构，当相交角度大于 15° 时，应分别计算各抗侧力构件方向的水平地震作用。

②质量与刚度分布明显不对称的结构，应计算双向水平地震作用下的扭转影响；其他情况应计算单向水平地震作用下的扭转影响。

③高层建筑中的大跨度、长悬臂结构，7 度（0.15g）、8 度抗震设计时，应考虑竖向地震作用。

④9 度抗震设计时应计算竖向地震作用。

3）地震作用计算方法

《高层规程》规定，高层建筑应根据不同情况，分别采用下列地震作用计算方法：

①高层建筑结构宜采用振型分解反应谱法。对质量和刚度不对称、不均匀的结构以及高度超过100 m的高层建筑结构,应采用考虑扭转耦联振动影响的振型分解反应谱法。

②高度不超过40 m、以剪切变形为主,且质量和刚度沿高度分布比较均匀的高层建筑结构,可采用底部剪力法。

③7~9度抗震设防的高层建筑,下列情况应采用弹性时程分析法进行多遇地震下的补充计算:

a.甲类高层建筑结构;

b.表3.13所列的乙、丙类高层建筑结构;

表3.13　采用时程分析法的乙、丙类高层建筑结构

设防烈度场地类别	8度Ⅰ、Ⅱ类场地和7度	8度Ⅲ、Ⅳ类场地	9度
建筑高度范围/m	>100	>80	>60

c.不满足《高层规程》第3.5.2~3.5.6条规定(有关结构竖向布置的规定)的高层建筑结构;

d.《高层规程》第10章规定的复杂高层建筑结构。

▶ 3.3.3　地震作用的计算

1)重力荷载代表值

按照反应谱理论,地震作用的大小与重力荷载代表值的大小成正比,即

$$F_{\text{E}} = \alpha G \tag{3.14}$$

式中　F_{E}——地震作用;

　　　α——地震影响系数;

　　　G——重力荷载代表值。

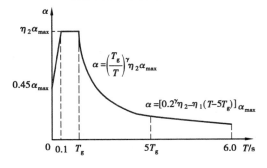

图3.3　地震影响系数曲线

α—地震影响系数;$\alpha_{\max}$—地震影响系数最大值;T—结构自振周期;T_{g}—特征周期;γ—曲线下降段衰减指数;η_1—直线下降段下降斜率调整系数;η_2—阻尼调整系数

《高层规程》规定:计算地震作用时,建筑结构的重力荷载代表值应取永久荷载标准值和可变荷载组合值之和。可变荷载的组合值系数应按下列规定采用:

①雪荷载取0.5。

②楼面活荷载按实际情况计算时取1.0;按等效均布活荷载计算时,藏书库、档案库、库房取0.8,一般民用建筑取0.5。

2)地震影响系数 α

建筑结构的地震影响系数应根据烈度、场地类别、设计地震分组和结构自振周期及阻尼比确定。反映这些因素与 α 的关系曲线称为反应谱曲线,如图3.3所示。

（1）水平地震影响系数最大值 α_{max}

水平地震影响系数最大值 α_{max} 应按表 3.14 采用。

表 3.14　水平地震影响系数最大值 α_{max}

地震烈度	6 度	7 度	8 度	9 度
多遇地震	0.04	0.08（0.12）	0.16（0.24）	0.32
罕遇地震	—	0.50（0.72）	0.90（1.20）	1.40

注：7 度、8 度时，括号内数值分别用于设计基本地震加速度为 0.15g 和 0.30g 的地区。

（2）特征周期值 T_g

特征周期应根据场地类别和设计地震分组按表 3.15 采用，计算罕遇地震作用时，特征周期应增加 0.05 s。

表 3.15　特征周期值 T_g　　　　　　　　单位：s

场地类型 设计地震分组	I	II	III	IV
第一组	0.25	0.35	0.45	0.65
第二组	0.30	0.40	0.55	0.75
第三组	0.35	0.45	0.65	0.90

（3）地震影响系数曲线参数调整

高层建筑结构地震影响系数曲线（图 3.3）的形状参数和阻尼调整应符合下列要求：

①除有专门规定外，钢筋混凝土高层建筑结构的阻尼比应取 0.05，此时阻尼调整系数 η_2 应取 1.0。形状参数应符合下列规定：

a. 直线上升段：周期小于 0.1 s 的区段；

b. 水平段：自 0.1 s 至特征周期 T_g 的区段，地震影响系数应取最大值 α_{max}；

c. 曲线下降段：自特征周期至 5 倍特征周期的区段，衰减指数 γ 应取 0.9；

d. 直线下降段：自 5 倍特征周期至自振周期 6.0 s 的区段，下降斜率调整系数 η_1 应取 0.02。

②当建筑结构的阻尼比不等于 0.05 时，地震影响系数曲线的分段情况与本条第①款相同，但其形状参数和阻尼调整系数 η_2 应符合下列规定：

a. 曲线水平段地震影响系数应取 $\eta_2\alpha_{max}$；

b. 曲线下降段的衰减指数应按式（3.15）确定：

$$\gamma = 0.9 + \frac{0.05 - \xi}{0.5 + 5\xi} \qquad (3.15)$$

式中　γ——曲线下降段的衰减指数；

　　　ξ——阻尼比。

c. 直线下降段的下降斜率调整系数应按式（3.16）确定：

$$\eta_1 = 0.02 + \frac{0.05 - \xi}{8} \tag{3.16}$$

式中　η_1——直线下降段的斜率调整系数,小于 0 时应取 0。

　　d. 阻尼调整系数应按式(3.17)确定:

$$\eta_2 = 1 + \frac{0.05 - \xi}{0.06 + 1.7\xi} \tag{3.17}$$

式中　η_2——阻尼调整系数,当 η_2 小于 0.55 时,应取 0.55。

对应于不同阻尼比计算地震影响系数的衰减指数和调整系数见表 3.16。

表 3.16　不同阻尼比时的衰减指数和调整系数

ξ	η_2	γ	η_1
0.01	1.54	0.97	0.025
0.02	1.34	0.95	0.024
0.05	1.00	0.90	0.020
0.10	0.75	0.85	0.014
0.20	0.56	0.80	0.001

(4)建筑的场地类别

建筑的场地类别,应根据土层等效剪切波速和场地覆盖层厚度按表 3.17 划分为四类。当有可靠的剪切波速和覆盖层厚度且其值处于表 3.17 所列场地类别的分界线附近时,应允许按插值方法确定地震作用计算所用的设计特征周期。

表 3.17　各类建筑场地覆盖层厚度　　　　　　　　单位:m

等效剪切波速/$(\mathrm{m \cdot s^{-1}})$	不同建筑场地覆盖层厚度			
	I	II	III	IV
v_{se}	0			
$250 < v_{se} \leqslant 500$	<5	≥5		
$140 < v_{se} \leqslant 250$	<3	3~50	>50	
$v_{se} \leqslant 140$	<3	3~15	>15~80	>80

3)水平地震作用计算

(1)底部剪力法

底部剪力法是目前比较常用的一种计算水平地震作用的简化方法。采用此方法计算高层建筑结构的水平地震作用时,各楼层在计算方向上主要考虑基本振型的影响,计算简图如图 3.4 所示,结构总水平地震作用标准值即底部剪力 F_{Ek} 按式(3.18)和式(3.19)计算:

$$F_{Ek} = \alpha_1 G_{eq} \tag{3.18}$$
$$G_{eq} = 0.85 G_E \tag{3.19}$$

式中　α_1——相应于结构基本自振周期 T_1 的水平地震影响系数；

　　　G_{eq}——计算地震作用时结构等效总重力荷载代表值；

　　　G_E——计算地震作用时结构总重力荷载代表值,应取各质点重力荷载代表值之和。

地震作用沿高度分布具有一定的规律性。假定加速度沿高度的分布为底部为零的倒三角形,则可得到质点 i 的水平地震作用 F_i 为：

$$F_i = \frac{G_i H_i}{\sum_{j=1}^{n} G_j H_j} F_{Ek}(1 - \delta_n) \qquad (3.20)$$

式中　G_i, G_j——分别为集中于质点 i, j 的重力荷载代表值；

　　　H_i, H_j——分别为质点 i, j 的计算高度；

　　　δ_n——顶部附加地震作用系数,用于反映结构高振型的影响,可按表3.18采用。

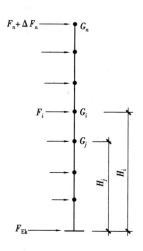

图3.4　底部剪力法计算示意图

表3.18　顶部附加地震作用系数

T_g/s	$T_1 > 1.4T_g$	$T_1 \leq 1.4T_g$
≤ 0.35	$0.08T_1 + 0.07$ s	
$0.35 \sim 0.55$	$0.08T_1 + 0.01$ s	$\delta_n = 0$
≥ 0.55	$0.08T_1 - 0.02$ s	

注：T_g 为场地特征周期；T_1 为结构基本自振周期。

主体结构顶层附加水平地震作用标准值可按式(3.21)计算：

$$\Delta F_n = \delta_n F_{Ek} \qquad (3.21)$$

采用底部剪力法计算高层建筑结构水平地震作用时,突出屋面的房屋(楼梯间、电梯间、水箱间)宜作为一个质点参加计算,计算求得的水平地震作用应考虑"鞭梢效应"乘以增大系数,增大系数 β_n 可按表3.19采用。此增大部分不应往下传递,仅用于突出屋面房屋自身以及与其直接连接的主体结构构件的设计。

表3.19　突出屋面房屋地震作用增大系数

T_1/s	G_n/G \ K_n/K	0.001	0.010	0.050	0.100
	0.01	2.0	1.6	1.5	1.5
0.25	0.05	1.9	1.8	1.6	1.6
	0.10	1.9	1.8	1.6	1.5

续表

T_1/s	K_n/K G_n/G	0.001	0.010	0.050	0.100
0.50	0.01	2.6	1.9	1.7	1.7
	0.05	2.1	2.4	1.8	1.8
	0.10	2.2	2.4	2.0	1.8
0.75	0.01	3.6	2.3	2.2	2.2
	0.05	2.7	3.4	2.5	2.3
	0.10	2.2	3.3	2.5	2.3
1.00	0.01	4.8	2.9	2.7	2.7
	0.05	3.6	4.3	2.9	2.7
	0.10	2.4	4.1	3.2	3.0
1.50	0.01	6.6	3.9	3.5	3.5
	0.05	3.7	5.8	3.8	3.6
	0.10	2.4	5.6	4.2	3.7

注：①K_n，G_n 分别为突出屋面房屋的侧向刚度和重力荷载代表值；K，G 分别为
主体结构层侧向刚度和重力荷载代表值，可取各层的平均值；
②楼层侧向刚度可由楼层剪力除以楼层层间位移计算。

需要注意，对于结构基本自振周期 $T_1 > 1.4T_g$ 的房屋并有小塔楼的情况，按式（3.21）计算的顶层附加水平地震作用标准值应作用于主体结构的顶层，而不应置于小塔楼的屋顶处。

（2）不考虑扭转影响的振型分解反应谱法

当结构的平面形状和立面体型比较简单、规则时，沿结构两个主轴方向的地震作用可以分别计算，其与扭转耦联振动的影响可以不考虑。

采用振型分解反应谱法，沿结构的主轴方向，结构第 j 振型 i 质点的水平地震作用的标准值 F_{ji} 按式（3.22）确定：

$$F_{ji} = \alpha_j \gamma_j X_{ji} G_i \tag{3.22}$$

式中　α_j——相应于 j 振型自振周期的地震影响系数；

X_{ji}——第 j 振型 i 质点的水平相对位移；

γ_j——第 j 振型的参与系数。可按式（3.23）计算：

$$\gamma_j = \frac{\sum\limits_{i=1}^{n} X_{ji} G_i}{\sum\limits_{i=1}^{n} X_{ji}^2 G_i} \tag{3.23}$$

其中，n 为结构计算总质点数，小塔楼宜每层作为一个质点参与计算。

由各振型的水平地震作用 F_{ji} 可以分别计算各振型的水平地震作用效应（内力和位移）。总水平地震作用标准值的效应 S 可采用平方和开平方法（SRSS 法）求得，即

$$S = \sqrt{\sum\limits_{j=1}^{m} S_j^2} \tag{3.24}$$

式中 S_j——第 j 振型的水平地震作用标准值的效应(弯矩、剪力、轴向力和位移等);

m——结构计算振型数,规则结构可取3,当建筑较高、结构沿竖向刚度不均匀时可取5~6。

(3)考虑扭转耦联振动影响的振型分解反应谱法

结构在地震作用下,除了发生平移外,还会产生扭转振动。引起扭转的原因:一是地面运动存在转动分量,或地震时地面各点的运动存在着相位差;二是结构的质量中心与刚度中心不相重合。震害表明,扭转作用会加重结构的破坏,在某些情况下将成为导致结构破坏的主要因素。《高层规程》规定,对质量和刚度明显不均匀的结构,应考虑水平地震作用的扭转影响。

考虑扭转影响的结构,各楼层可取2个正交的水平位移和1个转角位移共3个自由度。按扭转耦联振型分解法计算地震作用和作用效应时,结构第 j 振型 i 层的水平地震作用的标准值按式(3.25)确定,即

$$\begin{cases} F_{xji} = \alpha_j \gamma_{tj} X_{ji} G_i \\ F_{yji} = \alpha_j \gamma_{tj} Y_{ji} G_i \\ F_{tji} = \alpha_j \gamma_{tj} r_i^2 \varphi_{ji} G_i \end{cases} \tag{3.25}$$

式中 $F_{xji}, F_{yji}, F_{tji}$——分别为第 j 振型 i 层的 x 方向、y 方向和转角 t 方向的地震作用标准值;

α_j——相应于 j 振型自振周期的地震影响系数;

X_{ji}, Y_{ji}——分别为第 j 振型 i 层质心在 x,y 方向的水平相对位移;

φ_{ji}——第 j 振型 i 层的相对扭转角;

r_i——第 i 层的转动半径,可取第 i 层绕质心的转动惯量除以该层质量的商的正二次方根;

γ_{tj}——考虑扭转的 j 振型参与系数,可按式(3.26a)、式(3.26b)、式(3.26c)计算:

仅考虑 x 方向地震作用时:

$$\gamma_{tj} = \frac{\sum_{i=1}^n X_{ji} G_i}{\sum_{i=1}^n (X_{ji}^2 + Y_{ji}^2 + \varphi_{ji}^2 r_i^2) G_i} \tag{3.26a}$$

仅考虑 y 方向地震作用时:

$$\gamma_{tj} = \frac{\sum_{i=1}^n Y_{ji} G_i}{\sum_{i=1}^n (X_{ji}^2 + Y_{ji}^2 + \varphi_{ji}^2 r_i^2) G_i} \tag{3.26b}$$

考虑与 x 方向夹角为 θ 的地震作用时:

$$\gamma_{tj} = \gamma_{xj} \cos\theta + \gamma_{yj} \sin\theta \tag{3.26c}$$

式中 γ_{xj}, γ_{yj}——分别为按式(3.26a)和式(3.26b)求得的振型参与系数;

n——结构计算总质点数,小塔楼宜每层作为一个质点参加计算。

在单向水平地震作用下,考虑扭转的地震作用效应采用完全二次方根法(CQC法)进行组合,应按下列公式计算:

$$S = \sqrt{\sum_{j=1}^m \sum_{k=1}^m \rho_{jk} S_j S_k} \tag{3.27}$$

$$\rho_{jk} = \frac{8\zeta_j\zeta_k(1 + \lambda_T)\lambda_T^{1.5}}{(1 - \lambda_T^2)^2 + 4\zeta_j\zeta_k(1 + \lambda_T)^2\lambda_T} \tag{3.28}$$

式中 S——考虑扭转的地震作用标准值效应；

S_j,S_k——分别为第 j,k 振型地震作用标准值的效应；

ρ_{jk}——j 振型与 k 振型的耦联系数；

λ_T——k 振型与 j 振型的自振周期比；

ζ_j,ζ_k——分别为 j,k 振型的阻尼比；

m——结构计算振型数，一般情况下可取 9 ~ 15，多塔楼建筑每个塔楼的振型数不宜小于 9。

考虑双向水平地震作用下的扭转地震作用效应，应按下列公式中的较大值确定。

$$S = \sqrt{S_x^2 + (0.85S_y)^2} \tag{3.29a}$$

$$S = \sqrt{S_y^2 + (0.85S_x)^2} \tag{3.29b}$$

式中 S_x,S_y——分别为仅考虑 x,y 方向水平地震作用时的地震作用效应。

（4）动力时程分析法

动力时程分析方法是将地震动记录或人工地震波作用在结构上，直接对结构运动方程进行积分，求得结构任意时刻地震反应的分析方法。它从强度和变形两个方面来检验结构的安全性和抗震可靠度，并判明结构的屈服机制和类型。随着计算手段的不断发展和对结构地震反应认识的不断深入，该方法越来越受到重视，特别是对体系复杂结构的非线性地震反应，动力时程分析方法还是理论上唯一可行的分析方法，目前很多国家都将此法列为规范用的分析方法之一。

弹性时程分析的计算并不困难，在各种商用计算程序中（如 PKPM）都可以实现，但困难的是选用合适的地面运动，这是因为地震是随机的，很难预估结构未来可能遭受什么样的地面运动。因此，《高层规程》规定，进行时程分析法时应符合下列要求：

①应按建筑场地类别和设计地震分组选用实际强震记录和人工模拟的加速度时程曲线，其中实际强震记录数量不应少于总数的 2/3，多组时程曲线的平均地震影响系数曲线应与振型分解反应谱法所采用的地震影响系数曲线在统计意义上相符。弹性时程分析时，每条时程曲线计算所得结构底部剪力不应小于振型分解反应谱法计算结果的 65%，多条时程曲线计算所得结构底部剪力的平均值不应小于振型分解反应谱法计算结果的 80%。

②地震波的持续时间不宜小于建筑结构基本自振周期的 5 倍和 15 s，地震波的时间间距可取 0.01 s 或 0.02 s。

③输入地震加速度时程的最大值可按表 3.20 采用。

表 3.20   时程分析所用地震加速度时程的最大值   单位：cm/s²

地震影响	6 度	7 度	8 度	9 度
多遇地震	18	35（55）	70（110）	140
设防地震	50	100（150）	200（300）	400
罕遇地震	125	220（310）	400（510）	620

注：括号内数值分别用于设计基本地震加速度为 0.15g 和 0.30g 的地区，此处 g 为重力加速度。

④当取三组时程曲线进行计算时,结构地震作用效应宜取时程分析法计算结果的包络值与振型分解反应谱法计算结果的较大值;当取7组及7组以上时程曲线进行计算时,结构地震作用效应可取时程分析法计算结果的平均值与振型分解反应谱法计算结果的较大值。

（5）楼层水平地震剪力最小值

由于地震影响系数在长周期段下降较快,对于基本自振周期大于3 s的结构,由此计算所得的水平地震作用下的结构效应可能偏小。而对于长周期结构,地震地面运动速度和位移可能对结构的破坏具有更大影响,但振型分解反应谱法或底部剪力尚无法对此作出合理的估计。出于结构安全的考虑,《高层规程》规定了不同烈度下的楼层地震剪力系数(即剪重比),当不满足要求时,结构水平地震总剪力和各楼层的水平地震剪力均需要进行相应的调整或改变结构刚度使之达到规定的要求。

多遇地震水平地震作用计算时,结构各楼层对应于地震作用标准值的剪力应符合式（3.30）的要求,即

$$V_{Eki} \geq \lambda \sum_{j=i}^{n} G_j \qquad (3.30)$$

式中 V_{Eki}——第 i 层对应于水平地震作用标准值的剪力;

  λ——水平地震剪力系数(即剪重比),不应小于表3.21中规定的数值,对于竖向不规则结构的薄弱层,尚应乘以1.15的增大系数;

  G_j——第 j 层的重力荷数代表值;

  n——结构计算总层数。

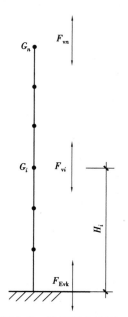

表3.21 楼层最小地震剪力系数值

类　别	7 度	8 度	9 度
扭转效应明显或基本自振周期小于3.5 s的结构	0.016(0.024)	0.032(0.048)	0.064
基本周期大于5.0 s的结构	0.012(0.018)	0.024(0.032)	0.040

注:①基本周期介于3.5 s和5.0 s之间的结构,允许线性插入取值。

 ②7度、8度时括号内数值分别用于设计基本地震加速度为0.15g和0.30g的地区。

4）竖向地震作用计算

①9度时的高层建筑,其竖向地震作用标准值应按下列公式确定（图3.5）。

$$F_{Evk} = \alpha_{vmax} G_{eq} \qquad (3.31)$$

$$G_{eq} = 0.75 G_E \qquad (3.32)$$

$$\alpha_{vmax} = 0.65 \alpha_{max} \qquad (3.33)$$

式中 F_{Evk}——结构总竖向地震作用标准值;

  α_{vmax}——结构竖向地震影响系数最大值;

  G_{eq}——结构总等效重力荷载代表值;

  G_E——结构总重力荷载代表值,应取各质点重力荷代表值之和。

图 3.5 结构竖向地震
作用计算示意图

结构质点 i 的竖向地震作用标准值可按式(3.34)计算：

$$F_{vi} = \frac{G_i H_i}{\sum_{j=1}^{n} G_j H_j} F_{Evk} \qquad (3.34)$$

式中　F_{vi}——质点 i 的竖向地震作用标准值；

　　　G_i, G_j——分别为集中于质点 i, j 的重力荷载代表值；

　　　H_i, H_j——分别为质点 i, j 的计算高度。

楼层各构件的竖向地震作用效应可按各构件承受的重力荷载代表值的比例分配,并宜乘以增大系数 1.5。

②高层建筑中,大跨度结构、悬挑结构、转换结构、连体结构的连接体的竖向地震作用的标准值,不宜小于结构或构件承受的重力荷载代表值与表 3.22 所规定的竖向地震作用系数的乘积。

表 3.22　竖向地震作用系数

设防烈度	7 度	8 度		9 度
设计基本地震加速度	0.15g	0.20g	0.30g	0.40g
竖向地震作用系数	0.08	0.10	0.15	0.20

► 3.3.4　结构的自振周期

当采用底部剪力法计算多层或高层钢筋混凝土结构的水平地震作用时,首先要确定结构的基本自振周期。用振型分解反应谱法时,要知道前几阶的自振周期和振型。结构自振周期的计算方法可分为:理论计算、半理论半经验公式和经验公式三大类。下面介绍几种常用的半经验半理论公式和经验公式。

①对于质量和刚度沿高度分布比较均匀的框架结构、框架-剪力墙结构和剪力墙结构,其基本自振周期可按式(3.35)计算：

$$T_1 = 1.7 \psi_T \sqrt{u_T} \qquad (3.35)$$

式中　T_1——结构基本自振周期,s；

　　　u_T——假想的结构顶点水平位移,m,即假想把集中在各楼层处的重力荷载代表值 G_i 作为该楼层水平荷载计算的结构顶点弹性水平位移；

　　　ψ_T——考虑非承重墙刚度对结构自振周期影响的折减系数。

当非承重墙体为填充砖墙时,高层建筑结构的计算自振周期折减系数 ψ_T 可按下列规定取值：

a.框架结构可取 0.6 ~ 0.7；

b.框架-剪力墙结构可取 0.7 ~ 0.8；

c.框架-核心筒结构可取 0.8 ~ 0.9；

d.剪力墙结构可取 0.8 ~ 1.0。

对于其他结构体系或采用其他非承重墙体时,可根据工程情况确定周期折减系数。

②依据《荷载规范》附录 E,结构基本自振周期可按下列经验公式计算:

a. 一般情况。

钢结构:

$$T_1 = (0.10 \sim 0.15)n \tag{3.36}$$

钢筋混凝土结构:

$$T_1 = (0.05 \sim 0.10)n \tag{3.37}$$

式中 n——建筑层数。

b. 具体结构。

钢筋混凝土框架和框架-剪力墙结构:

$$T_1 = 0.25 + 0.53 \times 10^{-3} \frac{H^2}{\sqrt[3]{B}} \tag{3.38}$$

钢筋混凝土剪力墙结构:

$$T_1 = 0.03 + 0.03 \frac{H}{\sqrt[3]{B}} \tag{3.39}$$

式中 H——房屋总高度,m;

B——房屋宽度,m。

3.4 结构设计的一般原则

▶ 3.4.1 结构计算的基本假定

高层建筑是一个复杂的空间结构。它不仅平面形状多变,立面体型也各种各样,而且结构形式和结构体系各不相同。高层建筑中,有框架、剪力墙和筒体等竖向抗侧力结构,又有水平放置的楼板将它们连为整体。对这种高次超静定、多种结构形式组合在一起的空间结构,要进行内力和位移计算,就必须进行计算模型的简化,引入一些计算假定,得到合理的计算图形。

任何空间结构都是空间结构,但对框架和剪力墙而言,大多数情况下可以把空间结构简化为平面结构,这样可以使计算大大简化,为此作出两个基本假定:

(1)平面抗侧力结构假定

一片框架或一片墙在其自身平面内刚度很大,可以抵抗在本身平面内的侧向力;而在平面外的刚度很小,可以忽略。因此,整个结构可以划分成若干个平面抗侧力结构,共同抵抗与平面结构平行的侧向水平荷载,垂直于该方向的结构不参加受力。

(2)刚性楼板假定

水平放置的楼板,在其自身平面内刚度很大,可以视为刚度无限大的平板;楼板平面外的刚度很小,可以忽略。因此,在侧向力作用下,楼板可作刚性平移或转动,各个平面抗侧力结构之间通过楼板互相联系并协同工作。

在上述两项基本假定下,复杂的高层建筑结构的整体共同工作计算可大为简化。手算方法都是基于这两个假定。以图3.6(a)所示结构为例,结构是由沿结构平面主轴 y 方向(通常

称为横向)的 6 片框架、2 片墙和沿结构平面主轴 x 方向(通常称为纵向)的 3 片框架(每片都有 7 跨,中间一片含两段墙)通过刚性楼板连接在一起的。在横向水平荷载作用下,只考虑横向框架的作用,略去纵向框架的作用,它们是 8 片平面抗侧力结构的综合,计算简图如图 3.6(b)所示。在纵向水平荷载作用下,只考虑纵向框架的作用,略去横向框架的作用,它们是 3 片平面抗侧力结构的综合,计算简图如图 3.6(c)所示。

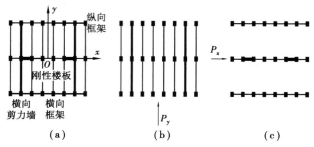

图 3.6　高层建筑结构整体共同工作的计算简图

应当指出,以上沿纵横两个方向分别取计算简图计算的做法,只适用于结构(布置、刚度、质量等)和荷载对 x,y 轴都是对称的情况。此时,结构不会产生绕竖轴的扭转,楼板只有刚性的平移,各片平面抗侧力结构在同一楼板高度处的侧向位移是相同的,可以合在一起共同承受水平荷载,如图 3.7(a)所示。当结构对 x,y 轴不对称,或者虽然结构对称,但荷载对 x,y 轴不对称时,结构会产生绕竖轴的扭转,此时,楼板不仅只有刚性的平移,还有绕竖轴的转动,各片平面抗侧力结构在同一楼板高度处的侧向位移不再是相同的,如图 3.7(b)所示。

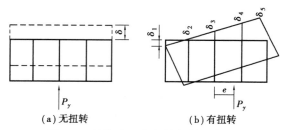

图 3.7　结构有无绕竖轴扭转示意图

高层建筑结构的水平荷载主要是风荷载和地震作用,它们都是作用于楼层的总水平力。因此,高层建筑结构的分析分为下述两个问题:

①总水平荷载在各片平面抗侧力结构间的分配问题。荷载分配和各片平面抗侧力结构的刚度、变形特点都有关系,不能像低层建筑结构那样按照受荷载面积计算各片平面抗侧力结构的水平荷载。

②计算每片平面抗侧力结构在所分到的水平荷载作用下的内力和位移问题。

如果结构有扭转,近似方法将结构在水平力作用下的计算分为三步,先计算结构平移时的侧移和内力,然后计算扭转位移下的内力,最后将两部分内力叠加。

上述两个问题将按照框架结构、剪力墙结构和框架-剪力墙结构依次在后面各章中作详细介绍。

此外,需要说明的是高层建筑结构分析模型应根据结构实际情况确定。所选取的分析模型应较准确地反映结构中各构件的实际受力状况。高层建筑结构分析,可选择平面结构空间协同、空间杆系、空间杆-薄壁杆系、空间杆-墙板元及其他组合有限元等计算模型。

▶ 3.4.2 抗震等级

在不同情况下,构件的延性要求有所不同:地震作用强烈或对地震作用敏感的结构,对于重要的、震害造成损失较大的结构,延性要求应该高一些;反之,延性要求就可以降低一些。为了从宏观上区别对结构的不同延性要求,《抗震规范》采用了对钢筋混凝土结构区分抗震等级的办法,不同抗震等级的抗震措施不同。这里,抗震措施包括抗震计算时的内力调整措施和各种抗震构造措施。

①各抗震设防类别的高层建筑结构,其抗震措施应符合下列要求:

a. 甲类、乙类建筑:应按本地区抗震设防烈度提高一度的要求加强其抗震措施,但抗震设防烈度为9度时应按比9度更高的要求采取抗震措施;当建筑场地为Ⅰ类时,应允许仍按本地区抗震设防烈度的要求采取抗震构造措施。

b. 丙类建筑:应按本地区抗震设防烈度确定其抗震措施;当建筑场地为Ⅰ类时,除6度外,应允许按本地区抗震设防烈度降低一度的要求采取抗震构造措施。

②当建筑场地为Ⅲ,Ⅳ类时,对设计基本地震加速度为0.15g和0.30g的地区,宜分别按抗震设防烈度8度(0.2g)和9度(0.4g)的各类建筑的要求采取抗震构造措施。

③抗震设计时,高层建筑钢筋混凝土结构构件应根据设防分类、烈度、结构类型和房屋高度采用不同的抗震等级,并应符合相应的计算和构造措施要求。A级高度丙类建筑钢筋混凝土结构的抗震等级应按表3.23确定。当本地区的设防烈度为9度时,A级高度乙类建筑的抗震等级应按特一级采用,甲类建筑应采取更有效的抗震措施。

表3.23 A级高度的高层建筑结构抗震等级

结构类型		烈 度						
		6 度		7 度		8 度		9 度
框架结构		三		二		一		一
框架-剪力墙结构	高度/m	≤60	>60	≤60	>60	≤60	>60	≤50
	框 架	四	三	三	二	二	一	一
	剪力墙	三		二		一		一
剪力墙结构	高度/m	≤80	>80	≤80	>80	≤80	>80	≤60
	剪力墙	四	三	三	二	二	一	一
部分框支剪力墙结构	非底部加强部位的剪力墙	四	三	三	二	二		—
	底部加强部位的剪力墙	三	二	二	一	一		—
	框支框架	二		二		一		—
筒体结构	框架-核心筒 框 架	三		二		一		—
	框架-核心筒 核心筒	二		二		一		—
	筒中筒 内 筒	三		二		一		—
	筒中筒 外 筒	三		二		一		—

续表

结构类型		烈 度						
		6 度		7 度		8 度		9 度
板柱-剪力墙结构	高度/m	≤35	>35	≤35	>35	≤35	>35	
	框架、板柱及柱上板带	三	二	二	二	一	一	一
	剪力墙	二	二	二	二	二	一	

注：①接近或等于高度分界时，应结合房屋不规则程度及场地、地基条件适当确定抗震等级；
　　②底部带转换层的筒体结构，其转换框架的抗震等级应按表中部分框支剪力墙结构的规定采用；
　　③当框架-核心筒结构的高度不超过 60 m 时，其抗震等级应允许按框架-剪力墙结构采用。

④抗震设计时，B 级高度丙类建筑钢筋混凝土结构的抗震等级应按表 3.24 确定。

表 3.24　B 级高度的高层建筑结构抗震等级

结构类型		烈 度		
		6 度	7 度	8 度
框架-剪力墙	框 架	二	一	一
	剪力墙	二	一	特一
剪力墙	剪力墙	二	一	一
部分框支剪力墙	非底部加强部位的剪力墙	二	一	一
	底部加强部位的剪力墙	二	一	特一
	框支框架	二	特一	特一
框架-核心筒	框 架	二	一	一
	筒 体	二	一	特一
筒中筒	外 筒	二	一	特一
	内 筒	二	一	特一

注：底部带转换层的筒体结构，其转换框架和底部加强部位筒体的抗震等级应按表中部分框支剪力墙结构的规定采用。

▶ 3.4.3　承载力验算

高层建筑结构构件的承载力应按下列公式验算：

1）持久设计状况、短暂设计状况

$$\gamma_0 S_d \le R_d \qquad (3.40)$$

2）地震设计状况

$$S_d \leqslant \frac{R_d}{\gamma_{RE}} \tag{3.41}$$

式中　γ_0——结构重要性系数，对安全等级为一级的结构构件不应小于1.1,对安全等级为二级的结构构件不应小于1.0；

S_d——作用组合的效应设计值，按第3.4.3小节的公式计算；

R_d——构件承载力设计值；

γ_{RE}——构件承载力调整系数，按表3.25至表3.27的规定采用。当仅考虑竖向地震作用组合时,各类结构构件的承载力调整系数均应取1.0。

表3.25　钢筋混凝土构件承载力抗震调整系数

构件类别	梁	轴压比小于0.15的柱	轴压比不小于0.15的柱	剪力墙		各类构件	节　点
受力状态	受弯	偏压	偏压	偏压	局部承压	受剪、偏拉	受剪
γ_{RE}	0.75	0.75	0.80	0.85	1.0	0.85	0.85

表3.26　型钢混凝土构件承载力抗震调整系数

正截面承载力计算				斜截面承载力计算	连　接
梁	柱	剪力墙	支撑	各类节点及连接	焊缝及高强螺栓
0.75	0.80	0.85	0.85	0.85	0.90

注:轴压比小于0.15的偏心受压柱,其承载力抗震调整系数γ_{RE}应取0.75。

表3.27　钢构件承载力抗震调整系数

钢 梁	钢 柱	钢支撑	节点及连接螺栓	连接焊缝
0.85	0.85	0.80	0.85	0.90

▶ 3.4.4　荷载组合和地震作用组合的效应

1）持久设计状况和短暂设计状况

持久设计状况和短暂设计状况下,当荷载与荷载效应按线性关系考虑时,荷载基本组合的效应设计值应按式(3.42)确定：

$$S_d = \gamma_G S_{Gk} + \gamma_L \psi_Q \gamma_Q S_{Qk} + \psi_w \gamma_w S_{wk} \tag{3.42}$$

式中　S_d——荷载效应组合的设计值；

γ_G——永久荷载分项系数；

γ_Q——可变荷载分项系数；

γ_w——风荷载分项系数;

γ_L——考虑结构设计使用年限的荷载调整系数,设计使用年限为 50 年时取 1.0,设计使用年限为 100 年时取 1.1;

S_{Gk}——永久荷载效应标准值;

S_{Qk}——楼面活荷载效应标准值;

S_{wk}——风荷载效应标准值;

ψ_Q,ψ_w——分别为楼面可变荷载组合值系数和风荷载组合值系数,当永久荷载效应起控制作用时应分别取 0.7 和 0.6;当可变荷载效应起控制作用时应分别取 1.0 和 0.6,或 0.7 和 1.0。值得注意的是:对书库、档案库、储藏室、通风机房和电梯机房,楼面活荷载组合值系数取 0.7 的场合应取 0.9。

持久设计状况和短暂设计状况下,荷载分项系数应按下列规定采用:

①永久荷载的分项系数 γ_G:当其效应对结构承载力不利时,对由可变荷载效应控制的组合应取 1.2,对由永久荷载效应控制的组合应取 1.35;当其效应对结构承载力有利时,应取 1.0。

②楼面可变荷载的分项系数 γ_Q:一般情况下应取 1.4。

③风荷载的分项系数 γ_w 应取 1.4。

2)地震设计状况

地震设计状况下,当作用与作用效应按线性关系考虑时,荷载和地震作用基本组合的效应设计值应按式(3.43)确定:

$$S_d = \gamma_G S_{GE} + \gamma_{Eh} S_{Ehk} + \gamma_{Ev} S_{Evk} + \psi_w \gamma_w S_{wk} \qquad (3.43)$$

式中 S_d——荷载效应和地震作用效应组合的设计值;

S_{GE}——重力荷载代表值的效应;

S_{Ehk}——水平地震作用标准值的效应,尚应乘以相应的增大系数或调整系数;

S_{Evk}——竖向地震作用标准值的效应,尚应乘以相应的增大系数或调整系数;

γ_G——重力荷载分项系数;

γ_w——风荷载分项系数;

γ_{Eh}——水平地震作用分项系数;

γ_{Ev}——竖向地震作用分项系数;

ψ_w——风荷载组合值系数,应取 0.2。

地震设计状况下,荷载和地震作用基本组合的分项系数应按表 3.28 采用。当重力荷载效应对结构的承载力有利时,表 3.26 中的 γ_G 不应大于 1.0。

表 3.28 地震设计状况时荷载和作用分项系数

参与组合的荷载和作用	γ_G	γ_{Eh}	γ_{Ev}	γ_w	说 明
重力荷载及水平地震作用	1.2	1.3	—	—	抗震设计的高层建筑结构均应考虑
重力荷载及竖向地震作用	1.2	—	1.3	—	9 度抗震设计时考虑;水平长悬臂和大跨度结构 7 度(0.15g)、8 度、9 度抗震设计时考虑

参与组合的荷载和作用	γ_G	γ_{Eh}	γ_{Ev}	γ_w	说　明
重力荷载、水平地震及竖向地震作用	1.2	1.3	0.5	—	9度抗震设计时考虑,水平长悬臂和大跨度结构7度(0.15g)、8度、9度抗震设计时考虑
重力荷载、水平地震作用及风荷载	1.2	1.3	—	1.4	60 m以上的高层建筑考虑
重力荷载、水平地震作用、竖向地震作用及风荷载	1.2	1.3	0.5	1.4	60 m以上的高层建筑,9度抗震设计时考虑;水平长悬臂和大跨度结构7度(0.15g)、8度、9度抗震设计时考虑
	1.2	0.5	1.3	1.4	水平长悬臂和大跨度结构7度(0.15g)、8度、9度抗震设计时考虑

注:g为重力加速度;表中"—"号表示组合中不考虑该项荷载或作用效应。

3)荷载效应组合时的注意事项

非抗震设计时,应按式(3.42)的规定进行荷载效应的组合。抗震设计时,应同时按式(3.42)和式(3.43)的规定进行荷载效应和地震作用效应的组合;按式(3.43)计算的组合内力设计值,尚应按《高层规程》中的有关规定进行调整。

▶ 3.4.5　抗连续倒塌设计基本要求

安全等级为一级的高层建筑结构应满足抗连续倒塌概念设计要求;有特殊要求时,可采用拆除构件方法进行抗连续倒塌设计。

①抗连续倒塌概念设计应符合下列规定:

a.应采取必要的结构连接措施,增强结构的整体性;

b.主体结构宜采用多跨规则的超静定结构;

c.结构构件应具有适宜的延性,避免剪切破坏、压溃破坏、锚固破坏、节点先于构件破坏;

d.结构构件应具有一定的反向承载能力;

e.周边及边框架的柱距不宜过大;

f.转换结构应具有整体多重传递重力荷载途径;

g.钢筋混凝土结构梁柱宜刚接,梁板顶、底钢筋在支座处宜按受拉要求连续贯通;

h.钢结构框架梁宜刚接;

i.独立基础之间采用拉梁连接。

②抗连续倒塌的拆除构件方法应符合下列规定:

a.逐个拆除结构周边柱、底层内部柱以及转换桁架腹杆等重要构件;

b.可采用弹性静力方法分析剩余结构的内力与变形;

c.剩余结构构件承载力应符合式(3.44)的要求:

$$R_d \geqslant \beta S_d \qquad (3.44)$$

式中　S_d——剩余结构构件效应设计值,可按式(3.44)计算。

R_d——剩余结构构件承载力设计值。构件截面承载力计算时,混凝土强度可取标准值;钢材强度,正截面承载力验算时可取标准值的 1.25 倍,受剪承载力验算时可取标准值。

β——效应折减系数。对中部水平构件取 0.67,对其他构件取 1.0。

③结构抗连续倒塌设计时,荷载组合的效应设计值可按式(3.45)确定:

$$S_d = \eta_d \left(S_{Gk} + \sum \psi_{qi} S_{Qi,k} \right) + \psi_w S_{wk} \tag{3.45}$$

式中　S_{Gk}——永久荷载标准值产生的效应;

　　　$S_{Qi,k}$——第 i 个竖向可变荷载标准值产生的效应;

　　　S_{wk}——风荷载标准值产生的效应;

　　　ψ_{qi}——可变荷载的准永久值系数;

　　　ψ_w——风荷载组合值系数,取 0.2;

　　　η_d——竖向荷载动力放大系数。当构件直接与被拆除竖向构件相连时取 2.0,其他构件取 1.0。

④当拆除某构件不能满足结构抗连续倒塌设计要求时,在该构件表面附加 80 kN/m² 侧向偶然作用设计值,此时其承载力应满足下列公式要求:

$$R_d \geqslant S_d \tag{3.46}$$

$$S_d = S_{Gk} + 0.6 S_{Qk} + S_{Ad} \tag{3.47}$$

式中　R_d——构件承载力设计值;

　　　S_d——作用组合的效应设计值;

　　　S_{Gk}——永久荷载标准值的效应;

　　　S_{Qk}——活荷载标准值的效应;

　　　S_{Ad}——侧向偶然作用设计值的效应。

▶ 3.4.6　结构整体稳定与抗倾覆验算

1)重力二阶效应

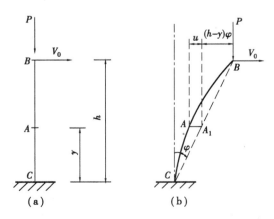

图 3.8　重力二阶效应示意图

如图 3.8 所示的竖向悬臂杆,在其自由端受轴(竖)向力 P 和水平剪力 V_0 的作用。按一阶理论分析时,截面 A 的弯矩是:

$$M_A^{\mathrm{I}} = V_0(h-y) \tag{3.48}$$

若考虑杆件变形后的几何关系,即按二阶理论分析时,则截面 A 的弯矩为:

$$M_A^{\mathrm{II}} = V_0(h-y) + P[(h-y)\varphi + u] \tag{3.49}$$

式中右边第二项为按照二阶理论分析时的附加效应,通常称为二阶效应。该项效应实际上由两部分组成:一为轴力 P 乘以它到通过弦线 BC 上 A_1 点的竖线的距离(h—

$y)\varphi$ 所产生的弯矩 $P(h-y)\varphi$，这部分通常简称为 $P\text{-}\Delta$ 效应；二为轴力 P 乘以弦线 BC 上 A_1 点到杆件截面形心的距离 u 所产生的弯矩 Pu，这就是通常所指的梁-柱效应。

分析表明，对一般高层钢筋混凝土结构而言，由于构件的长细比不大，在二阶效应的两个组成部分中，通常 $P\text{-}\Delta$ 效应是最主要的。它可使结构的位移和内力增加，当位移很大时甚至导致结构失稳。梁-柱效应仅占二阶效应的很小一部分。

因此，高层建筑混凝土结构的稳定设计，主要是控制、验算结构在风或者地震作用下，重力荷载产生的 $P\text{-}\Delta$ 效应对结构性能降低的影响以及由此可能引起的结构失稳。

结构的侧向刚度和重力荷载是影响结构稳定和重力 $P\text{-}\Delta$ 效应的主要因素，侧向刚度与重力荷载的比值称为结构的刚重比。刚重比可按式(3.50)和式(3.51)计算。

弯剪型结构：
$$\frac{EJ_d}{H^2 \sum_{i=1}^{n} G_i} \tag{3.50}$$

剪切型结构：
$$\frac{D_i h_i}{\sum_{j=i}^{n} G_j} \tag{3.51}$$

式中　EJ_d ——结构一个主轴方向的弹性等效侧向刚度，可按倒三角形荷载作用下结构顶点位移相等的原则，将结构的侧向刚度折算为竖向悬臂受弯构件的等效刚度；

H ——房屋高度；

G_i, G_j ——分别为第 i, j 楼层重力荷载设计值，取 1.2 倍的永久荷载标准值与 1.4 倍的楼面可变荷载标准值的组合值；

h_i ——第 i 楼层层高；

D_i ——第 i 楼层的弹性等效侧向刚度，可取该层剪力与层间位移的比值；

n ——结构计算的总层数。

刚重比的最低要求就是结构稳定要求，称为刚重比下限条件。当刚重比小于此下限条件时，重力 $P\text{-}\Delta$ 效应急剧增加，可能导致结构整体失稳；当结构刚度增大，刚重比达到一定量值时，结构侧移变小，重力 $P\text{-}\Delta$ 效应的影响不明显，计算中可以忽略不计，此时的刚重比称为上限条件；在刚重比的下限条件和上限条件之间，重力 $P\text{-}\Delta$ 效应必须予以考虑。

《高层规程》规定，当高层建筑结构满足下列规定时，弹性计算分析时可不考虑重力二阶效应的不利影响(即刚重比的上限条件)。

①剪力墙结构、框架-剪力墙结构、板柱剪力墙结构、筒体结构：
$$EJ_d \geqslant 2.7H^2 \sum_{i=1}^{n} G_i \tag{3.52}$$

②框架结构：
$$D_i \geqslant 20 \sum_{j=i}^{n} \frac{G_j}{h_i} \quad (i = 1, 2, \cdots, n) \tag{3.53}$$

当高层建筑结构不满足式(3.52)或式(3.53)的规定时，结构弹性计算时应考虑重力二阶效应对水平力作用下结构内力和位移的不利影响。

高层建筑结构重力二阶效应的计算方法详见《高层规程》的有关规定。

2)结构的整体稳定性要求

《高层规程》规定,结构整体稳定应符合下列规定:

①剪力墙结构、框架-剪力墙结构、筒体结构应符合式(3.54)的要求:

$$EJ_{\mathrm{d}} \geq 1.4H^2 \sum_{i=1}^n G_i \qquad (3.54)$$

②框架结构应符合式(3.55)的要求:

$$D_i \geq 10 \frac{\sum\limits_{j=i}^n G_j}{h_i} \quad (i = 1,2,\cdots,n) \qquad (3.55)$$

如果结构的刚重比满足上面的规定,则重力 $P\text{-}\Delta$ 效应可控制在20%之内,结构的稳定具有适宜的安全储备;若结构的刚重比进一步减小,则重力 $P\text{-}\Delta$ 效应将会呈非线性关系急剧增加。

当结构的设计水平力较小,如计算的楼层剪重比过小(如小于0.02),结构刚度虽能满足水平位移限值要求,但有可能不满足稳定要求。

3)抗倾覆验算

当高层、超高层建筑高宽比较大、水平风荷载或地震作用较大、地基刚度较弱时,结构整体倾覆验算十分重要,它直接关系到整体结构安全度的控制。

《高层规程》规定:在重力荷载与水平荷载标准值或重力荷载代表值与水平地震标准值共同作用下,高宽比大于4的高层建筑,基础底面不宜出现零应力区;高宽比不大于4的高层建筑,基础底面零应力区面积不应超过基础底面面积的15%。质量偏差较大的裙楼与主楼可分别计算基底应力。满足上述规定时,高层建筑的抗倾覆能力具有足够的安全储备,不需要再验算结构的整体倾覆。

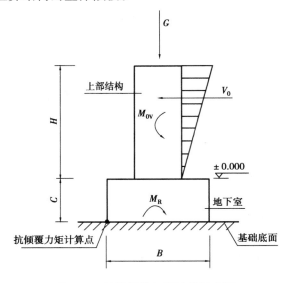

图3.9 结构整体倾覆计算示意图

(1)倾覆力矩与抗倾覆力矩的计算

如图3.9所示,假定倾覆力矩计算作用面为基础底部,倾覆力矩计算的作用力为水平地震作用或水平风荷载标准值,则倾覆力矩可近似表示为:

$$M_{0\mathrm{V}} = V_0\left(\frac{2H}{3} + C\right) \qquad (3.56)$$

式中 $M_{0\mathrm{V}}$——倾覆力矩标准值;

H——建筑物地面以上高度,即房屋高度;

C——地下室埋深;

V_0——总水平力标准值。

抗倾覆力矩计算点假设为基础外边缘点,抗倾覆力矩计算作用力为重力荷载代表值,则抗倾覆力矩可表示为:

$$M_{\mathrm{R}} = \frac{GB}{2} \qquad (3.57)$$

式中 M_R——抗倾覆力矩标准值;

      G——上部及地下室基础总重力荷载代
表值;

      B——基础地下室底面宽度。

（2）整体抗倾覆的控制——基础底面零应力
区控制

假设总重力荷载合力中心与基础底面形心重
合,基础底面反力呈线性分布,水平地震或风荷载
与竖向共同作用下基底反力的合力点到基础中心
的距离为 e_0,零应力区长度为 $B - X$,零应力区所
占基底面积比例为 $(B - X)/B$（图 3.10）,则

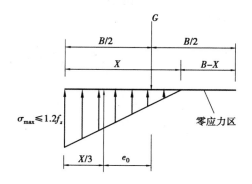

图 3.10　基础底板反力示意图

$$e_0 = \frac{M_{0V}}{G} \tag{3.58}$$

$$e_0 = \frac{B}{2} - \frac{X}{3} \tag{3.59}$$

$$\frac{M_R}{M_{0V}} = \frac{\dfrac{GB}{2}}{Ge_0} = \frac{\dfrac{GB}{2}}{\dfrac{B}{2} - \dfrac{X}{3}} = \frac{1}{1 - \dfrac{2X}{3B}} \tag{3.60}$$

由此得到:

$$X = 3B \frac{1 - \dfrac{M_{0V}}{M_R}}{2} \tag{3.61}$$

$$\frac{B - X}{B} = \frac{\dfrac{3M_{0V}}{M_R} - 1}{2} \tag{3.62}$$

▶ 3.4.7　水平位移限制和舒适度要求

1）水平位移限制

高层建筑层数多、高度大,为保证高层建筑结构具有必要的刚度,应对其层间位移加以控
制。这种控制实际上是对构件截面尺寸和刚度大小的控制。

在正常使用条件下,高层建筑处于弹性状态,并且应有足够的刚度,避免产生过大的位移
而影响结构的承载力、稳定性和使用条件。为了保证高层建筑中的主体结构在多遇地震作用
下基本处于弹性受力状态,以及填充墙、隔墙和幕墙等非结构构件基本完好,避免产生明显损
伤,应限制结构的层间位移。正常使用条件下的结构水平位移,按风荷载和地震作用,用弹性
方法计算。

结构的水平位移有顶点位移和层间位移。层间位移以楼层的水平位移差计算（不扣除整
体弯曲变形）。为便于设计人员在工程设计中应用,可采用层间最大位移与层高之比 $\Delta u/h$,
即层间位移角 θ 作为控制指标。在风荷载或多遇地震作用下,高层建筑按弹性方法计算的楼

层层间最大位移应符合式(3.63)的要求,即

$$\Delta u_e \leq [\theta_e]h \tag{3.63}$$

式中　Δu_e——风荷载或多遇地震作用标准值产生的楼层内最大的层间弹性位移;

　　　　h——计算楼层层高;

　　　　$[\theta_e]$——弹性层间位移角限值,宜按下列规定采用:

①高度150 m 及 150 m 以下的高层建筑,楼层层间最大位移与层高之比不宜大于表 3.29 给出的限值;

表 3.29　弹性层间位移角限值

结构类型	$[\theta_e]$
钢筋混凝土框架	1/550
钢筋混凝土框架-剪力墙、板柱-剪力墙、框架-核心筒	1/800
钢筋混凝土剪力墙、筒中筒	1/1 000
钢筋混凝土框支层	1/1 000
高层钢结构	1/300

②高度250 m 及 250 m 以上的高层建筑,楼层层间最大位移与层高之比的限值为 1/500;

③高度为 150 ~ 250 m 的高层建筑,楼层层间最大位移与层高之比的限值按线性插入取用。

2)舒适度要求

高层建筑在风荷载作用下将产生振动,过大的振动加速度将使在高层建筑内居住的人们感觉不舒服,甚至不能忍受。表 3.30 所列为两者之间的关系。

表 3.30　舒适度与风振加速度的关系

不舒适的程度	建筑物的加速度	不舒适的程度	建筑物的加速度
无感觉	$< 0.005g$	十分扰人	$0.05 \sim 0.15g$
有感觉	$0.005 \sim 0.015g$	不能忍受	$> 0.15g$
扰　人	$0.015 \sim 0.05g$		

《高层规程》规定,高度超过 150 m 的高层建筑结构应具有良好的使用条件,以满足舒适度要求,按 10 年一遇的风荷载取值计算的顺风向与横风向结构顶点最大加速度 a_{max} 不应超过表 3.31 的限值。必要时,可通过专门风洞试验结果计算确定顺风向与横风向结构顶点最大加速度 a_{max}。

表 3.31　结构顶点最大加速度限值 a_{max}

使用功能	住宅、公寓	办公、旅馆
$a_{max} / (\mathrm{m \cdot s^{-2}})$	0.15	0.25

此外,楼盖结构应具有适宜的舒适度。楼盖结构的竖向振动频率不宜小于 3 Hz,竖向振动加速度峰值不应超过表 3.32 的限值。楼盖竖向振动加速度可按《高层规程》附录 A 计算。

表 3.32　楼盖竖向振动加速度限值

使用功能	峰值加速度限值/(m·s⁻²)	
	竖向自振频率不大于 2 Hz	竖向自振频率不小于 4 Hz
住宅、办公	0.07	0.05
商场及室内连廊	0.22	0.15

注:楼盖结构竖向自振频率为 2 ~ 4 Hz 时,峰值加速度限值可按线性插值选取。

▶ 3.4.8　罕遇地震作用下的变形验算

(1)弹塑性变形验算

要实现"大震不倒"这个第三水准设计目标,一般情况下,经过小震地震作用计算后,采取若干抗震措施即可满足。但是,实际工程的震害表明,结构如果存在薄弱层,在强烈地震作用下,结构薄弱部位将产生较大的弹塑性变形,会引起结构严重破坏甚至倒塌。因此,《高层规程》对不同高层建筑结构的薄弱层弹塑性变形验算提出了下列不同的要求。

下列结构应进行罕遇地震作用下薄弱层(部位)的弹塑性变形验算:

①7 ~ 9 度设防的、楼层屈服强度系数 ξ_y 小于 0.5 的框架结构;

②甲类建筑和 9 度设防的乙类建筑结构;

③采用隔震和消能减震技术的建筑结构;

④房屋高度大于 150 m 的结构。

下列结构宜进行罕遇地震作用下弹塑性变形验算:

①表 3.13 所列高度范围且不满足《高层规程》中竖向结构布置有关规定的竖向不规则高层建筑结构;

②7 度 Ⅲ,Ⅳ类场地和 8 度抗震设防的乙类建筑结构;

③板柱-剪力墙结构。

(2)结构层间变形验算

在罕遇地震作用下,大多数结构都已进入弹塑性状态,变形较大,主要是验算结构层间变形是否超过限制。可以采用下面两种方法计算:

①不超过 12 层且刚度无突变的框架结构、填充墙框架结构,可以采用下述简化计算方法验算弹塑性层间变形。

罕遇地震作用仍按反应谱方法,采用表 3.14 所给出的地震影响系数最大值 α_{max},按图3.3所示的设计反应谱曲线计算 α 值,用底部剪力法或振型分解法求出结构楼层的层剪力。

框架结构的薄弱层是底层以及屈服强度最小或相对较小的楼层(一般不超过 2 ~ 3 处),应对薄弱层的层间变形进行验算。

楼层屈服强度系数 ξ_y 定义为:

$$\xi_y = \frac{V_y^a}{V_e} \tag{3.64}$$

式中　V_y^a——按楼层实际配筋及材料强度标准值计算的楼层承载力,以楼层剪力表示;

V_e——在罕遇地震作用下,由等效地震荷载按弹性计算所得的楼层剪力。

薄弱层的层间弹塑性位移按下式计算:

$$\Delta u_P = \eta_P \Delta u_e \qquad (3.65)$$

或

$$\Delta u_P = \mu \Delta u_y = \frac{\eta_P}{\xi_y} \Delta u_y \qquad (3.66)$$

式中 Δu_P——层间弹塑性位移;

Δu_y——层间屈服位移;

μ——楼层延性系数;

Δu_e——在罕遇地震的等效地震荷载下,用弹性计算得到的层间位移;

η_P——弹塑性位移增大系数,当薄弱层 ξ_y 不小于相邻层平均 ξ_y 的 80% 时,按表 3.33 采用;当薄弱层 ξ_y 小于相邻层平均 ξ_y 的 50% 时,取表 3.33 中数值的 1.5 倍,其余情况可用内插法取值。

表 3.33 结构的弹塑性位移增大系数 η_P

ξ_y	0.5	0.4	0.3
η_P	1.8	2.0	2.2

《高层规程》规定,结构薄弱层(部位)层间弹塑性位移应符合式(3.67)的要求:

$$\Delta u_P \leq [\theta_P]h \qquad (3.67)$$

式中 h——层高;

$[\theta_P]$——层间弹塑性位移角限值,可按表 3.34 采用;对框架结构,当轴压比小于 0.40 时,可提高 10%;当柱子全高的箍筋构造采用比《高层规程》中框架箍筋最小含箍特征值大 30% 时,可提高 20%,但累计不超过 25%。

表 3.34 层间弹塑性位移角限值

结构体系	$[\theta_P]$	结构体系	$[\theta_P]$
框架结构	1/50	剪力墙结构和筒中筒结构	1/120
框架-剪力墙结构、框架-核心筒、板柱-剪力墙结构	1/100	除框架结构外的转换层	1/120

②除①中所述情况以外的高层建筑结构,可采用静力弹塑性或动力弹塑性分析方法计算结构的层间位移。

时程分析方法是一种直接动力法,是在地基土上作用地震波后,通过动力计算方法直接求得上部结构反应的一种方法。上部结构为多质点振动体系,计算可得到 t 时程内各质点的位移、速度和加速度反应,进而求出随时间变化的构件内力。因为它直接用地震波作为原始数据输入,可以反映地面运动各种成分、特性及持时的影响,可以计算出整个地震过程中结构的运动和受力状态。时程分析法可用于计算弹性结构,也可用于计算弹塑性结构。

思考题

3.1 高层结构设计时应考虑哪些荷载或作用?

3.2 进行竖向荷载作用下内力计算时,是否要考虑活荷载的不利布置? 为什么?

3.3 高层建筑结构计算时基本风压、风载体型系数和风压高度变化系数分别如何取值?

3.4 什么是风振系数? 在什么情况下需要考虑风振系数? 如何取值?

3.5 简述"三水准"抗震设防目标及"二阶段抗震设计"的主要内容。

3.6 计算地震作用的方法有哪些? 如何选用? 地震作用与哪些因素有关?

3.7 结构自振周期如何确定?

3.8 什么情况下需要考虑竖向地震作用效应?

3.9 荷载有哪几种代表值? 什么是荷载效应? 什么是荷载效应组合?

3.10 什么是结构的重力二阶效应? 影响高层建筑结构整体稳定的主要因素是什么? 为什么要进行高层建筑结构的整体稳定验算?

3.11 为什么要限制结构在正常情况下的水平位移? 如何考虑?

习 题

3.1 某高层建筑筒体结构,其质量和刚度沿高度分布比较均匀,建筑平面尺寸为 $40\ m \times 40\ m$ 的正方形,室外地面至檐口的高度为 150 m,地下埋深为 13 m,如题 3.1 图所示。已知基本风压为 $w_0 = 0.45\ kN/m^2$,建筑场地位置是大城市市区。已计算求得作用于突出屋面小塔楼上的风荷载标准值的总值为 1 050 kN,结构的基本自振周期为 $T_1 = 1.45\ s$。为简化计算,将建筑物沿高度划分为 5 个区段,每个区段为 30 m,近似取其中

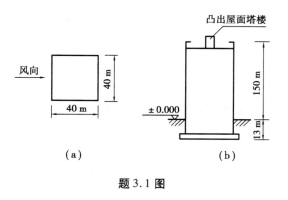

题 3.1 图

点位置的风荷载作为该区段的平均值。计算在风荷载作用下结构底部(一层)的剪力设计值和筏板基础底面的弯矩设计值。

3.2 某框架-剪力墙结构,层数为 24 层,高度为 85 m,抗震设防烈度为 8 度,Ⅱ类场地,设计地震分组为第二组,总重力荷载代表值为 $\sum G_i = 286\ 000\ kN$,基本自振周期为 $T_1 = 1.34\ s$,采用底部剪力法计算底部剪力值。

4

框架结构设计

〖**本章学习要点**〗
了解框架结构计算单元的选取及计算简图的确定；
熟练掌握框架结构在竖向荷载和水平荷载作用下的内力计算方法；
掌握框架结构的内力组合原则和框架结构在水平荷载作用下的侧移验算方法；
掌握框架梁、柱及节点的截面设计与构造。

4.1 框架结构布置及计算简图

▶ ### 4.1.1 框架结构布置

框架结构的布置既要满足生产工艺和建筑功能的要求，又要使结构受力合理，施工方便。

对竖向基本规则的结构，结构布置主要是平面布置。框架结构的平面布置又包括柱网布置和承重框架的布置。

柱网即柱在平面图上的位置，因纵横向布置的柱常形成矩形网络而得名。柱网尺寸通常以 300 mm 为模数。多层工业厂房框架结构常用柱网有内廊式和等跨式两种。民用建筑由于功能要求复杂多变，因此柱网的布置也各不相同。民用建筑的柱距常采用 3.3 ~ 7.2 m，最大可为 8.1 m 左右。梁跨常为 4.5 ~ 7.2 m，层高为 3.0 ~ 4.5 m。民用建筑的次梁应根据房间的布置来设置，隔墙下必须设置楼盖次梁以承受墙体传来的集中荷载。

承重框架的布置可分为横向框架承重、纵向框架承重和纵、横向框架混合承重三种结构布置方案。其中,双向承重方案因在纵横两个方向都布置有框架,因此整体性和受力性能很好,应优先采用。

高层框架结构承受的水平荷载较大,应设计成双向梁柱抗侧力体系。主体结构除个别部位外,不应采用铰接。抗震设计的框架结构不应采用单跨框架。

框架结构的填充墙及隔墙宜选用轻质墙体。抗震设计时,框架结构如采用砌体填充墙,布置时应避免形成上下层刚度变化过大和避免形成短柱,并应减少因抗侧刚度偏心而造成的结构扭转。

框架梁、柱中心线宜重合。当梁、柱中心线不能重合时,在计算中应考虑偏心对梁柱节点核心区受力和构造的不利影响,以及梁荷载对柱子偏心的影响。

梁柱之间的偏心距,9 度抗震设计时不宜大于柱截面在该方向宽度的 1/4;非抗震设计和 6~8 度抗震设计时不宜大于柱截面在该方向宽度的 1/4;当偏心距大于该方向柱宽的 1/4 时,可采取增设梁的水平加腋(图 4.1)等措施。设置水平加腋梁后,仍需考虑梁柱偏心的不利影响。

梁的水平加腋厚度可取梁截面高度,其水平尺寸宜满足下列要求:$b_x/l_x \leqslant 1/2$;$b_x/b_b \leqslant 2/3$;$b_b + b_x + x \geqslant b_c/2$。其中,$b_x$ 为梁水平加腋宽度,mm;l_x 为梁水平加腋长度,mm;b_b 为梁截面宽度,mm;b_c 为沿偏心方向柱截面宽度,mm;x 为非加腋侧梁边到柱边的距离,mm。

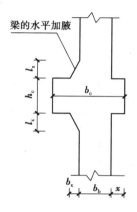

图 4.1　水平加腋梁

▶ 4.1.2　计算单元的确定

高层建筑结构是复杂的三维空间受力体系,计算分析时应根据结构实际情况,选取能够较准确地反映结构中各构件的实际受力状况的力学模型。对于平面和立面布置简单规则的框架结构、框架-剪力墙结构宜采用空间分析模型,可采用平面框架空间协同模型;对剪力墙、筒体结构,以及复杂布置的框架结构、框架-剪力墙结构应采用空间分析模型。目前国内商品化的结构分析软件所采用的力学模型主要有空间杆系模型、空间杆-薄壁杆系模型、空间杆-墙板元模型及其他有限元模型。

如需要采用简化方法或手算方法,为方便计算常忽略结构纵、横墙之间的空间联系,可近似地按两个方向的平面框架分别计算,计算单元如图 4.2(b)所示。

▶ 4.1.3　计算简图

结构设计时一般取中间有代表性的一榀横向或纵向框架进行分析,在确定其计算简图时,需先确定以下内容。

1)跨度与柱高的确定

(1)梁的跨度

在结构计算简图中,杆件用其轴线来表示。框架梁的跨度即取柱子轴线之间的距离;当上下层柱子截面尺寸变化时,一般以最小截面的形心线来确定。

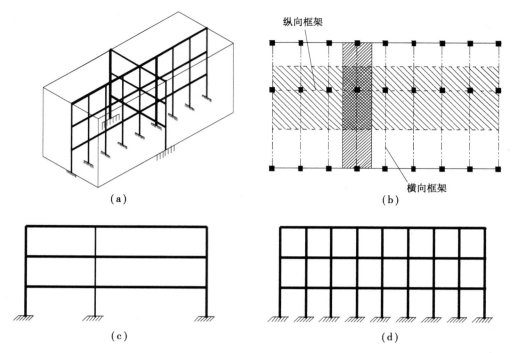

縱向框架

橫向框架

（a）　　　　　　　　　　（b）

（c）　　　　　　　　　　（d）

图 4.2　框架计算单元的选取

（2）柱高

除底层柱外，其余各层柱的柱高为上下两层楼盖顶面之间的距离（一般为层高）。

依据《混凝土结构设计规范》（GB 50010—2010，2015 年版）规定，框架结构底层柱高为从基础顶面到一层楼盖顶面的高度；当采用柱下独立基础，基础埋置深度又较深时，为了减小底层柱的计算长度和底层位移，可在 0.000 以下适当位置设置基础拉梁。此时宜将从基础顶面至首层顶面分为两层：从基础顶面至拉梁顶面为 1 层，从拉梁顶面至首层顶面为 2 层，即将原结构增加 1 层进行分析。

（3）柱的计算长度

一般多层房屋中梁柱为刚接的框架结构，各层柱的计算长度 l_0 可按表 4.1 取用。

表 4.1　框架结构各层柱的计算长度 l_0

楼盖类型	柱的类型	l_0
现浇楼盖	底层柱	$1.0H$
	其余各层柱	$1.25H$
装配式楼盖	底层柱	$1.25H$
	其余各层柱	$1.5H$

注：表中 H 对底层柱为从基础顶面到一层楼盖顶面的高度；对其余各层柱为上下两层楼盖顶面之间的高度。

2）现浇楼板的面外刚度

现浇楼盖和装配整体式楼盖的楼板作为梁的有效翼缘形成 T 形截面（图 4.3），提高了楼面梁的刚度,结构计算时应予以考虑。当近似以梁刚度增大系数考虑时,应根据梁翼缘尺寸与梁截面尺寸的比例予以确定。在计算框架梁的截面惯性矩时,考虑楼面板与梁连接使梁的惯性矩增加的有利影响,一般按表4.2中的简便公式进行计算。

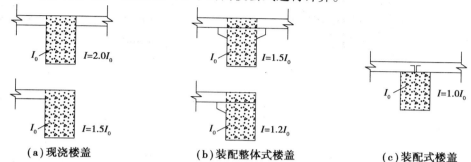

图 4.3　楼盖类型对框架梁惯性矩取值的影响

表 4.2　框架梁惯性矩取值

楼板类型	边框架梁	中框架梁
现浇楼板	$I = 1.5I_0$	$I = 2.0I_0$
装配整体式楼板	$I = 1.2I_0$	$I = 1.5I_0$

注:I_0 为梁按矩形截面计算的惯性矩,$I = 1.5I_0 = \frac{1}{12}b_b h_b^3$,$b_b$,$h_b$ 分别为梁截面的高度、宽度。

当框架梁截面较小而楼板较厚或者梁截面较大而楼板较薄时,梁刚度增大系数可取为 $1.3 \sim 2.0$。对于无现浇面层的装配式结构,可不考虑楼面翼缘的作用。

3)楼面梁的扭转

高层建筑结构楼面梁受楼板(有时还有次梁)的约束作用,无约束的独立梁极少。当结构计算中未考虑楼盖对梁扭转的约束作用时,梁的扭转变形和扭矩计算值过大,抗扭设计比较困难,因此可对梁的计算扭矩予以适当折减。计算分析表明,扭矩折减系数与楼盖(楼板和梁)的约束作用和梁的位置密切相关,折减系数的变化幅度较大,下限可到 0.1 以下,上限可到 0.7 以上,应根据具体情况确定。

《混凝土结构设计规范》(GB 50010—2010,2015 年版)规定,属于协调扭转的混凝土结构构件,受相邻构件约束的支承梁的扭矩宜考虑内力重分布的影响。考虑内力重分布后的支承梁应按弯剪扭构件进行承载力计算。

4)楼面荷载分配

进行框架结构在竖向荷载作用下的内力计算前,先要将楼面上的竖向荷载分配给支承它的框架梁。

楼面荷载的分配与楼盖的构造有关。当采用装配式或装配整体式楼盖时,板上荷载通过预制板的两端传递给它的支承结构。如果采用现浇楼盖时,楼面上的恒载和活荷载根据每个区格板两个方向的边长之比,沿单向或双向传递。区格板长边边长与短边边长之比大于 3 时按单向传递考虑,小于 3 时按双向传递考虑。

当板上荷载沿双向传递时,可以按双向板肋形楼盖中的荷载分析原则,从每个区格板的4个角点作45°线将板划成4块,每个分块上的恒荷载和活荷载向与之相邻的支承结构上传递。此时,由板传递给框架梁上的荷载为三角形或梯形。为简化框架内力计算起见,可以将梁上的三角形和梯形荷载按式(4.1)或式(4.2)换算成等效的均布荷载计算。

三角形荷载的等效均布荷载:

$$q_{e1} = \frac{5}{8}q_{max} \tag{4.1}$$

式中 q_{max}——三角形荷载峰值。

梯形荷载的等效均布荷载:

$$q_{e2} = (1 - 2\alpha^2 + \alpha^3)q_{max} \tag{4.2}$$

式中 q_{max}——梯形荷载峰值;

α——l_{02}与$2l_{01}$之比,即$\alpha = l_{02}/(2l_{01})$,$l_{01}$,$l_{02}$为计算板块长、短边边长。

对于梁上墙体重量,则直接传递到支承梁,按均布线荷载考虑。

5)竖向活荷载最不利布置

作用于框架结构上的竖向荷载有恒荷载和活荷载两种。目前国内钢筋混凝土结构高层建筑由恒荷载和活荷载引起的单位面积重力,框架与框架-剪力墙结构为12~14 kN/m²,剪力墙和筒体结构为13~16 kN/m²,而其中活荷载部分为2~3 kN/m²,只占全部重力的15%~20%,可见活荷载不利分布的影响较小。

另一方面,高层建筑结构层数较多,每层的房间也很多,活荷载在各层的分布情况较为复杂,难以一一计算,所以一般按近似计算方法考虑活荷载的不利分布。

当活荷载不大于4 kN/m²时,可不考虑活荷载的最不利布置,将活荷载近似按满布来计算内力。由于求得的梁跨中弯矩比按最不利荷载位置计算的结果要小,因此对跨中弯矩应乘以1.1~1.2的放大系数。

如果活荷载较大(>4 kN/m²),其不利分布对梁弯矩的影响会比较明显,计算时应予以考虑。考虑活荷载不利布置的方法包括逐跨布置、分层布置、最不利布置等多种,由于其计算量较大,适合计算机电算时采用。

6)框架梁、柱截面尺寸估算

框架结构属于超静定结构。框架的内力和变形不仅取决于荷载的形式和大小,还与构件或截面的刚度有关,而构件或截面的刚度又取决于构件的截面尺寸,因此结构分析之前需要先确定构件的截面尺寸。从另一方面来说,构件的截面尺寸又与荷载和内力的大小等有关,在结构构件内力未分析出来之前,很难准确地确定构件的截面尺寸。

因此,通常采用"先估算,再验算"的方法来完成结构的内力分析、承载力计算和变形及裂缝验算。即按估算的截面尺寸进行结构分析,等内力计算结果出来后,再根据承载力计算变形及裂缝验算是否符合要求来确定预先估计的截面是否合理。如果所需的截面尺寸与估算截面尺寸相差很大,则要重新估算截面尺寸并重新计算。

(1)框架梁截面尺寸估算

框架结构的主梁截面尺寸可按式(4.3)、式(4.4)估算:

$$h_b = \left(\frac{1}{10} \sim \frac{1}{18}\right)l_0 \qquad (4.3)$$

$$b_b = \left(\frac{1}{2} \sim \frac{1}{4}\right)h_b \qquad (4.4)$$

式中　l_0——梁的计算跨度；

　　　h_b——梁的截面高度；

　　　b_b——梁的截面宽度。

《高层规程》规定,梁净跨与截面高度之比不宜小于4;梁的截面宽度不宜小于梁截面高度的1/4,也不宜小于200 mm。

为获得较大的使用空间,有时需要尽量减小梁的高度。因此,当梁高较小或采用扁梁时,除应验算其承载力和受剪截面要求外,还应满足刚度和裂缝的有关要求。

扁梁的截面尺寸可按式(4.5)、式(4.6)估算:

$$h_b = \left(\frac{1}{18} \sim \frac{1}{25}\right)l_0 \qquad (4.5)$$

$$b_b = (1 \sim 3)h_b \qquad (4.6)$$

(2)框架柱截面尺寸估算

高层框架柱的截面尺寸可根据轴压比限值进行估算。估算公式如下:

$$\mu_N = \frac{N}{f_c b_c h_c} \leqslant [\mu_N] \qquad (4.7)$$

式中　N——框架柱中估算的轴向压力,可依据柱的负荷面积(近似将楼面板沿柱轴线之间的中线划分)近似取 $1.2 \times (12 \sim 14)\text{kN/m}^2$ 进行计算;

　　　h_c——柱截面高度;

　　　b_c——柱截面宽度;

　　　f_c——混凝土轴心抗压强度设计值;

　　　$[\mu_N]$——柱轴压比限值,按本章4.5小节的表4.12采用。

《高层规程》规定,矩形截面柱的边长,非抗震设计时不宜小于250 mm,抗震设计时,四级不宜小于300 mm,一、二、三级时不宜小于400 mm;圆柱直径,非抗震设计和四级抗震设计时不宜小于350 mm,一、二、三级时不宜小于450 mm。柱截面高宽比不宜大于3。

4.2　框架结构在竖向荷载作用下的近似计算

► 4.2.1　竖向荷载作用下框架结构的内力计算

高层建筑结构是一个高次超静定结构,多层多跨框架的内力和位移计算有精确算法和近似算法。精确算法多采用空间结构用电子计算机完成,近似算法主要采用平面结构以适于手算。常用的方法有三种:分层法、迭代法、系数法。由于迭代法计算工作量较大,下面仅介绍分层法和系数法。

1)分层法

(1)基本假定

①忽略框架的侧移;

②作用在框架梁上的竖向荷载,仅使该层框架梁及跟该层梁直接连接的柱产生内力,其他层框架梁和柱的内力忽略不计。

(2)计算简图

按图4.4所示方法进行,先将图4.4(a)所示的框架按图4.4(b)进行分层计算,再将分层计算结果还原至原结构中。

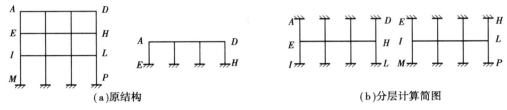

(a)原结构　　　　　　　　　　　　　(b)分层计算简图

图4.4　分层法计算示意图

(3)计算步骤

①将框架分层。

②将除底层之外的所有层柱的线刚度均乘以0.9。

③分层后的简单框架可用弯矩分配法计算,一般来讲,每一节点经过二次分配就足够了。

④在采用弯矩分配法的计算过程中,二层及其以上柱传递系数取1/3,底层柱及梁均取1/2,如图4.5所示。

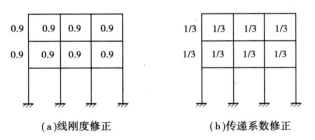

(a)线刚度修正　　　　　　　　　(b)传递系数修正

图4.5　框架二层及其以上柱线刚度系数及传递系数

⑤梁的弯矩为最后弯矩,柱的弯矩为与之相连两层计算弯矩的叠加。若节点弯矩不平衡,可将不平衡弯矩再分配一次,重新分配的弯矩不再考虑传递。

(4)分层法的特点

分层法进行竖向荷载作用下高层框架结构的内力分析时,将结构框架分解成 n 个只带1根横梁的框架,简化了计算工作。特别是当各层横梁和柱的长度及截面尺寸相同、各层层高相等、荷载大小一样的情况下,只需对顶层框架、中间层框架和底层框架各进行一次计算,便可求出整个框架的内力。

【例4.1】　用分层法求图4.6所示框架(为中框架)在重力荷载作用下的内力,并绘出弯矩图。屋顶梁线荷载标准值为58.128 kN/m,各楼层梁线荷载标准值 AB 跨为79.128 kN/m,

BC 跨为 90.35 kN/m。横梁截面尺寸为 0.25 m × 0.7 m,纵梁截面尺寸为 0.25 m × 0.6 m,柱截面尺寸为 0.6 m × 0.6 m。仅首层梁柱混凝土用 C30,其余各层梁柱均用 C25,现浇梁柱,装配整体式楼板,外墙厚 370 mm,水刷石墙面。

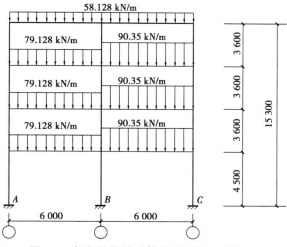

图 4.6 框架结构的计算简图及重力荷载

【解】 1)梁柱的线刚度计算

（1）框架梁

由于该框架为装配整体式结构,在计算梁的刚度时考虑装配楼板参加工作,乘以系数 1.5。

$$I_b = \frac{1}{12} \times 0.25 \times 0.7^3 \times 1.5 \ \text{m}^4$$
$$= 1.072 \times 10^{-2} \ \text{m}^4$$

混凝土 C25：$E_c = 2.8 \times 10^7 \ \text{kN/m}^2$；混凝土 C30：$E_c = 3.0 \times 10^7 \ \text{kN/m}^2$。

$2 \sim 4$ 层：$i_b = \dfrac{E_c I_b}{l} = \dfrac{2.8 \times 10^7 \times 1.072 \times 10^{-2}}{6.0} \ \text{kN·m} = 5.0 \times 10^4 \ \text{kN·m}$

首层：$i_b = \dfrac{E_c I_b}{l} = \dfrac{3.0 \times 10^7 \times 1.072 \times 10^{-2}}{6.0} \ \text{kN·m} = 5.36 \times 10^4 \ \text{kN·m}$

（2）框架柱

$$I_b = \frac{1}{12} \times 0.6^4 \ \text{m}^4 = 1.08 \times 10^{-2} \ \text{m}^4$$

$2 \sim 4$ 层：$i_c = \dfrac{E_c I_c}{h} = \dfrac{2.8 \times 10^7 \times 1.08 \times 10^{-2}}{3.6} \ \text{kN·m} = 8.4 \times 10^4 \ \text{kN·m}$

首层：$i_c = \dfrac{E_c I_c}{h} = \dfrac{3.0 \times 10^7 \times 1.08 \times 10^{-2}}{4.5} \ \text{kN·m} = 7.2 \times 10^4 \ \text{kN·m}$

采用分层法计算时,除底层以外,将其余柱的线刚度乘以系数 0.9,故

$2 \sim 4$ 层：$0.9 i_c = 0.9 \times 8.4 \times 10^4 \ \text{kN·m} = 7.56 \times 10^4 \ \text{kN·m}$

2)梁柱节点弯矩分配系数计算

因各杆件两端的约束条件相同,分配系数可以直接由线刚度计算得到,即

$$\mu_b = \frac{i_b}{\sum i_b + \sum i_c} \qquad \mu_c = \frac{i_c}{\sum i_b + \sum i_c}$$

计算可得梁柱节点弯矩分配系数,如图 4.7 所示。

3)梁的固端弯矩计算

顶层梁：$M_{AB}^E = M_{BC}^E = \dfrac{1}{12} \times 58.128 \times 6.0^2 \ \text{kN·m} = 174.38 \ \text{kN·m}$

其他层梁：$M_{AB}^E = \dfrac{1}{12} \times 79.128 \times 6.0^2 \ \text{kN·m} = 237.38 \ \text{kN·m}$

$$M_{BC}^E = \frac{1}{12} \times 90.35 \times 6.0^2 \ \text{kN·m} = 271.05 \ \text{kN·m}$$

图 4.7　框架节点弯矩分配系数(单位:10^4 kN·m)

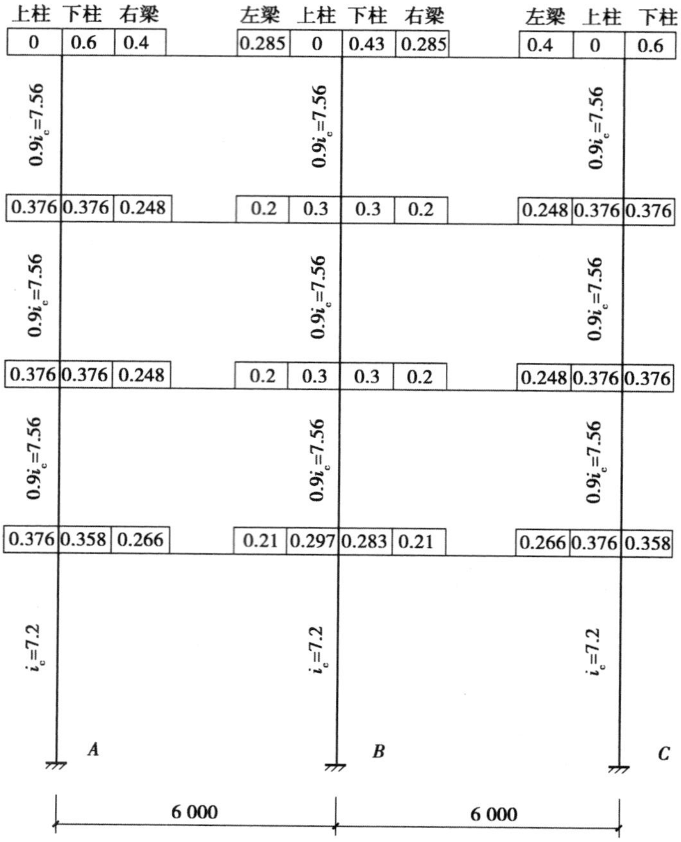

4)分层法计算内力

顶层、2 层、3 层、首层的计算结果分别如图 4.8、图 4.9、图 4.10 所示,弯矩符号以顺时针为正。

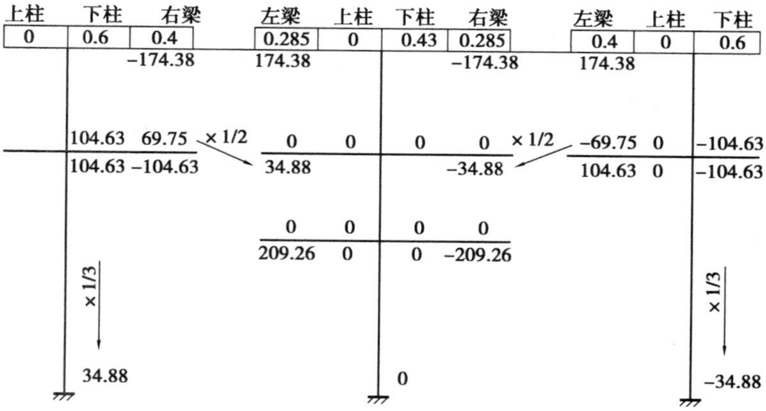

图 4.8　顶层框架计算

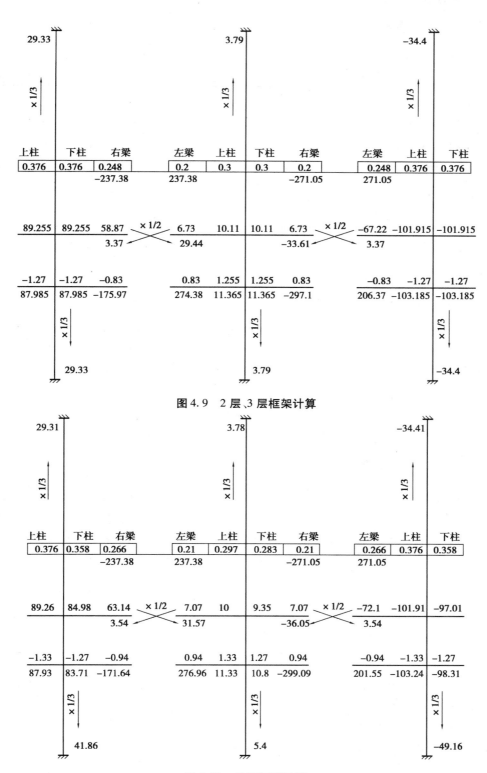

图 4.9   2 层、3 层框架计算

图 4.10   首层框架计算

5）梁端弯矩调幅

将用分层法求得的梁端弯矩乘以调幅系数0.8作为梁端弯矩标准值,见表4.3。

表4.3　梁端弯矩调幅　　　　　　　　　　　　　单位:kN·m

楼层	AB 跨		BC 跨	
	M_b^l	M_b^r	M_b^l	M_b^r
4	$-0.8 \times 104.63 = -83.7$	$-0.8 \times 209.26 = -167.41$	$-0.8 \times 209.26 = -167.41$	$-0.8 \times 104.63 = -83.7$
3	$-0.8 \times 175.97 = -140.78$	$-0.8 \times 274.38 = -219.5$	$-0.8 \times 297.1 = -237.68$	$-0.8 \times 206.37 = -165.1$
2	$-0.8 \times 175.97 = -140.78$	$-0.8 \times 274.38 = -219.5$	$-0.8 \times 297.1 = -237.68$	$-0.8 \times 206.37 = -165.1$
1	$-0.8 \times 171.64 = -137.31$	$-0.8 \times 276.96 = -221.57$	$-0.8 \times 299.09 = -239.27$	$-0.8 \times 201.55 = -161.24$

注:弯矩符号以梁的下边缘纤维受拉为正。

6）梁跨中弯矩标准值计算

按简支梁计算的跨中最大弯矩:

顶层梁:$M_{AB}^0 = M_{BC}^0 = \frac{1}{8} \times 58.128 \times 6.0^2$ kN·m $= 261.57$ kN·m

其他层梁:$M_{AB}^0 = \frac{1}{8} \times 79.128 \times 6.0^2$ kN·m $= 356.08$ kN·m

$$M_{BC}^0 = \frac{1}{8} \times 90.35 \times 6.0^2 \text{ kN·m} = 406.58 \text{ kN·m}$$

梁跨中最大弯矩标准值近似取:$M_{AB} = M_{AB}^0 - \frac{1}{2}(|M_b^l| + |M_b^r|)$

具体计算结果见表4.4。

表4.4　梁跨中弯矩计算　　　　　　　　　　　　单位:kN·m

楼层	AB 跨			BC 跨		
	M_{AB}^0	$\frac{1}{2}(|M_b^l| + |M_b^r|)$	M_{AB}	M_{AB}^0	$\frac{1}{2}(|M_b^l| + |M_b^r|)$	M_{AB}
4	261.57	125.56	136.01	261.87	125.56	136.01
3	356.08	180.14	175.94	406.58	201.39	205.19
2	356.08	180.14	175.94	406.58	201.39	205.19
1	356.08	179.44	175.64	406.58	200.26	206.32

为了使梁跨中钢筋不至于过少,跨中最大弯矩至少取简支梁跨中弯矩的50%,因此1,2,3层 M_{AB} 取值应为178.04 kN·m。

7）梁端剪力标准值计算

屋顶梁简支剪力:$V_b^0 = 1/2 \times 58.128 \times 6.0$ kN $= 174.384$ kN

楼层梁简支剪力:

AB 跨:$V_b^0 = 1/2 \times 79.128 \times 6.0$ kN $= 237.384$ kN

BC 跨: $V_b^0 = 1/2 \times 90.35 \times 6.0$ kN $= 271.05$ kN

各梁端剪力: $V_b^l = V_b^0 + \dfrac{1}{l}(|M_b^l| - |M_b^r|)$; $V_b^r = V_b^0 - \dfrac{1}{l}(|M_b^l| - |M_b^r|)$

计算结果见表4.5。

表4.5 梁端剪力计算 单位: kN

楼层	AB 跨				BC 跨			
	V_b^0	$\dfrac{\|M_b^l\|-\|M_b^r\|}{l}$	V_b^l	V_b^r	V_b^0	$\dfrac{\|M_b^l\|-\|M_b^r\|}{l}$	V_b^l	V_b^r
4	174.384	-13.95	160.43	-188.33	174.384	13.95	188.33	-160.43
3	237.38	-13.12	224.26	-250.5	271.05	12.1	283.15	-258.95
2	237.38	-13.12	224.26	-250.5	271.05	12.1	283.15	-258.95
1	237.38	-14.04	223.34	-251.42	271.05	13.0	230.05	-258.05

8) 柱端弯矩标准值计算

将用分层法求出的柱端弯矩与由邻层传来的弯矩叠加即为固端弯矩。

各层柱上、下端弯矩标准值见表4.6。

表4.6 柱端弯矩计算 单位:kN·m

楼层	A 柱						B 柱					
	柱上端截面			柱下端截面			柱上端截面			柱下端截面		
	本层值	由下层传来值	M_c^t	本层传去值	下层值	M_c^b	本层值	由下层传来值	M_c^t	本层传去值	下层值	M_c^b
4	104.63	29.33	133.96	34.88	87.985	122.87	0	3.79	3.79	0	11.365	11.37
3	87.985	29.33	117.32	29.33	87.985	117.32	11.365	3.79	15.16	3.79	11.365	15.16
2	87.985	29.31	117.3	29.33	87.93	117.26	11.365	3.78	15.15	3.79	11.33	15.12
1	83.71	0	83.71	—	41.86	41.86	10.8	0	10.8	—	5.4	5.4

注:①柱端弯矩以顺时针为正;

②C 柱表中从略。

9) 框架梁柱弯矩标准值

框架梁柱弯矩标准值如图4.11所示。

2) 系数法(即 UBC 法)

系数法是美国 Uniform Building Code(统一建筑规范)中介绍的方法,在国际上被广泛采用。其特点是不需要事先确定梁柱截面尺寸,适用条件如下:

①相邻跨跨长相差不大于短跨跨长的 20%;

②活荷载与恒荷载之比不大于 3;

③荷载均匀布置;

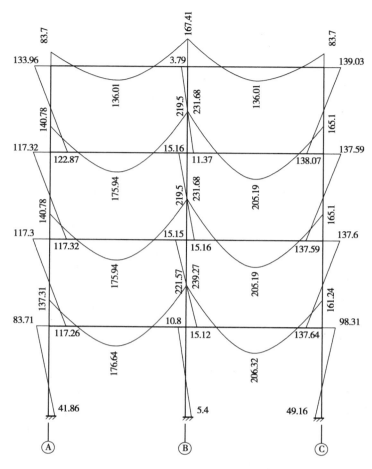

图 4.11　一榀框架弯矩图（单位:kN·m）

④框架梁的截面为矩形。

（1）框架梁内力的计算

按系数法,框架梁的内力可以按式(4.8)、式(4.9)计算:

$$M = \alpha\omega_{u}l_{n}^{2} \tag{4.8}$$

$$V = \beta\omega_{u}l_{n} \tag{4.9}$$

式中　ω_{u}——梁上恒荷载与活荷载设计值之和;

　　　l_{n}——净跨跨长,求支座弯矩时用相邻两跨跨长的平均值;

　　　α,β——分别为弯矩系数和剪力系数,两跨时,α,β 系数按图 4.12 所示的系数取值;两跨以上时,α,β 系数按图 4.13 所示的系数取值。

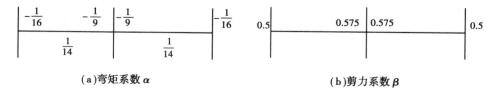

图 4.12　两跨时框架梁的弯矩系数和剪力系数

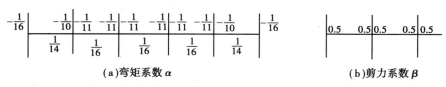

$$-\frac{1}{16}\quad -\frac{1}{10}\quad -\frac{1}{11}\quad -\frac{1}{11}\quad -\frac{1}{11}\quad -\frac{1}{11}\quad -\frac{1}{11}\quad -\frac{1}{10}\quad -\frac{1}{16}$$

$$\frac{1}{14}\quad \frac{1}{16}\quad \frac{1}{16}\quad \frac{1}{16}\quad \frac{1}{14}$$

0.5　0.5 0.5　0.5 0.5

(a)弯矩系数α　　　　　　(b)剪力系数β

图4.13　两跨以上时框架梁的弯矩系数和剪力系数

(2)框架柱内力计算

①轴力:按系数法,框架柱的轴力可以按楼面单位面积上恒荷载与活荷载设计值之和乘以该柱的负荷面积计算,确定负荷面积时,不考虑板的连续性,可近似地将楼面板沿柱轴线之间的中线划分,且活荷载值可以按《荷载规范》相关规定折减。

②弯矩:框架柱在竖向荷载作用下的弯矩,可以根据节点处梁端不平衡弯矩按该节点上、下柱的相对线刚度加权平均分配给上、下柱的柱端。当横梁不在立柱形心线上时,要考虑由于梁柱偏心引起的不平衡力矩,并将其平均分配给上、下柱柱端。

(3)系数法的优点

系数法的优点是计算简便,而且不必事先假定梁和柱的截面尺寸就可以求得杆件的内力。

【例题4.2】 某12层框架,底层层高5.0 m,其余层高3.2m(图4.14),采用C40混凝土。截面尺寸:横梁250 mm×600 mm,中柱700 mm×700 mm,边柱600 mm×600 mm。荷载条件:各层横梁均布荷载为12 kN/m,水平均布荷载为3 kN/m。用系数法计算此框架在竖向荷载作用下的弯矩。

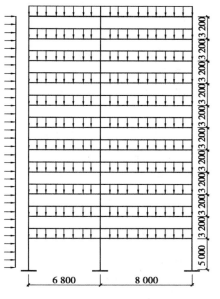

图4.14　框架荷载图

1)根据图4.12所示弯矩系数计算梁弯矩。

左边支座:$M_{左支} = -\frac{1}{16}\times12\ kN/m\times(6.8\ m)^2 = -34.68\ kN\cdot m$

左边跨中:$M_{左中} = \frac{1}{14}\times12\ kN/m\times(6.8\ m)^2 = 39.63\ kN\cdot m$

中间支座:$M_{中支} = -\frac{1}{9}\times12\ kN/m\times\left(\frac{6.8\ m+8.0\ m}{2}\right)^2 = -73.01\ kN\cdot m$

右边跨中:$M_{右中} = \frac{1}{14}\times12\ kN/m\times(8\ m)^2 = 54.86\ kN\cdot m$

右边支座:$M_{右支} = -\frac{1}{16}\times12\ kN/m\times(8\ m)^2 = -48.0\ kN\cdot m$

2)计算柱端弯矩

按梁端弯矩最大差值平均分配给上柱和下柱的柱端。

顶层左边柱:$M_{左边柱} = -M_{左支} = -34.68\ kN\cdot m$

顶层右边柱:$M_{右边柱} = -M_{右支} = 48\ kN\cdot m$

其余层左边柱:$M_{余层左边柱} = -M_{左支}/2 = 17.34\ kN\cdot m$

其余层右边柱:$M_{余层右边柱} = -M_{右支}/2 = 24 \text{ kN·m}$

中柱:$M_{中柱} = 0$

3)作框架弯矩图

弯矩图如图4.15所示。

由上面的例题可见,该两种计算方法各有其特点:

①分层法在分析竖向荷载作用下高层框架结构的内力时,将其分解为 n 个只带1根横梁的框架,从而简化了计算工作。特别是当各层横梁和柱的长度及截面尺寸相同、各层层高相等、荷载大小一样的情况下,只需对顶层框架、中间层框架和底层框架各进行一次计算,便可求得整个框架的内力。

②系数法最简单,且不需事先假定梁、柱的截面尺寸就可以求得杆件的内力,但计算精度比分层法要差一些。

▶ 4.2.2 梁支座负弯矩调幅

工程设计中,在竖向荷载作用下,框架梁端负弯矩往往很大,这会造成配筋较多而不便于施工。同时,超静定钢筋混凝土结构在达到承载能力极限状态之前,总会产生不同程度的塑性内力重分布,其最终内力分布取决于构件的截面设计情况和节点的构造情况。因此,允许主动考虑塑性变形内力重分布对梁端负弯矩进行适当调幅,达到调整钢筋分布、节约材料、方便施工的目的。但是钢筋混凝土构件的塑性变形能力总体上是有限的,其塑性转动能力与梁端节点的配筋构造设计密切相关,为保证正常使用状态下的性能和结构安全,梁端弯矩调幅应加以限制。

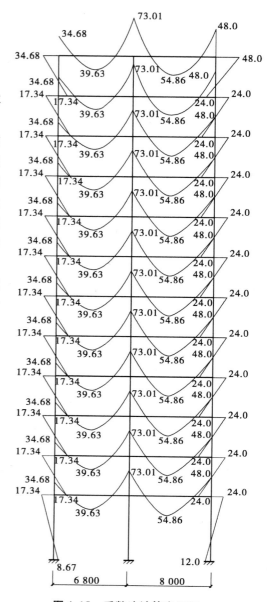

图4.15 系数法计算弯矩图

设计中规定,在竖向荷载作用下,可以考虑框架梁端塑性变形内力重分布而对梁端负弯矩进行调幅,支座弯矩调幅系数:现浇框架为 $0.8 \sim 0.9$,装配式框架为 $0.7 \sim 0.8$。

支座调幅后,应按静力平衡条件计算调幅后的跨中弯矩。截面设计时,框架梁跨中正弯矩设计值不应小于竖向荷载作用下按简支梁计算的跨中弯矩设计值的50%。如为均布荷载,应满足式(4.10)的要求。

$$M_{中} \geq \frac{1}{16}(g+q)l^2 \qquad (4.10)$$

式中　g,q——分别为均匀恒荷载、活荷载设计值;

l ——计算跨度。

只对竖向荷载作用下的内力进行弯矩调幅,水平荷载作用下产生的弯矩不参加调幅。因此,梁端弯矩调幅应在内力组合之前进行,调幅完成后,再与风荷载及地震作用效应组合。

4.3 框架结构在水平荷载作用下的近似计算

▶ 4.3.1 框架结构在水平荷载作用下内力的近似计算

框架所受的水平荷载主要是风力和地震作用,一般先将作用在每个楼层上的总风力和总地震作用分配到各榀框架,然后化成作用在框架节点上的水平集中力,再进行平面框架内力分析,如图4.16所示。框架结构在节点水平力作用下,其弯矩图有两个特点:

①各杆的弯矩均为直线,并且每一根杆件都有一个弯矩等于零的反弯点;

②所有各杆的最大弯矩均在杆件的两端。

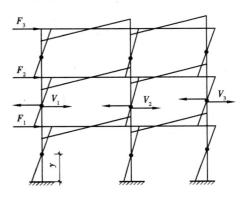

图4.16 框架在水平荷载作用下弯矩图

1)反弯点法

框架在水平荷载作用下,节点将同时产生转角和侧移,如图4.17所示。根据分析,当梁的线刚度和柱的线刚度之比大于3时,节点转角很小,它对框架的内力影响不大。因此,为了简化计算,通常把它忽略不计,即假定转角为0。实际上,这等于把框架横梁简化成线刚度无穷大的刚性梁,同一层的各节点水平位移相等(图4.18)。这样处理,可使计算大大简化,且误差不超过5%。

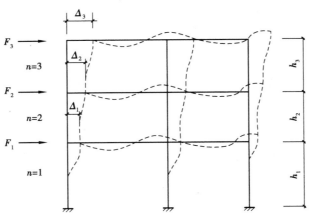

图4.17 水平荷载作用下的框架变形

为了方便计算,作如下假定:

①在求各柱子剪力时,假定各柱子上下端都不发生角位移,即认为梁柱的线刚度之比为

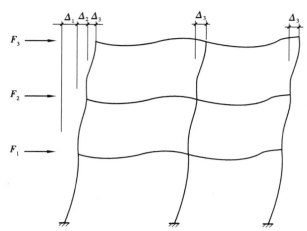

图 4.18　水平荷载作用下横梁简化成刚度无穷大的刚性梁的框架变形

无穷大。

②在确定柱子反弯点位置时,假定除底层以外的各柱子的上下端节点转角均相同,即假定除底层外,各层框架柱的反弯点位于层高的中点;对于底层柱子,则假定其反弯点位于距支座 2/3 层高处。

③梁端弯矩可由节点平衡条件求出,并按节点左右梁的线刚度进行分配。

反弯点计算各框架内力的步骤为:

(1)确定各柱反弯点位置

$$y = \frac{1}{2}h(\text{上部各层柱})\qquad(4.11)$$

$$y = \frac{2}{3}h(\text{底层柱})\qquad(4.12)$$

式中　y——反弯点至柱子下端距离;

　　　h——层高。

(2)同层各柱的剪力的确定

设框架结构为 n 层,每层内有 m 个柱子[图 4.19(a)],将框架沿第 i 层各柱的反弯点处切开代以剪力和轴力[图 4.19(b)],设第 j 层各柱剪力为 V_{j1},V_{j2},V_{j3},$\cdots$,V_{jm}(有 m 根柱),第 j 层总剪力为 V_j,根据剪力平衡有:

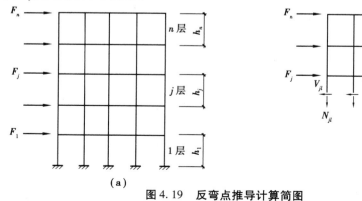

(a)　　　　　　　　　　图 4.19　反弯点推导计算简图　　　　　　　　　　(b)

$$V_j = \sum_{i=j}^{n} F_i \tag{4.13}$$

$$V_j = V_{j1} + V_{j2} + \cdots + V_{jm} = \sum_{k=1}^{m} V_{jk} \tag{4.14}$$

式中　F_i——作用在 i 楼层的水平力；

　　　V_j——水平力作用在第 i 层所产生的层间剪力；

　　　V_{jk}——第 j 层第 k 柱所承受的剪力；

　　　m——第 j 层内的柱子数；

　　　n——楼层数。

由结构力学可知：

$$V_{j1} = d_{j1}\Delta_j, V_{j2} = d_{j2}\Delta_j, \cdots, V_{jk} = d_{jk}\Delta_j, \cdots, V_{jm} = d_{jm}\Delta_j \tag{4.15}$$

式中　d_{jk}——第 j 层第 k 根柱子的抗侧刚度，其物理意义是表示柱端产生相对单位位移时，在柱内产生的剪力。

　　　Δ_j——框架第 j 层侧移。

$$d_{jk} = \frac{12i}{h_j^2} \tag{4.16}$$

式中　i——柱子线刚度；

　　　h_j——第 j 层柱高。

$$d_{j1}\Delta_j + d_{j2}\Delta_j + \cdots + d_{jk}\Delta_j \cdots + d_{jm}\Delta_j = V_j \tag{4.17}$$

$$V_{jk} = \frac{d_{jk}}{\sum_{k=1}^{m} d_{jk}} V_j \tag{4.18a}$$

当同层各柱高度 h_j 相同时，可用线刚度代替抗侧刚度计算各柱的剪力，即：

$$V_{jk} = \frac{i_{jk}}{\sum_{k=1}^{m} i_{jk}} V_j \tag{4.18b}$$

（3）柱端弯矩

求得各柱所承受的剪力 V_{jk} 以后，可求各柱的杆端弯矩，对于底层柱有：

$$M_{c1k}^{t} = V_{1k} \frac{h_1}{3} \tag{4.19}$$

$$M_{c1k}^{b} = V_{1k} \frac{2h_1}{3} \tag{4.20}$$

式中　h_1——底层柱高。

对于上部各层柱，上下柱端弯矩相等，有：

$$M_{cjk}^{t} = M_{cjk}^{b} = V_{jk} \frac{h_j}{2} \tag{4.21}$$

式中　h_j——第 j 层柱高；

下标 cjk 表示第 j 层第 k 根柱子，上标 t, b 分别表示柱的顶端和底端。

（4）梁端弯矩

梁端弯矩按节点平衡及线刚度比得到。

①边节点（图 4.20）。

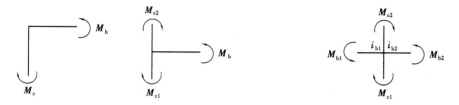

图 4.20　边节点计算简图　　　　图 4.21　中间节点计算简图

顶部边节点：$\qquad\qquad\qquad M_b = M_c$ $\qquad\qquad$ （4.22）

一般边节点：$\qquad\qquad\qquad M_b = M_{c1} + M_{c2}$ $\qquad\qquad$ （4.23）

②中间节点（图 4.21）。中间节点按梁线刚度比分配柱端弯矩：

$$M_{b1} = \frac{i_{b1}}{i_{b1} + i_{b2}}(M_{c1} + M_{c2}) \qquad\qquad (4.24)$$

$$M_{b2} = \frac{i_{b1}}{i_{b1} + i_{b2}}(M_{c1} + M_{c2}) \qquad\qquad (4.25)$$

式中　M_{b1}, M_{b2}——节点处左、右梁端弯矩；

$\qquad$ M_{c1}, M_{c2}——节点处柱的上、下端弯矩；

$\qquad$ i_{b1}, i_{b2}——节点处左、右梁的线刚度。

（5）梁内剪力

以各个梁为脱离体，根据平衡方程，将梁的左、右端弯矩之和除以该梁的跨长，便可得到剪力。

$$V_A = V_B = \frac{M_b^l + M_b^r}{l} \qquad\qquad (4.26)$$

式中　M_b^l, M_b^r——梁的左、右端弯矩；

$\qquad$ l——梁的跨长。

（6）柱内轴向力

自下而上逐层叠加节点左右的梁端剪力，即可得到柱内轴向力。

2）D 值法

反弯点法是梁柱线刚度比大于 3 时，假定节点转角为零的一种近似计算方法。当柱子的截面较大时，梁柱线刚度比常常较小，特别是在高层框架结构或抗震设计时，梁的线刚度可能小于柱的线刚度，框架节点对柱的约束应为弹性支承，即柱的抗侧刚度不但与柱的线刚度有关，还与梁的线刚度有关；此外，还与该楼层所处的位置、上下层梁的线刚度之比，以及上下层层高，甚至与房屋的总层数有关。因此，应对反弯点法中的反弯点高度进行修正。

修正后的柱的抗侧刚度用 D 表示，故通常称为 D 值法。该方法的计算步骤与反弯点法相同，精确度比反弯点法高。但与反弯点法一样，作了平面结构假定，忽略了轴向变形；同时，D 值法虽然考虑了节点转角，但又假定同层各节点转角相同，推导 D 值及反弯点高度时还作了一些假定。因此,D 值法也是近似方法。随着层数增加,忽略轴向变形带来的误差也增大。

　　D 值法需要解决的是:修正后框架柱的抗侧移刚度 D 的确定;调整后框架柱的反弯点位置。

　　(1)修正后框架柱的抗侧刚度 D

　　下面以图 4.22 所示框架中间柱为例,导出修正后框架柱的抗侧刚度的计算公式。

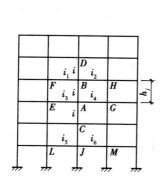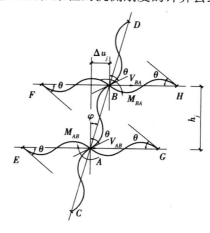

图 4.22　D 值推导计算简图

计算假定:

①柱 AB 及与其上下相邻的柱子的线刚度均为 i_c;

②柱 AB 及与其上下相邻柱的层间位移均为 Δu_j;

③柱 AB 两端点及与其上下左右相邻的各个节点的转角均为 θ;

④与柱 AB 相交的横梁线刚度分别为 i_1,i_2,i_3,i_4。

由节点 A 的平衡条件 $\sum M_A = 0$,得:

$$M_{AB} + M_{AG} + M_{AC} + M_{AE} = 0 \tag{4.27}$$

式中　$M_{AB} = 2i_c(2\theta + \theta - 3\varphi) = 6i_c(\theta - \varphi)$

　　　$M_{AG} = 2i_4(2\theta + \theta) = 6i_4\theta$

　　　$M_{AC} = 2i_c(2\theta + \theta - 3\varphi) = 6i_c(\theta - \varphi)$

　　　$M_{AE} = 2i_3(2\theta + \theta) = 6i_3\theta$

　　将 M_{AB},M_{AG},M_{AC},M_{AE}代入式(4.27),得:

$$6(i_3 + i_4)\theta + 12i_c\theta - 12i_c\varphi = 0 \tag{4.28}$$

　　由节点 B 的平衡条件 $\sum M_B = 0$,得

$$6(i_1 + i_2)\theta + 12i_c\theta - 12i_c\varphi = 0 \tag{4.29}$$

　　将式(4.28)与式(4.29)相加,得:

$$\theta = \frac{2}{2 + \dfrac{\sum i}{2i_c}}\varphi = \frac{2}{2 + K}\varphi \tag{4.30}$$

式中　$\sum i$——梁的线刚度之和;

K——一般梁柱线刚度之比。

柱 AB 所受的剪力为：

$$V_{AB} = \frac{12i_c}{h_{AB}}(\varphi - \theta) \tag{4.31}$$

将式(4.30)代入式(4.31)，得：

$$V_{AB} = \frac{12i_c}{h_{AB}}\frac{K}{2+K}\varphi = \frac{12}{h_{AB}^2}\frac{K}{2+K}\Delta u_j \tag{4.32}$$

令

$$\alpha = \frac{K}{2+K} \tag{4.33}$$

则

$$V_{AB} = \alpha\frac{12i_c}{h_{AB}}\Delta u_j \tag{4.34}$$

由此可得 AB 的抗侧刚度：

$$D_{AB} = \frac{V_{AB}}{\Delta u_j} = \alpha\frac{12i_c}{h_{AB}^2} \tag{4.35}$$

式中　α——考虑梁柱刚度比值及柱端约束条件对柱抗侧刚度的影响系数，当框架梁的线刚度为无穷大时，$\alpha = 1$。

表4.7列出各种情况下的 α 值及相应的梁柱线刚度比值 K 的计算公式。

同一层中有个别柱高不相等时的 D 值：如底层柱高不等(图4.23)，但各柱顶点位移仍相等，特殊柱的抗侧刚度 D' 可按式(4.36)计算。

$$D' = \alpha_1\frac{12i_1}{h'^2} \tag{4.36}$$

式中　α_1——按 h_1 计算的参数；
　　　i_1——特殊柱的线刚度。

表4.7　柱抗侧刚度修正系数表

楼　层	计算简图	K	α
一般层		$K = \dfrac{i_1+i_2+i_3+i_4}{2i_c}$	$\alpha = \dfrac{K}{2+K}$
底层		$K = \dfrac{i_1+i_2}{i_c}$	$\alpha = \dfrac{0.5+K}{2+K}$

注：边柱情况下，式中 i_1,i_3 取0。

同一层中有个别柱再分层时的 D 值:当同一层中有再分层时,如图 4.24 所示,再分柱的等效抗侧刚度 D' 可按式(4.37)计算。

$$D' = \frac{D_1 D_2}{D_1 + D_2} \qquad (4.37)$$

式中　D'——分层中综合柱的 D 值;

D_1, D_2——分层中柱 h_1, h_2 的 D 值,$D_1 = \alpha_1 \dfrac{12 i_{c1}}{h_1^2}, D_2 = \alpha_2 \dfrac{12 i_{c2}}{h_2^2}$。

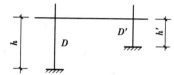

图 4.23　底层柱不等高图

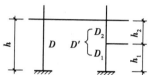

图 4.24　底层为复式框架图

求得框架柱侧向刚度值后,与反弯点法相似,由同一层内各柱的层间位移相等条件,可把层间剪力按式(4.38)分配给该层的各柱。

$$V_{jk} = \frac{D_{jk}}{\sum\limits_{i=1}^{m} D_{ji}} V_j \qquad (4.38)$$

式中　V_{jk}——第 j 层第 k 柱的剪力;

D_{ji}——第 j 层的抗侧刚度;

$\sum\limits_{i=1}^{m} D_{ji}$——第 j 层所有柱的抗侧刚度之和;

V_j——第 j 层由外荷载引起的总剪力。

(2)确定柱的反弯点高度

影响柱的反弯点高度的主要因素是柱上下端的约束条件。当两端固定或两端转角完全相等时,反弯点在中点。两端约束刚度不同时,两端转角也不相等,反弯点移向转角较大的一端,也就是移向约束刚度较小的一端。当一端为铰接时(支承转动刚度为0),反弯点与该端铰重合。影响两端约束刚度的主要因素是:

①结构总层数以及该层所在位置;

②梁柱线刚度比;

③荷载形式;

④上层与下层梁刚度比;

⑤上、下层层高变化。

在 D 值法中,通过力学分析求得标准情况下的标准反弯点高度比 y_0(即反弯点到柱下端距离与柱全高的比值),再根据上、下梁线刚度比值及上、下层层高变化对 y_0 进行调整。

①标准反弯点高度比 y_0。标准反弯点高度比是标准的矩形框架在各层等高、等跨,以及各层梁柱线刚度均相同的多层框架在水平荷载作用下用力法求得的反弯点高度比 y_0。为使

用方便,已把标准的反弯点高度比 y_0 的值制成表格(详见附表1和附表2)。根据该框架总层数及该层所在楼层以及梁柱线刚度比值,可从表中查得标准反弯点高度比 y_0。

②上、下梁刚度变化时的反弯点高度修正值 y_1。当某柱的上梁和下梁刚度不等,柱上下节点转角不同时,反弯点位置有变化,应将标准反弯点高度比加以修正,修正值为:

当 $i_1 + i_2 < i_3 + i_4$ 时,令 $\alpha_1 = (i_1 + i_2)/(i_3 + i_4)$,根据 α_1 和 K 值从附表3(反弯点高度修正值 y_1)中查出 y_1,这时反弯点应向上移,y_1 取正值。

当 $i_3 + i_4 < i_1 + i_2$ 时,令 $\alpha_1 = (i_3 + i_4)/(i_1 + i_2)$,根据 α_1 和 K 值从附表3(反弯点高度修正值 y_1)中查出 y_1,这时反弯点应向下移,y_1 取负值。

对于底层,不考虑 y_1 修正值。

③层高变化时反弯点高度比修正值 y_2 和 y_3。当层高有变化时,反弯点也有移动。令上层层高 $h_{上}$ 与本层层高之比 $\alpha_2 = h_{上}/h$,根据 α_2 和 K 值由附表可查得修正值 y_2。当 $\alpha_2 > 1$ 时,y_2 为正值,则反弯点向上移;当 $\alpha_2 < 1$ 时,y_2 为负值,则反弯点向下移。

同理,令下层层高 $h_{下}$ 与本层层高之比 $\alpha_3 = h_{下}/h$,根据 α_3 和 K 值由附表4可查得修正值 y_3。

综上所述,各层柱的反弯点高度比由式(4.39)计算:

$$y = y_0 + y_1 + y_2 + y_3 \tag{4.39}$$

式中　y_0——标准反弯点高度比,是在各层等高、各跨相等、各层梁和柱线刚度都不改变的情况下求得的反弯点高度比;

y_1——因上、下层梁刚度比变化的修正值;

y_2——因上层层高变化的修正值;

y_3——因下层层高变化的修正值。

y_0, y_1, y_2, y_3 的取值见附表1至附表4。

【例4.3】 试用 D 值法计算图4.25所示框架的弯矩图。图中括号内的数字为杆件的相对线刚度。

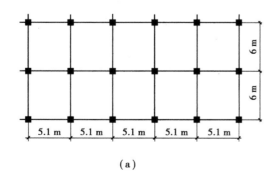

图4.25 例4.4图

【解】 ①计算各层柱的 D 值以及每根柱分配的剪力见表4.8。

表4.8　每根柱分配的剪力

层数	层剪力 /kN	边柱 D 值	中柱 D 值	$\sum D$	每根边柱剪力 /kN	每根中柱剪力 /kN
3	730	$K=\dfrac{1+1.5}{2\times1.1}=1.14$ $D=\dfrac{1.14}{2+1.14}\times\dfrac{12}{3.5^2}\times1.1$ $=0.391$	$K=\dfrac{1+1.5}{2\times1.1}=1.14$ $D=\dfrac{1.14}{2+1.14}\times\dfrac{12}{3.5^2}\times1.1$ $=0.391$	8.13	$V_3=\dfrac{0.391}{8.13}\times730$ $=35.1$	$V_3=\dfrac{0.573}{8.13}\times730$ $=51.5$
2	1 240	$K=\dfrac{1.5+1.5}{2\times1.1}=1.25$ $D=\dfrac{1.25}{2+1.25}\times\dfrac{12}{3.5^2}\times1.2$ $=0.452$	$K=\dfrac{4\times1.5}{2\times1.2}=2.5$ $D=\dfrac{2.5}{2+2.5}\times\dfrac{12}{3.5^2}\times1.2$ $=0.653$	9.342	$V_3=\dfrac{0.452}{9.342}\times1\,240$ $=60.0$	$V_3=\dfrac{0.653}{9.342}\times1\,240$ $=86.7$
1	1 525	$K=\dfrac{1.5}{1.0}=1.5$ $D=\dfrac{0.5+1.5}{2+1.5}\times\dfrac{12}{4.5^2}\times1.0$ $=0.339$	$K=\dfrac{2\times1.5}{1.0}=3.0$ $D=\dfrac{0.5+3}{2+3}\times\dfrac{12}{4.5^2}\times1.0$ $=0.415$	6.558	$V_3=\dfrac{0.339}{6.558}\times1\,525$ $=78.8$	$V_3=\dfrac{0.339}{8.13}\times1\,525$ $=96.5$

②反弯点高度比计算见表4.9。

表4.9　反弯点高度比的计算

层数	边柱	中柱
3	$n=3\quad j=3$ $K=1.14\quad y_0=0.407$ $\alpha_1=\dfrac{1.0}{1.5}=0.67\quad y_1=0.05$ $y=0.407+0.05=0.457$	$n=3\quad j=3$ $K=2.27\quad y_0=0.45$ $\alpha_1=\dfrac{1.0\times2}{1.5\times2}=0.67\quad y_1=0.041$ $y=0.45+0.041=0.491$
2	$n=3\quad j=2$ $K=1.25\quad y_0=0.4625$ $\alpha_1=1\quad y_1=0$ $\alpha_2=1\quad y_2=0$ $\alpha_3=1.29\quad y_3=-0.0169$ $y=0.4625-0.0169=0.4456$	$n=3\quad j=2$ $K=2.5\quad y_0=0.5$ $\alpha_1=1\quad y_1=0$ $\alpha_2=1\quad y_2=0$ $\alpha_3=1.29\quad y_3=0$ $y=0.55$
1	$n=3\quad j=1$ $K=1.5\quad y_0=0.725$ $\alpha_1=\dfrac{3.5}{4.5}=0.78\quad y_2=0.0025$ $y=0.725-0.0025=0.7225$	$n=3\quad j=1$ $K=3.0\quad y_0=0.55$ $\alpha_1=\dfrac{3.0}{4.5}=0.78\quad y_0=0.55$ $y=0.55$

③弯矩图如图 4.26 所示。

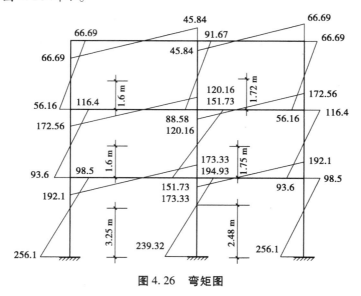

图 4.26　弯矩图

► 4.3.2　框架在水平荷载作用下侧移的近似计算

高层建筑层数多、高度大,为保证高层建筑结构具有必要的刚度,应对其层间位移加以控制。这个控制实际上是对构件截面大小、刚度大小的一个相对指标。

在正常使用条件下,限制高层建筑结构层间位移的主要目的有两点:

①保证主结构基本处于弹性受力状态,对钢筋混凝土结构来讲,要避免混凝土墙或柱出现裂缝;同时,将混凝土梁等楼面构件的裂缝数量、宽度和高度限制在规范允许范围之内。

②保证填充墙、隔墙和幕墙等非结构构件的完好,避免产生明显损伤。

框架结构侧移主要是由水平荷载引起的,可近似地认为是由梁柱弯曲变形和柱的轴向变形所引起的侧移叠加,如图 4.27 所示。

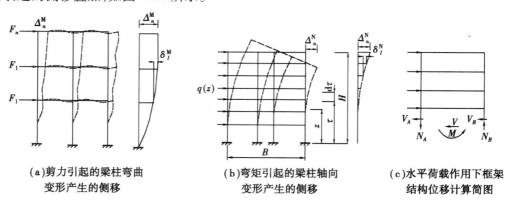

(a)剪力引起的梁柱弯曲　　　(b)弯矩引起的梁柱轴向　　　(c)水平荷载作用下框架
　变形产生的侧移　　　　　　　变形产生的侧移　　　　　　　结构位移计算简图

图 4.27　框架结构的侧移

为了便于理解,可以把图 4.27(c)所示框架看成一根空腹的悬臂柱,它的截面高度为框架跨度。如果通过反弯点将某层切开,空腹悬臂柱的弯矩 M 和剪力 V 如图所示。M 是由柱

的轴向力 N_A，N_B 这一力偶组成，V 是由柱截面剪力 V_A，V_B 组成。梁柱弯曲变形是由剪力 V_A，V_B 引起，相当于悬臂柱的剪切变形，因此变形曲线呈剪切型。柱的轴向变形由轴力 N_A，N_B 产生，相当于弯矩 M 产生的变形，因此变形曲线呈弯曲型。框架的变形由这两部分组成。

根据工程计算，对于建筑物高度不大于 50 m 的办公楼、住宅、旅馆类的框架结构，柱的轴向变形所引起的顶点侧移约为框架梁柱弯曲变形所产生的顶点侧移的 5% ~ 11%。一般情况下，当结构低于 15 层时，可不计算柱轴向变形产生的侧移。考虑高层框架结构高度的适用范围，可以将由框架梁柱弯曲变形产生的框架顶点侧移扩大 10% 来反映高层框架的水平位移。

下面仅介绍梁柱弯曲变形产生侧移的近似计算方法。

（1）梁柱弯曲变形产生的侧移

侧移刚度 D 值的物理意义是单位层间侧移所需的层剪力（该层间侧移是梁柱弯曲变形引起的）。当已知框架结构第 i 层所有柱的 D 值及层剪力后，可得层间侧移的近似计算公式：

$$\delta_i^M = \frac{V_i}{\sum_{j=1}^{n} D_{ij}} \tag{4.40}$$

第 i 层楼板标高处侧移绝对值是该层以下各层层间侧移之和。顶点侧移即所有层（n 层）层间侧移之总和。

第 i 层侧移：
$$\Delta_i^M = \sum_{i=1}^{i} \delta_i^M \tag{4.41}$$

第 n 层侧移：
$$\Delta_n^M = \sum_{i=1}^{n} \delta_i^M \tag{4.42}$$

（2）弹性层间位移角 $\Delta u/h$ 控制指标

《高层规程》采用层间位移角 $\Delta u/h$ 作为刚度控制指标，不扣除整体弯曲转角产生的侧移，即直接采用内力位移计算的位移输出值。

弹性层间位移角验算及弹性层间位移角限值的规定详见第 3 章。

4.4 框架结构的内力组合

各种荷载作用下的框架内力求得后，应根据最不利又可能的原则进行内力组合。

▶ 4.4.1 控制截面

框架结构的承载力设计是按梁、柱、节点分别进行的。

每一跨框架梁一般有三个控制截面：左端支座截面、跨中截面、右端支座截面。

梁端最危险截面应在梁端柱边，而不是在结构计算简图中的柱轴线处，如图 4.28 所示。因此，梁端控制截面的组合内力可按下式取值：

$$V' = V - (g + p)\frac{b}{2} \tag{4.43}$$

$$M' = M - V'\frac{b}{2} \tag{4.44}$$

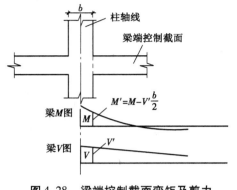

图 4.28　梁端控制截面弯矩及剪力

式中　V'，M'——梁端柱边截面的剪力和弯矩；

　　　V，M——内力计算得到的柱轴线处的梁端剪力和弯矩；

　　　g，p——作用在梁上的竖向分布恒荷载和活荷载。

当计算水平荷载或竖向集中荷载产生的内力时，则 $V' = V$。

框架柱的弯矩、剪力和轴力沿柱高是线性变化的，因此可取各层柱的上、下端截面作为控制截面。

▶ 4.4.2　控制截面的最不利内力类型

一般情况下，梁端为抵抗负弯矩和剪力的设计控制截面，但在有地震作用组合时，也要组合梁端的正弯矩，因此框架梁的最不利组合内力有：

梁端截面：$-M_{\max}$，$+M_{\max}$，$V_{\max}$；

梁跨中截面：$+M_{\max}$（注：梁跨中截面的剪力一般对配筋不起控制作用）。

考虑到框架柱一般采用对称配筋，柱控制截面的最不利组合内力一般有：

- $|M_{\max}|$ 及相应的 N，V；
- $N_{\max}$ 及相应的 M；
- $N_{\min}$ 及相应的 V。

▶ 4.4.3　荷载组合的效应设计值计算

内力组合之前，对竖向荷载作用下的内力应进行调幅。

内力组合应考虑持久设计状况和地震设计状况分别计算荷载组合的效应设计值。其中，持久设计状况应分别考虑永久荷载效应控制的组合和可变荷载控制的组合两种情况。

水平风荷载和水平地震作用组合时应分别考虑左风、左震和右风、右震两种情况。

荷载组合的效应设计值计算公式详见第 3 章。

4.5　截面设计及构造要求

我国抗震规范采用三水准的设防目标，即"小震不坏、中震可修、大震不倒"，三个水准的设防目标通常采用二阶段设计方法来实现，即在多遇地震作用下，建筑主体结构不受损坏，非结构构件（包括围护墙、隔墙、幕墙、内外装修等）没有过重破坏并导致人员伤亡，保证建筑的正常使用功能；在罕遇地震作用下，建筑主体结构遭受破坏或严重破坏而不倒塌。这就需要建筑结构具有一定的延性。

▶ **4.5.1 框架延性设计概念**

对于框架结构而言,弹性状态是指外荷载与结构位移呈线性关系的状态,当结构中某些部位出现塑性铰后,荷载与位移将呈非线性关系,如图 4.29 所示。当外荷载增加很少而位移迅速增加时,可认为结构开始屈服,相应的位移为屈服位移 Δy,当承载能力明显下降或结构处于不稳定状态时,可认为结构破坏,达到极限位移 Δu,结构的延性常常用顶点位移延性比表示,即

$$\mu = \Delta u / \Delta y \qquad (4.45)$$

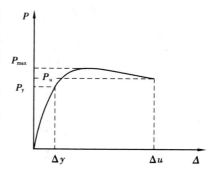

图 4.29 结构延性

根据国内外近 30 年来对钢筋混凝土框架延性的研究成果,只要设计合理,钢筋混凝土框架结构完全可以设计成具有较好塑性变形能力的延性框架。震害调查分析和结构试验研究表明,钢筋混凝土结构的“塑性铰控制”理论在抗震结构设计中具有重要的作用。

(1)“塑性铰控制”的基本要点

①钢筋混凝土结构可以通过选择合理的截面形式及配筋构造控制塑性铰出现的部位。

②通过合理的设计控制塑性铰的出现位置和出现次序,使其对整体框架结构抗震有利。所谓有利,就是一方面要求塑性铰本身有较好的塑性变形能力和吸收耗散能量的能力;另一方面要求这些塑性铰能使结构具有较大的延性而不会造成其他不利后果,例如不会使结构局部破坏或出现不稳定现象。

③在预期出现塑性铰的部位,应通过合理的配筋构造增大它的塑性变形能力,防止过早出现脆性的剪切及锚固破坏。

(2)提高框架延性的基本措施

根据这一理论及试验研究结果,提高钢筋混凝土框架的延性基本措施是:

①塑性铰应尽可能出现在梁的两端,设计成强柱弱梁框架。

②避免梁、柱构件过早剪坏,在可能出现塑性铰的区段内,应设计成强剪弱弯。

③避免出现节点区破坏及钢筋的锚固破坏,要设计成强节点、强锚固。

许多经过地震考验的结构证明,上述措施是有效的。由于延性框架设计方法的改进,近 20 年来,在美国、日本及我国都已相继建成许多高层的抗震钢筋混凝土框架结构,而延性框架结构的理论和设计方法仍在不断继续研究和改进。

▶ **4.5.2 框架梁设计**

1)剪压比的限制

剪压比是截面上平均剪应力与混凝土轴心抗压强度设计值的比值,以 $\dfrac{V}{f_c bh_0}$ 表示,用于说明截面上名义剪应力的大小。梁塑性铰区的截面剪应力大小对梁的延性、耗能及保持梁的刚度和承载力有明显的影响。根据反复荷载作用下配箍率较高的梁剪切试验资料,其极限剪压比约为 0.24。当剪压比大于 0.30 时,即使增加箍筋,也容易发生斜压破坏。

为了保证梁截面不至于过小,从而不产生过高的主压应力,抗震设计时,对于跨高比大于 2.5 的框架梁,其截面尺寸与剪力设计值应符合式(4.46)的要求:

$$V \leqslant \frac{1}{\gamma_{RE}}(0.20\beta_c f_c b h_0) \tag{4.46}$$

对一般受弯构件,当截面尺寸满足此要求时,可以防止在使用荷载下出现过宽的斜裂缝。对于跨高比不大于 2.5 的框架梁,其截面尺寸与剪力设计值应符合式(4.47)的要求:

$$V \leqslant \frac{1}{\gamma_{RE}}(0.15\beta_c f_c b h_0) \tag{4.47}$$

式中　V——梁、柱计算截面的剪力设计值;

　　　f_c——混凝土轴心抗压强度设计值;

　　　b——矩形截面的宽度,T 形截面、工形截面的腹板宽度;

　　　h_0——梁柱截面计算方向有效高度;

　　　γ_{RE}——构件承载力抗震调整系数;

　　　β_c——混凝土强度影响系数,详见《高层规程》。

2)按"强剪弱弯"的原则调整梁的截面剪力

为了避免梁在弯曲破坏前发生剪切破坏,抗震等级为一、二、三级的框架梁端截面的剪力设计值,应按下列公式计算;四级时可直接取考虑地震作用组合的剪力设计值。

一级的框架结构及 9 度时的框架梁:

$$V = 1.1(M_{bua}^l + M_{bua}^r)/l_n + V_{Gb} \tag{4.48}$$

其他情况:

$$V = \eta_{vb}(M_b^l + M_b^r)/l_n + V_{Gb} \tag{4.49}$$

式中　V——梁端截面组合的剪力设计值;

　　　l_n——梁的净跨;

　　　V_{Gb}——梁在重力荷载代表值作用下,按简支梁分析的梁端截面剪力设计值;

　　　M_b^l, M_b^r——梁左右端反时针或顺时针方向组合的弯矩设计值,一级框架两端弯矩均为负弯矩时,绝对值较小的弯矩应取零;

　　　M_{bua}^l, M_{bua}^r——梁左右端反时针或顺时针方向实配的正截面抗震受弯承载力所对应弯矩值,根据实配钢筋面积(计入受压筋)和材料强度标准值确定;

　　　η_{vb}——梁端剪力增大系数,一级为 1.3,二级为 1.2,三级为 1.1。

3)斜截面受剪承载力的计算

按地震设计状况时,考虑在反复荷载作用下混凝土斜截面强度有所降低,参照非抗震设计公式截面混凝土受剪承载力系数 α_{cv} 乘以 0.6,一般框架梁斜截面受剪承载力的计算表达式为:

$$V_b \leqslant \frac{1}{\gamma_{RE}}\left(0.42 f_t b h_0 + f_{yv}\frac{A_{sv}}{s}h_0\right) \tag{4.50}$$

对集中荷载作用下的框架梁(包括有多种荷载作用,集中荷载对节点边缘的剪力值占总剪力值的 75% 以上的情况),其斜截面受剪承载力应按式(4.51)计算:

$$V_{\mathrm{b}} \leqslant \frac{1}{\gamma_{\mathrm{RE}}} \left(\frac{1.05}{\lambda + 1} f_{\mathrm{t}} b h_0 + f_{\mathrm{yv}} \frac{A_{\mathrm{sv}}}{s} h_0 \right) \tag{4.51}$$

式中 λ ——计算截面剪跨比, $\lambda = \frac{a}{h_0}$,当 $\lambda < 1.5$ 时取 $\lambda = 1.5$, $\lambda > 3$ 时取 $\lambda = 3$;

a ——集中荷载作用点至节点边缘的距离;

f_{yv} ——箍筋抗拉强度设计值;

s ——沿构件方向箍筋间距。

4)框架梁构造要求

①框架结构的主梁截面高度 h_{b} 可按 $(1/18 \sim 1/10) l_{\mathrm{b}}$ 确定, l_{b} 为主梁计算跨度;梁净跨与截面高度之比不宜小于 4。梁的截面宽度不宜小于 200 mm,梁截面的高宽比不宜大于 4。当梁高较小或采用扁梁时,除验算其承载力和受剪截面要求外,尚应满足刚度和裂缝的有关要求。在计算梁的挠度时,可扣除梁的合理起拱值,对现浇梁板结构,宜考虑梁受压翼缘的有利影响。

②框架梁设计应符合下列要求:

a. 抗震设计时,计入受压钢筋作用的梁端截面混凝土受压区高度与有效高度之比值,一级不应大于 0.25,二、三级不应大于 0.35。

b. 纵向受拉钢筋的最小配筋百分率 $\rho_{\min}$,非抗震设计时,不应小于 0.2 和 $45f_{\mathrm{t}}/f_{\mathrm{y}}$ 二者的较大值;抗震设计时,不应小于表 4.10 规定的数值。

c. 抗震设计时,梁端截面的底面和顶面纵向钢筋截面面积的比值,除按计算确定外,一级不应小于 0.5,二、三级不应小于 0.3。

表 4.10 梁纵向受拉钢筋最小配筋百分率 单位:%

抗震等级	位　置	
	支座(取较大值)	跨中(取较大值)
一级	0.40 和 $80f_{\mathrm{t}}/f_{\mathrm{y}}$	0.30 和 $65f_{\mathrm{t}}/f_{\mathrm{y}}$
二级	0.30 和 $65f_{\mathrm{t}}/f_{\mathrm{y}}$	0.25 和 $55f_{\mathrm{t}}/f_{\mathrm{y}}$
三、四级	0.25 和 $55f_{\mathrm{t}}/f_{\mathrm{y}}$	0.20 和 $45f_{\mathrm{t}}/f_{\mathrm{y}}$

d. 抗震设计时,梁端箍筋的加密区长度、箍筋最大间距和最小直径应符合表 4.11 的要求;当梁端纵向钢筋配筋率大于 2% 时,表中箍筋最小直径应增大 2 mm。

③梁的纵向钢筋配置,尚应符合下列规定:

a. 抗震设计时,梁端纵向受拉钢筋的配筋率不宜大于 2.5%。

b. 沿梁全长顶面和底面应至少各配置两根纵向配筋,一、二级抗震设计时钢筋直径不应小于 14 mm,且分别不应小于梁两端顶面和底面纵向配筋中较大截面面积的 1/4;三、四级抗震设计和非抗震设计时钢筋直径不应小于 12 mm。

c. 一、二、三级抗震等级的框架梁内贯通中柱的每根纵向钢筋的直径,对框架结构不应大于矩形截面柱在该方向截面尺寸的 1/20,或纵向钢筋所在位置圆形截面柱弦长的 1/20;对其他结构类型的框架不宜大于矩形截面柱在该方向截面尺寸的 1/20,或纵向钢筋所在位置圆形

截面柱弦长的 1/20。

表 4.11　梁端箍筋加密区的长度、箍筋的最大间距和最小直径

抗震等级	加密区长度 （采用较大值）/mm	箍筋最大间距 （采用较小值）/mm	箍筋最小直径 /mm
一级	$2h_b$,500	$h_b/4$,6d,100	10
二级	$1.5h_b$,500	$h_b/4$,8d,100	8
三级	$1.5h_b$,500	$h_b/4$,8d,150	8
四级	$1.5h_b$,500	$h_b/4$,8d,150	6

注：①d 为纵向钢筋直径，h_b 为梁截面高度；

②一、二级抗震等级框架梁，当箍筋直径大于 12 mm、肢数不少于 4 肢且肢距不大于 150 mm 时，箍筋加密区最大间距应允许适当放松，但不应大于 150 mm。

④抗震设计时，框架梁的箍筋尚应符合下列构造要求：

a. 框架梁沿梁全长箍筋的面积配筋率 ρ_{sv} 应符合下列要求：

一级：　　　　　　　　$\rho_{sv} \geq 0.30 f_t / f_{yv}$

二级：　　　　　　　　$\rho_{sv} \geq 0.28 f_t / f_{yv}$

三、四级：　　　　　　$\rho_{sv} \geq 0.26 f_t / f_{yv}$

b. 第一个箍筋应设置在距支座边缘 50 mm 处。

c. 在箍筋加密区范围内的箍筋肢距：一级不宜大于 200 mm 和 20 倍箍筋直径的较大值；二、三级不宜大于 250 mm 和 20 倍箍筋直径的较大值；四级不宜大于 300 mm。

d. 箍筋应有 135°弯钩，弯钩端头直段长度不应小于 10 倍的箍筋直径和 75 mm 的较大值。

e. 在纵向钢筋搭接长度范围内的箍筋间距，钢筋受拉时不应大于搭接钢筋较小直径的 5 倍，且不应大于 100 mm；钢筋受压时不应大于搭接钢筋较小直径的 10 倍，且不应大于 200 mm。

f. 框架梁非加密区箍筋最大间距不宜大于加密区箍筋间距的 2 倍。

► 4.5.3　框架柱设计

1）柱的正截面承载力计算

（1）轴压比的限制

柱的轴压比为 $\dfrac{N}{bhf_c}$，这里 N 为柱的轴压力设计值，f_c 为混凝土轴心抗压强度设计值，b,h 分别为柱截面的短边和长边。试验研究表明，当轴压比较大时，延性会降低。因此，在框架柱的设计中必须限制轴压比。柱轴压比限值详见表 4.12。

（2）按"强柱弱梁"原则调整柱端弯矩

抗震设计时，除顶层和轴压比小于 0.15 者及框支梁柱节点外，框架的梁、柱节点处考虑地震作用组合的柱端弯矩设计值应符合下列公式要求：

一级的框架结构及 9 度时的框架：

$$\sum M_c = 1.2 \sum M_{bua} \qquad (4.52)$$

其他情况:

$$\sum M_c = \eta_c \sum M_b \qquad (4.53)$$

式中　$\sum M_c$——节点上下柱端截面顺时针或反时针方向组合的弯矩设计值之和,上下柱端的弯矩设计值可按弹性分析所得弯矩按比例分配。

　　　$\sum M_b$——节点左右梁端截面反时针或顺时针方向组合的弯矩设计值之和;当抗震等级为一级且节点左右梁端均为负弯矩时,绝对值较小的弯矩应取零。

　　　$\sum M_{bua}$——节点左右梁端截面反时针或顺时针方向实配的正截面抗弯承载力所对应的弯矩值之和,根据实配钢筋面积(计入受压筋和梁有效翼缘宽度范围内的楼板钢筋)和材料强度标准值并考虑承载力调整系数计算。

　　　η_c——柱端弯矩增大系数,对框架结构,一、二、三级可分别取 1.7,1.5,1.3;对其他结构类型中的框架,一级可取 1.4,二级可取 1.2,三、四级可取 1.1。

框架底层柱底过早出现塑性铰将影响整个框架的变形能力,从而对框架造成不利影响;同时,框架梁出现塑性铰后,由于内力重分布,底层框架柱的反弯点位置具有较大的不确定性,《高层规程》规定,抗震设计时,一、二、三级框架结构的底层柱底截面的弯矩设计值,应分别采用考虑地震作用组合的弯矩值与增大系数 1.7,1.5,1.3 的乘积。底层框架柱纵向钢筋应按上下端的不利情况配置。

2)柱的斜截面承载力的计算

(1)剪压比的限制

为了防止构件截面的剪压比过大,在箍筋屈服前混凝土过早地发生剪切破坏,必须限制柱的剪压比,即限制柱的截面最小尺寸。《高层规程》规定,考虑地震设计状况时,对于剪跨比大于 2 的框架柱,其截面尺寸与剪力设计值应符合式(4.54)的要求:

$$V \leqslant \frac{1}{\gamma_{RE}}(0.20\beta_c f_c bh_0) \qquad (4.54)$$

剪跨比不大于 2 的柱,其截面尺寸与剪力设计值应符合式(4.55)的要求:

$$V \leqslant \frac{1}{\gamma_{RE}}(0.15\beta_c f_c bh_0) \qquad (4.55)$$

框架柱的剪跨比可按式(4.56)计算:

$$\lambda = \frac{M^c}{V^c h_0} \qquad (4.56)$$

式中　M^c, V^c——取同一组合的、未按规范的有关规定调整的柱端截面组合弯矩、剪力计算值,可取柱上下端截面计算剪跨比的较大值。

　　　h_0——柱截面计算方向有效高度。

反弯点位于柱高中部的框架柱,其剪跨比可取柱净高 H_n 与计算方向 2 倍柱截面有效高度之比值,即 $\lambda = \dfrac{H_n}{2h_0}$。

（2）按"强剪弱弯"的原则调整柱端截面剪力

为了防止柱在压弯破坏前发生剪切破坏，抗震设计的框架柱、框支柱端部截面的剪力设计值，一、二、三、四级时应按下式进行调整：

一级的框架结构和 9 度时的框架：

$$V = 1.2(M_{cua}^t + M_{cua}^b)/H_n \tag{4.57}$$

其他情况：

$$V = \eta_{vc}(M_c^t + M_c^b)/H_n \tag{4.58}$$

式中　V——柱端截面组合的剪力设计值。

H_n——柱的净高。

M_c^t, M_c^b——柱的上下端顺时针或反时针方向截面组合的弯矩设计值，应采用按式（4.52）、式（4.53）等有关规定进行调整后的弯矩值。

M_{cua}^t, M_{cua}^b——偏心受压柱的上下端顺时针或反时针方向实配的正截面抗震受弯承载力对应的弯矩值，根据实配钢筋面积、材料强度标准值和轴压力等确定。

η_{vc}——柱剪力增大系数。对框架结构，一、二、三级分别取 1.5，1.3，1.2；对其他结构类型的框架，一级可取 1.4，二级可取 1.2，三、四级可取 1.1。

此外，《高层规程》还规定，抗震设计时，框架角柱应按双向偏心受力构件进行正截面承载力设计。一、二、三、四级框架的角柱，经上述调整后的弯矩、剪力设计值应乘以不小于 1.1 的增大系数。

（3）斜截面受剪承载力的计算

研究表明，影响框架柱受剪承载力的主要因素除混凝土强度外，尚有剪跨比、轴压比和配箍特征值 $\left(\dfrac{\rho_{sv}f_{yv}}{f_c}\right)$ 等。剪跨比越大，受剪承载力越低。轴压比小于 0.4 时，由于轴向压力有利于骨料咬合，可以提高受剪承载力；而轴压比过大时，混凝土内部产生微裂缝，受剪承载力反而下降。在一定范围内，配箍越多，受剪承载力提高越多。在反复荷载作用下，截面上混凝土反复开裂和剥落，混凝土咬合作用有所削弱，因而构件抗剪承载力会有所降低。与单调加载相比，在反复荷载作用下的构件承载力要降低 10% ~ 20%，因此，抗震设计时，矩形截面偏心受压框架柱斜截面受剪承载力按式（4.59）计算：

$$V \leqslant \frac{1}{\gamma_{RE}}\left(\frac{1.05}{\lambda + 1}f_t bh_0 + f_{yv}\frac{A_{sv}}{s}h_0 + 0.056N\right) \tag{4.59}$$

当矩形截面框架柱出现拉力时，其斜截面承载力应按式（4.60）计算：

$$V \leqslant \frac{1}{\gamma_{RE}}\left(\frac{1.05}{\lambda + 1}f_t bh_0 + f_{yv}\frac{A_{sv}}{s}h_0 - 0.2N\right) \tag{4.60}$$

式中　λ——框架柱的剪跨比，按式（4.56）计算；当反弯点位于柱高中部时，取 $\lambda = \dfrac{H_n}{2h_0}$；当 $\lambda < 1$ 时，取 $\lambda = 1$；当 $\lambda > 3$ 时，取 $\lambda = 3$。

f_{yv}——箍筋抗拉强度设计值。

s——沿柱高方向箍筋的间矩。

N——考虑地震作用组合时框架柱的轴向压力或拉力设计值,当 $N>0.3f_cA_c$ 时,取 $N=0.3f_cA_c$,A_c 为柱全截面面积。

A_{sv}——同一截面内各肢水平箍筋的全部截面面积。

当式(4.60)右端括号内的计算值小于 $f_{yv}\dfrac{A_{sv}}{s}h_0$ 时,应取等于 $f_{yv}\dfrac{A_{sv}}{s}h_0$,且 $f_{yv}\dfrac{A_{sv}}{s}h_0$ 值不小于 $0.36f_tbh_0$。

3)框架柱构造要求

(1)柱截面尺寸的要求

①矩形截面柱的边长,非抗震设计时,不宜小于 250 mm;抗震设计时,四级不宜小于 300 mm,一、二、三级时不宜小于 400 mm。圆柱直径,非抗震和四级抗震设计时不宜小于 350 mm,一、二、三级时不宜小于 450 mm。

②柱剪跨比宜大于 2。

③截面长边与短边的边长比不宜大于 3。

(2)抗震设计对柱轴压比的要求

抗震设计时,钢筋混凝土柱轴压比不宜超过表4.12 的规定;建造于Ⅳ类场地且较高的高层建筑,柱轴压比限值应适当减小。

表4.12　柱轴压比限值

结构类型	抗震等级			
	一	二	三	四
框架结构	0.65	0.75	0.85	0.9
板柱-剪力墙、框架-剪力墙、框架-核心筒、筒中筒结构	0.75	0.85	0.9	0.95
部分框支剪力墙结构	0.6	0.7	—	

注:①轴压比指柱组合的轴压力设计值与柱的全截面面积和混凝土轴心抗压强度设计值乘积之比值,可不进行地震作用计算的结构取无地震作用组合的轴力设计值。

②表内限值适用于混凝土强度等级不高于 C60 的柱。当混凝土强度等级为 C65 ～ C70 时,轴压比限值应比表中数值降低 0.05;当混凝土强度等级为 C75 ～ C80 时,轴压比限值应比表中数值降低0.10。

③表内限值适用于剪跨比大于 2 的柱;剪跨比不大于 2 但不小于 1.5 的柱,其轴压比限值应降低0.05;剪跨比小于 1.5 的柱,其轴压比限值应专门研究并采取特殊构造措施。

④沿柱全高采用井字复合箍且箍筋间距不大于 100 mm、肢距不大于 200 mm、直径不小于 12 mm,或沿柱全高采用复合螺旋箍、箍筋螺距不大于 100 mm、肢距不大于 200 mm、直径不小于 12 mm,或沿柱全高采用连续复合螺旋箍,且螺距不大于 80 mm、肢距不大于 200 mm、直径不小于 10 mm,轴压比限值均可增加 0.10。

⑤在柱的截面中部设置由附加纵向钢筋形成的芯柱,且附加纵向钢筋的截面积不少于柱截面面积的 0.8%,轴压比限值可增加 0.05;当本项措施与注④的措施共同采用时,轴压比限值可增加0.15,但箍筋的配箍特征值仍可按轴压比限值增加 0.10 的要求确定。

⑥调整后的柱轴压比限值不应大于 1.05。

（3）柱的钢筋配置要求

①柱纵向钢筋的最小总配筋率应按表4.13采用，且柱截面每一侧配筋率不应小于0.2%；抗震设计时，对建造于Ⅳ类场地且较高的高层建筑，表中的数值应增加0.1。

表4.13　柱截面纵向钢筋的最小配筋百分率　　　　　　　单位:%

类　别	抗震等级				非抗震
	一	二	三	四	
中柱和边柱	0.9(1.0)	0.7(0.8)	0.6(0.7)	0.5(0.6)	0.5(0.6)
角　柱	1.1	0.9	0.8	0.7	0.5
框支柱	1.1	0.9	—	—	0.7

注：①表中括号内数值适用于框架结构；

②采用335 MPa级、400 MPa级纵向受力钢筋时，应分别按表中数值增加0.1和0.05采用；

③当混凝土强度等级高于C60时，上述数值应增加0.1采用。

②抗震设计时，柱箍筋在规定的范围内应加密，加密区的箍筋间距和直径应符合下列要求：

a. 箍筋的最大间距和最小直径应按表4.14采用。

b. 一级框架柱的箍筋直径大于12 mm且箍筋肢距不大于150 mm及二级框架柱的箍筋直径不小于10 mm且肢距不大于200 mm时，除柱根外最大间距应允许采用150 mm；三级框架柱的截面尺寸不大于400 mm时，箍筋最小直径应允许采用6 mm；四级框架柱剪跨比不大于2或柱中全部纵向钢筋的配筋率大于3%时，箍筋直径不应小于8 mm。

表4.14　柱箍筋加密区的箍筋最大间距和最小直径

抗震等级	箍筋最大间距/mm	箍筋最小直径/mm
一	6d 和100 的较小值	10
二	8d 和100 的较小值	8
三	8d 和150（柱根100）的较小值	8
四	8d 和150（柱根100）的较小值	6（柱根8）

注：d 为柱纵筋最小直径；柱根指框架柱底部嵌固部位。

c. 剪跨比不大于2的柱，箍筋间距不应大于100 mm。

（4）柱的纵向钢筋配置的要求

①抗震设计时，宜采用对称配筋。

②抗震设计时，截面尺寸大于400 mm的柱，其纵向钢筋间距不宜大于200 mm；非抗震设计时，柱纵向钢筋间距不应大于300 mm；柱纵向钢筋净距均不应小于50 mm。

③全部纵向钢筋的配筋率，非抗震设计时不宜大于5%、不应大于6%；抗震设计时不应大于5%。

④一级且剪跨比不大于 2 的柱,其单侧纵向受拉钢筋的配筋率不宜大于 1.2%。

⑤边柱、角柱及剪力墙端柱考虑地震作用组合产生小偏心受拉时,柱内纵筋总截面面积应比计算值增加 25%。

(5)柱的纵筋不应与箍筋、拉筋及预埋件等焊接

(6)抗震设计时,柱箍筋加密区的范围

①底层柱的上端和其他各层柱的两端,应取矩形截面柱之长边尺寸(或圆形截面柱之直径)、柱净高之 1/6 和 500 mm 三者的最大值范围;

②底层柱刚性地面上、下各 500 mm 的范围;

③底层柱柱底以上 1/3 柱净高的范围;

④剪跨比不大于 2 的柱及因填充墙等形成的柱净高与截面高度之比不大于 4 的柱的全高范围;

⑤一级及二级框架角柱的全高范围;

⑥需要提高变形能力的柱的全高范围。

(7)柱箍筋加密区的体积配箍率

①柱箍筋加密区的体积配箍率,应符合下列要求:

$$\rho_v \geqslant \lambda_v \frac{f_c}{f_{yv}} \tag{4.61}$$

式中 ρ_v——柱箍筋加密区的体积配箍率;

f_c——混凝土轴心抗压强度设计值,强度等级低于 C35 时,应按 C35 计算;

f_{yv}——箍筋或拉筋抗拉强度设计值,超过 360 N/mm² 时,应取 360 N/mm² 计算;

λ_v——最小配箍特征值,宜按表 4.15 采用。

表 4.15   柱箍筋加密区的箍筋最小配箍特征值 λ_v

抗震等级	箍筋形式	轴压比								
		≤0.30	0.40	0.50	0.60	0.70	0.80	0.90	1.00	1.05
一级	普通箍、复合箍	0.10	0.11	0.13	0.15	0.17	0.20	0.23	—	—
	螺旋箍、复合或连续复合矩形螺旋箍	0.08	0.09	0.11	0.13	0.15	0.18	0.21	—	—
二级	普通箍、复合箍	0.08	0.09	0.11	0.13	0.15	0.17	0.19	0.22	0.24
	螺旋箍、复合或连续复合矩形螺旋箍	0.06	0.07	0.09	0.11	0.13	0.15	0.17	0.20	0.22
三级	普通箍、复合箍	0.06	0.07	0.09	0.11	0.13	0.15	0.17	0.20	0.22
	螺旋箍、复合或连续复合矩形螺旋箍	0.05	0.06	0.07	0.09	0.11	0.13	0.15	0.18	0.20

注:普通箍指单个矩形箍和单个圆形箍;螺旋箍指单个连续螺旋箍筋;复合箍指由矩形、多边形、圆形箍或拉筋组成的箍筋;复合螺旋箍指由螺旋箍与矩形、多边形、圆形箍或拉筋组成的箍筋;连续复合螺旋箍指全部螺旋箍由同一根钢筋加工而成的箍筋。

②对一、二、三、四级框架柱,其箍筋加密区范围内箍筋的体积配箍率分别不应小于

0.8%,0.6%,0.4%和0.4%。

③剪跨比不大于2的柱宜采用复合螺旋箍或井字复合箍,其体积配箍率不应小于1.2%;设防烈度为9度时,不应小于1.5%。

④计算复合箍筋的体积配箍率时,应扣除重叠部分的箍筋体积;计算复合螺旋箍筋的体积配箍率时,其非螺旋箍筋的体积应乘以换算系数0.8。

(8)抗震设计时柱箍筋的设置要求

①箍筋应为封闭式,其末端应做成135°弯钩且弯钩末端平直段长度不应小于10倍的箍筋直径,且不应小于75 mm。

②箍筋加密区的箍筋肢距,一级不宜大于200 mm,二、三级不宜大于250 mm和20倍箍筋直径的较大值,四级不宜大于300 mm。每隔一根纵向钢筋宜在两个方向有箍筋约束;采用拉筋组合箍时,拉筋宜紧靠纵向钢筋并勾住封闭箍。

③柱非加密区的箍筋,其体积配箍率不宜小于加密的1/2;其箍筋间距不应大于加密区箍筋间距的2倍,且一、二级不应大于10倍纵向钢筋直径,三、四级不应大于15倍纵向钢筋直径。

(9)非抗震设计时柱中箍筋设置的相关规定

①周边箍筋应为封闭式。

②箍筋间距不应大于400 mm,且不应大于构件截面的短边尺寸和最小纵向受力钢筋直径的15倍。

③箍筋直径不应小于最大纵向钢筋直径的1/4,且不应小于6 mm。

④当柱中全部纵向受力钢筋的配筋率超过3%时,箍筋直径不应小于8 mm,箍筋间距不应大于最小纵向钢筋直径的10倍,且不应大于200 mm;箍筋末端应做成135°弯钩且弯钩末端平直段长度不应小于10倍箍筋直径。

⑤当柱每边纵筋多于3根时,应设置复合箍筋(可采用拉筋)。

⑥柱内纵向钢筋采用搭接做法时,搭接长度范围内箍筋直径不应小于搭接钢筋较大直径的1/4;在纵向受拉钢筋的搭接长度范围内的箍筋间距不应大于搭接钢筋较小直径的5倍,且不应大于100 mm;在纵向受压钢筋的搭接长度范围内的箍筋间距不应大于搭接钢筋较小直径的10倍,且不应大于200 mm。当受压钢筋直径大于25 mm时,尚应在搭接接头端面外100 mm的范围内各设置两道箍筋。

▶ 4.5.4 框架节点区抗震设计

框架节点是框架梁、柱的公共部分,是框架梁、柱力传递的枢纽,梁的力和上层柱的力均要通过节点将其传递到下层柱去。在抗震中,节点的失效意味着与之相连的梁、柱同时失效。

在竖向荷载和地震作用下,框架梁柱节点区主要承受柱子传来的轴向力、弯矩、剪力和梁传来的弯矩、剪力的作用,受力比较复杂。在轴压力和剪力的共同作用下,节点区发生由于剪切及主拉应力所造成的脆性破坏。震害表明,梁柱节点的破坏大都是由于梁柱节点区未设箍筋或箍筋过少、抗剪能力不足,导致节点区出现多条交叉斜裂缝,斜裂缝间混凝土被压酥,柱内纵向钢筋被压屈。此外,由于梁内纵筋和柱内纵筋在节点区交汇,且梁顶面钢筋一般数量较多,造成节点区钢筋过密,振捣器难以插入,从而影响混凝土浇捣质量,节点强度难以得到保证。也有可能是梁、柱内纵筋伸入节点的锚固长度不足,纵筋被拔出,以致梁柱端部塑性铰难以充分发挥作用。

1）影响框架节点承载力及延性的主要因素

（1）直交梁对节点核心区的约束作用

垂直于框架平面与节点相交的梁,称为直交梁。试验表明,直交梁对节点核心区具有约束作用,从而提高了节点核心区混凝土的抗剪强度;但如直交梁梁端与柱面交界处有竖向裂缝,则其对节点核心区的约束作用将受到削弱,因而节点核心区混凝土的抗剪强度也随之降低;而对于四边有梁且带有现浇楼板的中柱节点,则其混凝土抗剪强度比不带楼板的节点有明显的提高。一般认为,四边有梁且带有现浇楼板的中柱节点,当直交梁的截面宽度不小于柱宽的1/2时,且截面高度不小于框架梁截面高度的3/4时,在考虑直交梁开裂等不利影响后,节点核心区的混凝土抗剪强度比不带直交梁及楼板时要提高50%左右。试验还表明,对于三边有梁的边柱节点和二边有梁的角柱节点,直交梁的约束作用并不明显。

（2）轴压力对节点核心区混凝土抗剪强度及节点延性的影响

当轴力较小时,节点核心区混凝土抗剪强度随着轴向压力的增加而增加,且直到节点区被较多交叉斜裂缝分割成若干菱形块体时,轴压力的存在仍能提高其抗剪强度。但当轴压力增加到一定程度时,如轴压比大于0.6~0.8,则节点混凝土抗剪强度将随轴压力的增加而下降。同时,轴压力虽能提高节点核心区混凝土的抗剪强度,但却使节点核心区的延性降低。

（3）剪压比和配箍率对节点受剪承载力的影响

当配箍率较低时,节点的抗剪承载力随着配箍率的提高而提高。这时节点破坏时的特征是混凝土被压碎,箍筋屈服。但当节点水平截面太小、配箍率较高时,节点区混凝土的破坏将先于箍筋的屈服,二者不能同时发挥作用,这样就使节点的受剪承载力达不到理想的最大值,因此应对节点的最小截面尺寸加以限制,以保证箍筋的材料强度得到充分的发挥。在设计中可采用限制节点水平截面上的剪压比来实现这一要求。试验表明,当节点区截面的剪压比大于0.35时,增加箍筋的作用已不明显,这时需增大节点水平截面尺寸。

（4）梁纵筋滑移对结构延性影响

框架梁纵筋在中柱节点核心区通常以连续贯通的形式通过。在水平地震作用下,梁中纵筋在节点一边受拉屈服,而在另一边受压屈服。如此循环往复,将使纵筋的黏结迅速破坏,导致梁纵筋在节点核心区贯通滑移,破坏了节点核心区剪力的正常传递,使核心区受剪承载力降低,亦使梁截面后期受弯承载力及延性降低,使节点的刚度和耗能能力明显下降。试验表明,边柱节点梁的纵筋锚固比中柱节点的好,滑移较小。

为防止梁纵筋滑移,最好采用直径不大于1/20截面边长的钢筋,也就是使梁纵筋在节点核心区有不小于20倍直径的直段锚固长度,也可以将梁纵筋穿过柱中心轴后再弯入柱内,以改善其锚固性能。

抗震设计时,一、二、三级框架的节点核心区应进行抗震验算,四级框架节点可不进行抗震验算。各抗震等级的框架节点均应符合构造措施的要求。

2）框架节点的受剪承载力计算

（1）节点剪力设计值

取某中间层中间节点为脱离体,当梁端出现塑性铰时,梁内受拉纵筋应力达到f_{yk}。若忽略框架梁内的轴力,并忽略直交梁结节点受力的影响,则节点受力如图 4.30 所示。

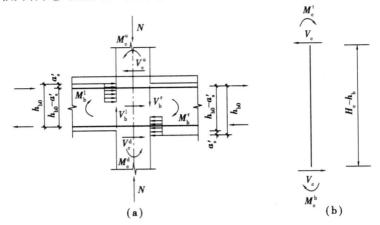

图 4.30　节点受力简图

设节点水平截面上的剪力为 V_j,由节点上半部的平衡条件可得:

$$V_j = C^l + T^r - V_c = \frac{M_b^l}{h_{b0} - a_s'} + \frac{M_b^r}{h_{b0} - a_s'} - V_c \tag{4.62}$$

取柱净高部分为脱离体,如图 4.30(b)所示,由该柱的平衡条件:

$$V_c = \frac{M_c^b + M_c^t}{H_c - h_b} \tag{4.63}$$

近似地取 $M_c^b = M_c^u$,$M_c^t = M_c^d$,并代入式(4.63),得:

$$V_c = \frac{M_c^u + M_c^d}{H_c - h_b} \tag{4.64}$$

又由梁柱节点弯矩平衡条件有:

$$M_c^u + M_c^d = M_b^l + M_b^r \tag{4.65}$$

将式(4.65)代入式(4.64),则

$$V_c = \frac{M_b^l + M_b^r}{H_c - h_b} \tag{4.66}$$

将式(4.66)代入式(4.62):

$$V_j = \frac{M_b^l + M_b^r}{h_{b0} - a_s'}\left(1 - \frac{h_{b0} - a_s'}{H_c - h_b}\right) \tag{4.67}$$

对于顶层节点,在式(4.62)中取 $V_c = 0$,即

$$V_j = \frac{M_b^l + M_b^r}{h_{b0} - a_s'} \tag{4.68}$$

考虑到强度增大系数,同时根据不同抗震等级的延性要求,可得框架节点剪力设计值计算如下:

①顶层中间节点和端节点。

a.一级的框架结构和 9 度的一级框架:

$$V_j = \frac{1.15 \sum M_{bua}}{h_{b0} - a_s'} \tag{4.69}$$

b. 其他情况：

$$V_{j} = \frac{\eta_{jb} \sum M_{b}}{h_{b0} - a'_{s}}$$ (4.70)

②其他层中间节点和端节点。

a. 一级的框架结构和9度的一级框架：

$$V_{j} = \frac{1.15 \sum M_{bua}}{h_{b0} - a'_{s}} \left(1 - \frac{h_{b0} - a'_{s}}{H_{c} - h_{b}} \right)$$ (4.71)

b. 其他情况：

$$V_{j} = \frac{\eta_{jb} \sum M_{b}}{h_{b0} - a'_{s}} \left(1 - \frac{h_{b0} - a'_{s}}{H_{c} - h_{b}} \right)$$ (4.72)

式中　V_{j}——梁柱节点核心区的剪力设计值。

h_{b0}——梁截面的有效高度，节点两侧梁截面高度不相同时取其平均值。

h_{b}——梁的截面高度，节点两侧梁截面高度不相同时取其平均值。

a'_{s}——梁受压钢筋合力点至截面近边的距离。

H_{c}——柱的计算高度，可采用节点上柱和下柱反弯点之间的距离。

η_{jb}——节点剪力增大系数，对于框架结构，一级取1.50，二级取1.35，三级取1.2；对于其他结构中的框架，一级取1.35，二级取1.20，三级取1.10。

$\sum M_{b}$——节点左右梁端反时针或顺时针方向组合弯矩设计值之和，一级抗震等级框架节点左右梁端均为负弯矩时，绝对值较小的弯矩应取零。

$\sum M_{bua}$——节点左右梁端反时针或顺时针方向实配的正截面抗震受弯承载力所对应的弯矩值之和，根据实配钢筋面积（计入纵向受压钢筋）和材料强度标准值确定。

（2）节点剪压比的控制

为了避免节点核心区混凝土的斜压破坏，应控制节点核心区剪压比不得过大。但节点核心区周围一般都有梁的约束，抗剪面积实际比较大，故剪压比的限值可适当放宽。《抗震规范》规定节点核心区组合的剪力设计值，应符合下列要求：

$$V_{j} \leqslant \frac{1}{\gamma_{RE}} (0.30 \eta_{j} \beta_{c} f_{c} b_{j} h_{j})$$ (4.73)

式中　η_{j}——正交梁的约束影响系数，楼板为现浇，梁柱中线重合，四侧各梁截面宽度不小于该侧柱截面宽度的1/2，且正交方向梁高度不小于框架梁高度的3/4时，可取为1.5，但对9度设防烈度宜取为1.25；当上述条件不满足时，应取为1.0。

h_{j}——节点核心区的截面高度，可采用验算方向的柱截面高度。

b_{j}——节点核心区的截面有效验算宽度。

γ_{RE}——承载力抗震调整系数，可采用0.85。

（3）框架节点抗震受剪承载力的计算

节点核心区的截面抗震受剪承载力，应采用下列公式验算：

9度设防烈度的一级抗震等级框架：

$$V_j \leqslant \frac{1}{\gamma_{RE}} \left(0.9 \eta_j f_t b_j h_j + f_{yv} A_{svj} \frac{h_{b0} - a'_s}{s} \right) \tag{4.74}$$

其他情况：

$$V_j \leqslant \frac{1}{\gamma_{RE}} \left(1.1 \eta_j f_t b_j h_j + 0.05 \eta_j N \frac{b_j}{b_c} + f_{yv} A_{svj} \frac{h_{b0} - a'_s}{s} \right) \tag{4.75}$$

式中　N——对应于组合剪力设计值的上柱组合轴向压力较小值，其取值不应大于柱的截面
面积和混凝土轴心抗压强度设计值的乘积的 50%，当 N 为拉力时，取 $N = 0$；

　　f_{yv}——箍筋的屈服强度设计值；

　　f_t——混凝土抗拉强度设计值；

　　A_{svj}——核心区有效验算宽度范围内同一截面验算方向各肢箍筋的总截面面积；

　　s——箍筋间距。

（4）框架节点核心区的截面有效验算宽度

核心区截面有效验算宽度，应按下列规定采用：

①核心区截面有效验算宽度，当验算方向的梁截面宽度 b_b 不小于该侧柱截面宽度 b_c 的
1/2 时，可采用该侧柱截面宽度 b_c；当 b_b 小于 $b_c/2$ 时，可取下列二者的较小值：

$$b_j = b_b + 0.5 h_c \tag{4.76}$$
$$b_j = b_c \tag{4.77}$$

式中　b_j——节点核心区的截面有效验算宽度；

　　b_b——梁截面宽度；

　　h_c——验算方向的柱截面高度；

　　b_c——验算方向的柱截面宽度。

②当梁、柱的中线不重合且偏心距不大于柱宽的 1/4 时，核心区的截面有效验算宽度可
采用式（4.76）、式（4.77）和式（4.78）计算结果三者中的最小值。

$$b_j = 0.5(b_b + b_c) + 0.25 h_c - e \tag{4.78}$$

式中　e——梁与柱中线偏心距。

③当梁采用水平加腋（详见图 4.1）时，框架节点有效宽度 b_j 宜符合下式要求：

a. 当 $x = 0$ 时，b_j 按式（4.79）计算：

$$b_j \leqslant b_b + b_x \tag{4.79}$$

b. 当 $x \neq 0$ 时，取式（4.80）和式（4.81）两式计算的较大值，且满足式（4.82）的要求：

$$b_j \leqslant b_b + b_x + x \tag{4.80}$$
$$b_j \leqslant b_b + 2x \tag{4.81}$$
$$b_j \leqslant b_b + 0.5 h_c \tag{4.82}$$

式中　b_x——梁水平加腋宽度；

　　x——非加腋侧梁边到柱边的距离，mm。

3）节点核心区水平箍筋的构造要求

框架节点核心区应设置水平箍筋，且应符合下列规定：

①非抗震设计时，箍筋配置应符合《高层规程》中非抗震设计时柱中箍筋的有关规定，但
箍筋间距不宜大于 250 mm。对四边有梁与之相连的节点，可仅沿节点周边设置矩形箍筋。

②抗震设计时,箍筋的最大间距和最小直径宜符合《高层规程》中有关柱箍筋的规定。一、二、三级框架节点核心区配箍特征值分别不宜小于 0.12,0.10 和 0.08,且箍筋体积配箍率分别不宜小于 0.6%,0.5% 和 0.4%。柱剪跨比不大于 2 的框架节点核心区的配箍特征值不宜小于核心区上下柱端配箍特征值中的较大值。

4)框架节点区的锚固和搭接要求

抗震设计时,框架梁、柱的纵向钢筋在框架节点区的锚固和搭接,应符合下列要求(图 4.31):

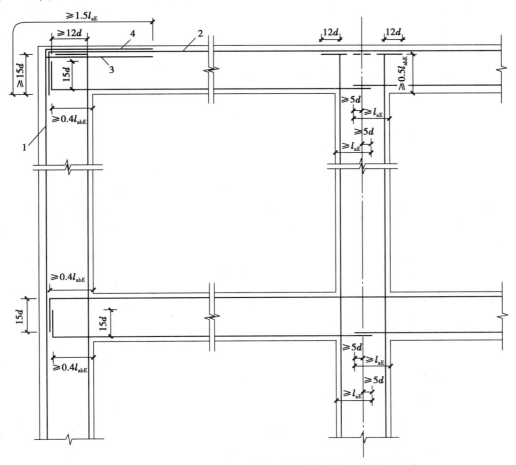

图 4.31 抗震设计时框架梁、柱纵向钢筋在节点区的锚固示意
1—柱外侧纵向钢筋;2—梁上部纵向钢筋;3—伸入梁内的柱外侧纵向钢筋;
4—不能伸入梁内的柱外侧纵向钢筋,可伸入板内

①顶层中节点柱纵向钢筋和边节点柱内侧纵向钢筋应伸至柱顶;当从梁底边计算的直线锚固长度不小于 l_{aE} 时,可不必水平弯折,否则应向柱内或梁内、板内水平弯折,锚固段弯折前的竖直投影长度不应小于 $0.5\ l_{abE}$,弯折后的水平投影长度不宜小于 12 倍的柱纵向钢筋直径。此处,l_{abE} 为抗震时钢筋的基本锚固长度,一、二级取 $1.15\ l_{ab}$,三、四级分别取 $1.05\ l_{ab}$ 和 $1.00\ l_{ab}$。

②顶层端节点处,柱外侧纵向钢筋可与梁上部纵向钢筋搭接,搭接长度不应小于 $1.5\ l_{aE}$,且伸入梁内的柱外侧纵向钢筋截面面积不宜小于柱外侧全部纵向钢筋截面面积的 65%;在梁

宽范围以外的柱外侧纵向钢筋可伸入现浇板内,其伸入长度与伸入梁内的相同。当柱外侧纵向钢筋的配筋率大于 1.2% 时,伸入梁内的柱纵向钢筋宜分两批截断,其截断点之间的距离不宜小于 20 倍的柱纵向钢筋直径。

③梁上部纵向钢筋伸入端节点的锚固长度,直线锚固时不应小于 l_{aE},且伸过中心线的长度不应小于 5 倍的梁纵向钢筋直径;当柱截面尺寸不足时,梁上部纵向钢筋应伸至节点对边并向下弯折,锚固段弯折前的水平投影长度不应小于 $0.4l_{abE}$,弯折后的竖直投影长度应取 15 倍的梁纵向钢筋直径。

④梁下部纵向钢筋的锚固与梁上部纵向钢筋相同,但采用 90° 弯折方式锚固时,竖直段应向上弯入节点内。

4.6 框架结构设计实例

► 4.6.1 设计条件

某 4 层现浇钢筋混凝土框架结构房屋,不上人屋面,楼梯间和水箱局部突出屋顶。抗震设防烈度 8 度,Ⅱ 类场地,设计地震分组为第一组。混凝土强度等级:梁为 C20,柱为 C25。1~2 层柱截面 450 mm×450 mm,其余层为 400 mm×400 mm。主筋采用 HRB400 级钢,箍筋采用 HPB300 级钢。结构平面与剖面及各层重力荷载代表值如图 4.32 所示,试计算横向框架 KJ3(纵向框架计算从略)。

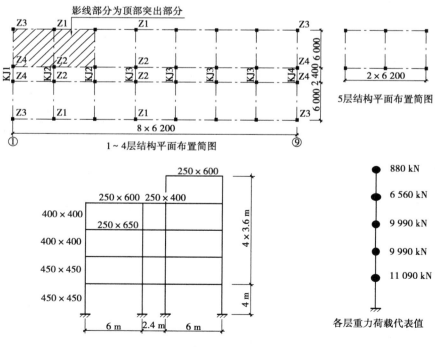

图 4.32　结构平面与剖面简图

▶ 4.6.2 重力荷载代表值

计算重力荷载代表值时,楼面均布活荷载的组合系数取 0.5,屋面活荷载不予考虑。

多自由度体系各质点的重力荷载代表值 G_i 取本层楼面重力荷载代表值和相邻层层间墙、柱全部重力荷载代表值的一半之和,即

$$G_i = i \text{ 层楼面重力荷载代表值} + [(i+1)\text{层墙、柱自重} + (i-1)\text{层墙、柱自重}]/2$$

G_i 具体计算过程从略,计算得到的各楼层重力荷载代表值见图 4.32。

▶ 4.6.3 框架刚度

1)梁的刚度

计算梁的刚度时考虑了现浇楼板的影响,计算结果列于表 4.16 中。

表 4.16 考虑现浇楼板影响的梁的刚度计算结果

部 位	截面 $b \times h$ /(m×m)	跨度 L/m	矩形截面惯性矩 I_0/m⁴	边框架梁 $I_b(=1.5I_0)$ /m⁴	边框架梁 $i_b\left(=\dfrac{EI_b}{L}\right)$ /(kN·m)	中框架梁 $I_b(=2I_0)$ /m⁴	中框架梁 $i_b\left(=\dfrac{EI_b}{L}\right)$ /(kN·m)
屋顶梁	0.25×0.60	6.00	4.50×10^{-3}	6.75×10^{-3}	28 688	9.00×10^{-3}	38 250
楼层梁	0.25×0.65	6.00	5.72×10^{-3}	8.58×10^{-3}	36 465	11.44×10^{-3}	48 620
走道梁	0.25×0.40	2.40	1.33×10^{-3}	2.00×10^{-3}	21 000	2.66×10^{-3}	28 263

注:强度等级为 C20 的混凝土弹性模量:$E_c = 25.5 \times 10^6$ kN/m²;强度等级为 C25 的混凝土弹性模量:$E_c = 28 \times 10^6$ kN/m²。

2)柱的刚度

1~4 层框架柱的抗侧移刚度计算结果列于表 4.17 中。

表 4.17 柱的刚度计算结果

层次	层高 /m	柱号	柱根数	一般层 $\bar{i} = \dfrac{\sum i_b}{2i_c}$ 首层 $\bar{i} = \dfrac{\sum i_b}{i_c}$	一般层 $\alpha = \dfrac{\bar{i}}{2+\bar{i}}$ 首层 $\alpha = \dfrac{0.5+\bar{i}}{2+\bar{i}}$	i_c /(10⁴kN·m)	$\dfrac{12}{h^2}$	$D = \alpha i_c \times \dfrac{12}{h^2}$ 10⁴kN/m	$\sum D$ 10⁴kN/m	楼层 D
4	3.6	1	14	2.62	0.567	1.66	0.926	0.871	12.194	33.744
		2	14	4.32	0.684			1.051	14.714	
		3	4	1.96	0.495			0.760	3.040	
		4	4	3.32	0.618			0.949	3.796	
3	3.6	1	14	0.59	0.594	1.66	0.926	0.913	12.782	34.934
		2	14	0.70	6.99			1.074	15.036	
		3	4	2.20	0.524			0.805	3.220	
		4	4	3.46	0.634			0.974	3.896	

续表

层次	层高/m	柱号	柱根数	一般层 $\bar{i} = \dfrac{\sum i_b}{2i_c}$ 首层 $\bar{i} = \dfrac{\sum i_b}{i_c}$	一般层 $\alpha = \dfrac{\bar{i}}{2 + \bar{i}}$ 首层 $\alpha = \dfrac{0.5 + \bar{i}}{2 + \bar{i}}$	i_c /(10^4kN·m)	$\dfrac{12}{h^2}$	$D = \alpha i_c \times \dfrac{12}{h^2}$ 10^4kN/m	$\sum D$ 10^4kN/m	楼层 D 10^4kN/m
2	3.6	1	14	0.48	0.478	2.66	0.926	1.176	16.464	45.950
		2	14	0.59	0.591			1.455	20.370	
		3	4	1.37	0.407			1.002	4.008	
		4	4	2.16	0.519			1.277	5.108	
1	4	1	14	0.63	0.628	2.39	0.75	1.127	15.778	42.504
		2	14	0.71	0.712			1.277	17.878	
		3	4	1.52	1.574			1.030	4.120	
		4	4	2.40	0.659			1.182	4.728	

4.6.4 自振周期计算

用假想顶点位移法来判断框架自振周期,假想顶点侧移 μ_T 的计算结果列于表 4.18 中。

表 4.18 假想顶点侧移 μ_T 的计算结果

层 次	G_i/kN	$\sum G_i$/kN	$\sum D$ /(kN·m^{-1})	层间位移 $\dfrac{\sum G_i}{\sum D}$/m	μ_i/m
4	7 440	7 440	337 440	0.022 0	0.222 2
3	9 990	17 430	349 340	0.049 9	0.200 2
2	9 990	27 420	459 500	0.059 7	0.150 3
1	11 090	38 510	425 040	0.090 6	0.090 6

结构基本自振周期考虑非结构墙影响的折减系数 $\alpha_0 = 0.6$,则
$$T_1 = 1.7\alpha_0 \sqrt{\mu_T} = 1.7 \times 0.6 \times \sqrt{0.222\ 2}\ \text{s} = 0.48\ \text{s}$$

4.6.5 多遇水平地震作用计算

设防烈度 8 度,Ⅱ类场地时,设计地震分组为第一组,$\alpha_{max} = 0.16$,$T_g = 0.35$,则
$$\alpha_1 = \left(\frac{T_g}{T_1}\right)^{0.9}\alpha_{max} = \left(\frac{0.35}{0.48}\right)^{0.9} \times 0.16 = 0.120\ 4$$

由于 $T_1 < 1.4T_g$,不考虑附加顶部集中力。结构总水平地震作用效应标准值为:
$$F_{Ek} = \alpha_1 G_{eq} = 0.120\ 4 \times 0.85 \times 38\ 510\ \text{kN} = 3\ 942\ \text{kN}$$
各质点的水平地震作用标准值为:
$$F_i = \frac{G_i H_i}{\sum_{i=1}^{n} G_i H_i} F_{Ek}(1 - \delta_n),\ \delta_n = 0$$

► 4.6.6 框架各层地震力及弹性位移

框架各层地震力及弹性位移计算结果列于表 4.19 中。局部突出屋顶的楼梯间和水箱位移没有考虑。

表 4.19　多遇地震下楼层剪力和楼层弹性位移的计算结果

层次	h_i /m	H_i /m	G_i /kN	F_i /kN	V_i /kN	D_i /(kN·m^{-1})	$\Delta u_i \left(=\dfrac{V_i}{D_i}\right)$ /cm	$\dfrac{\Delta u_i}{h_i}$	层间位移角验算
5	3.6	18.4	880	184.8	184.8				
4	3.6	14.8	6 560	1 107.9	1 292.7	337 440	0.383	1/940	< [1/550]
3	3.6	11.2	9 990	1 276.8	2 569.5	349 340	0.736	1/489	> [1/550]
2	3.6	7.6	9 990	866.4	3 435.9	459 500	0.748	1/481	> [1/550]
1	4.0	4.0	11 090	506.2	3 942.1	425 040	0.927	1/431	> [1/550]

注：最大弹性层间位移角大于 1/550，不满足规范的规定，实际设计中应加大柱截面。

► 4.6.7 水平地震作用下框架的内力分析

以中框架 KJ3 为例，计算结果如图 4.33 所示。图中左半部分为水平地震荷载作用下 D 值

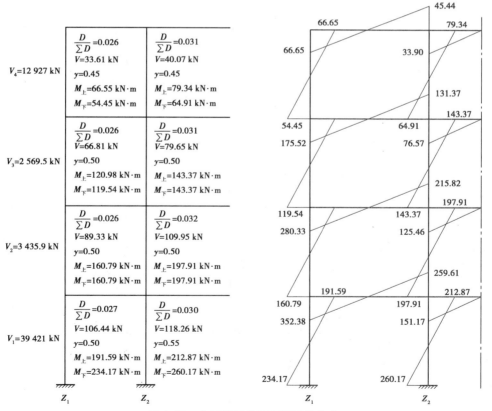

图 4.33　水平地震作用下框架的内力

法的部分计算过程,右半部分为水平地震荷载作用下的框架梁、柱弯矩图。剪力图没有标出,作为练习,请读者抽取框架梁隔离体,根据平衡条件自行计算。图中所有内力或弯矩均为标准值。

▶ 4.6.8 框架重力荷载效应计算

以中框架 KJ3 为例,竖向恒荷载、活荷载作用下框架内力计算可采用分层法、迭代法、矩阵位移法。本文采用 PKPM 软件 PK 模块进行计算,PK 模块采用的是矩阵位移法,属精确算法。由于该结构边跨与开间基本相等,板双向导荷,由板传递至边跨梁的荷载应为三角形荷载,为方便计算,对荷载作了等效处理。计算过程及结果见图 4.34 至图 4.39,图中所有内力均为标准值。

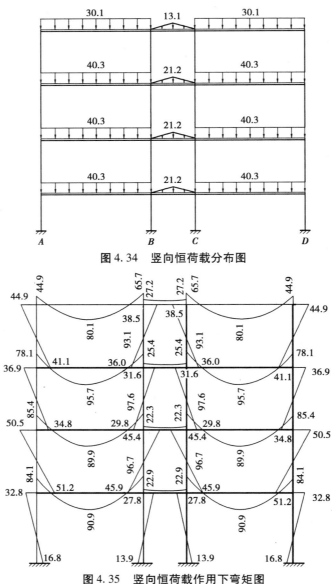

图 4.34 竖向恒荷载分布图

图 4.35 竖向恒荷载作用下弯矩图

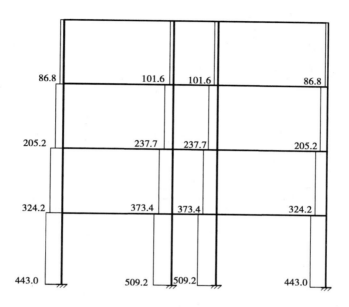

图 4.36 竖向恒荷载作用下轴力图

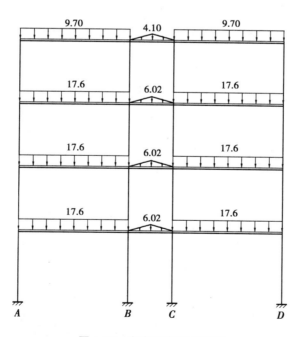

图 4.37 竖向活荷载分布图

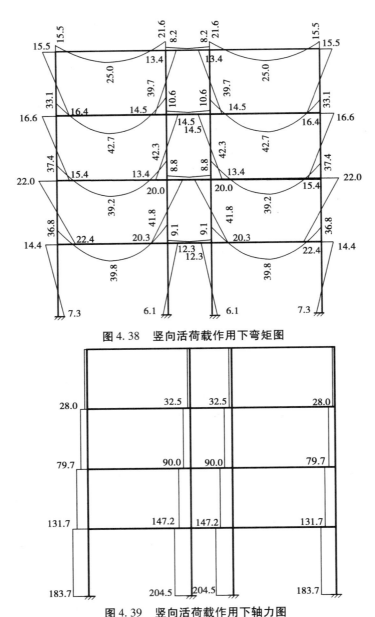

图4.38 竖向活荷载作用下弯矩图

图4.39 竖向活荷载作用下轴力图

► 4.6.9 内力组合

内力组合时考虑了抗震、非抗震两种情况,分别为重力荷载代表值作用＋地震作用、恒载作用＋活载作用。相关组合公式及分项系数取值详见《抗震规范》和《高层规程》。内力组合结果详见表4.20、表4.21。表中框架梁、柱弯矩均以杆端顺时针方向转动为正,轴力以压为正,这也是采用矩阵位移法或有限元法进行电算编程的常用规定。表中框架梁在重力荷载作用下的剪力值在前面图中没有标出,作为练习,请读者抽取框架梁隔离体,根据已有弯矩和荷载,按内力平衡条件自行计算,计算结果应与表中给出数值一致。

表 4.20　横向框架 KJ3 中柱（B 轴线）内力组合

楼层		项目		组合1：竖向恒荷载＋活荷载			组合2：重力荷载＋水平地震作用					内力组合取值	
							重力荷载代表值 S_{GE} ($S_{Gk}+0.5S_{Qk}$)						
	截面	内力	竖向恒荷载	竖向活荷载	$1.2S_{Gk}+1.4S_{Qk}$	左震	右震		$1.2S_{GE}+1.3S_{Ehk}$（左震）	$1.2S_{GE}+1.3S_{Ehk}$（右震）	$|M|_{max}$ 及 N	N_{max} 及 M
4	柱顶	M	-38.5	-13.4	-64.96	-79.34	79.34	-45.2	-157.382	48.902	-157.382	-64.96
		N	101.6	32.5	167.42	-9.58	9.58	117.85	128.966	153.874	128.966	167.42
	柱底	M	-36.0	-14.5	-63.5	-64.91	64.91	-43.25	-136.283	32.483	-136.283	-63.5
		N	101.6	32.5	167.42	-9.58	9.58	117.85	128.966	153.874	128.966	167.42
3	柱顶	M	-31.6	-14.5	-58.22	-143.3	143.37	-38.85	-233.001	139.761	-233.001	-58.22
		N	237.7	90.0	411.24	-22.18	22.18	282.7	310.406	368.074	310.406	411.24
	柱底	M	-29.8	-13.4	-54.52	-143.3	143.37	-36.5	-230.181	142.581	-230.181	-54.52
		N	237.7	90.0	411.24	-22.18	22.18	282.7	310.406	368.074	310.406	411.24
2	柱顶	M	-45.4	-20.0	-82.48	-197.9	197.9	-55.4	-323.75	190.79	-323.75	-82.48
		N	373.4	147.2	654.16	-44.03	44.03	447	479.161	593.639	479.161	654.16
	柱底	M	-45.9	-20.3	-83.5	-197.9	197.9	-56.05	-324.53	190.01	-324.53	-83.5
		N	373.4	147.2	654.16	-44.03	44.03	447	479.161	593.639	479.161	654.16
1	柱顶	M	-27.8	-12.3	-50.58	-212.8	212.87	-33.95	-317.471	235.991	-317.471	-50.58
		N	509.2	204.5	897.34	-68.01	68.01	611.45	645.327	822.153	645.327	897.34
	柱底	M	-13.9	-6.1	-25.22	-260.1	260.17	-16.95	-358.561	317.881	-358.561	-25.22
		N	509.2	204.5	897.34	-68.01	68.01	611.45	645.327	822.153	645.327	897.34

表4.21　横向框架 KJ3 框架梁（A,B 轴线间）内力组合

楼层	项目 截面	内力	组合1：竖向恒载+活载			组合2：重力荷载+水平地震作用					内力组合取值	
			竖向恒荷载	竖向活荷载	$1.2S_{Gk}+1.4S_{Qk}$	左震	右震	重力荷载代表值 S_{GE} $(S_{Gk}+0.5S_{Qk})$	$1.2S_{GE}+1.3S_{Ehk}$（左震）	$1.2S_{GE}+1.3S_{Ehk}$（右震）	$\|M\|_{max}$ 及 V	N_{min} 及 V
4层屋面	A	M	-44.9	-15.5	-75.58	66.65	-66.65	-52.65	23.465	-149.825	23.465	-149.825
		V	86.8	28	143.36	-18.67	18.67	100.8	96.689	145.231	96.689	145.231
	B左	M	65.7	21.6	109.08	45.44	-45.44	76.5	150.872	32.728	150.872	32.728
		V	-93.7	-30.1	-154.58	-18.67	18.67	-108.75	-154.771	-106.229	-154.771	-106.229
4层	A	M	-78.1	-33.1	-140.06	175.52	-175.52	-94.65	114.596	-341.756	114.596	-341.756
		V	118.4	51.7	214.46	-51.21	51.21	144.25	106.527	239.673	106.527	239.673
	B左	M	93.1	39.7	167.3	131.37	-131.37	112.95	306.321	-35.241	306.321	-35.241
		V	-123.4	-53.8	-223.4	-51.21	51.21	-150.3	-246.933	-113.787	-246.933	-113.787
3层	A	M	-85.4	-37.4	-154.84	280.33	-280.33	-104.1	239.509	-489.349	239.509	-489.349
		V	118.9	51.9	215.34	-82.7	82.7	144.85	66.31	281.33	66.31	281.33
	B左	M	97.6	42.3	176.34	215.82	-215.82	118.75	423.066	-138.066	423.066	-138.066
		V	-122.9	-53.6	-222.52	-82.7	82.7	-149.7	-287.15	-72.13	-287.15	-72.13
2层	A	M	-84.1	-36.8	-152.44	352.38	-352.38	-102.5	335.094	-581.094	335.094	-581.094
		V	118.8	51.9	215.22	-102.0	102.0	144.75	41.1	306.3	41.10	306.3
	B左	M	96.7	41.8	174.56	259.61	-259.61	117.6	478.613	-196.373	478.613	-196.373
		V	-123.0	-53.6	-222.64	-102.0	102.0	-149.8	-312.36	-47.16	-312.36	-47.16

► **4.6.10 截面承载力验算(考虑地震的正反方向作用)**

1)梁截面设计

以二层楼面 A,B 轴线间大梁为例,杆端顺时针转动为正。

(1)正截面受弯承载力验算

$$M \leqslant \frac{1}{\gamma_{RE}}\Big[\alpha f_c b_b x\Big(h_0 - \frac{x}{2}\Big) + f'_y A'_s(h_0 - a'_s)\Big]$$

$$\alpha f_c bx = f_y A_s - f'_y A'_s$$

式中,$\gamma_{RE} = 0.75$,取最大组合值 $M_{min} = -581$ kN·m,梁端截面计算配筋为:左端上部 5 $\underline{\Phi}$ 25,下部 4 $\underline{\Phi}$ 22;右端上部 5 $\underline{\Phi}$ 25,下部 4 $\underline{\Phi}$ 22。

梁端上下部纵向钢筋面积比为:

左端: $A^u_s/A^l_s = 1\ 520/2\ 453 = 0.62$

右端: $A^u_s/A^l_s = 0.62$

以上均满足二级框架不小于 0.3 的要求;相对受压区高度 $\xi = \frac{x}{h_0} = 0.19 < 0.35$;纵向受拉钢筋配筋率为 1.56% < 2.5%。

(2)斜截面受剪承载力计算

考虑"强剪弱弯",梁端组合剪力设计值按下式调整:

$$V_b = \eta_{vb}\frac{M^l_b + M^r_b}{l_n} + V_{Gb}$$

本工程框架等级为二级,取 $\eta_{vb} = 1.2$,且应符合最小截面要求:

$$V_b \leqslant \frac{1}{\gamma_{RE}}(0.2\beta_c f_c b_b h_0)$$

$$\frac{1}{\gamma_{RE}}(0.2\beta_c f_c b_b h_0) = (0.2 \times 1.0 \times 9.6 \times 250 \times 615)\text{kN}/0.75 = 347.294\ \text{kN}$$

$$V_b = 1.2 \times \frac{478 + 335}{5.55}\text{kN} + 1.2 \times \Big(\frac{1}{2} \times 60 \times 5.55\Big)\text{kN} = 376\ \text{kN} > 347.294\ \text{kN}$$

两者相差 7.6%,这说明截面略小。为满足设计要求,可将混凝土强度等级提高为 C25,重新验算如下:

$$\frac{1}{\gamma_{RE}}(0.2\beta_c f_c b_b h_0) = (0.2 \times 1.0 \times 11.9 \times 250 \times 615)\text{kN}/0.85 = 430.5\ \text{kN} > V_b = 376\ \text{kN}$$

(满足要求)

按下式验算斜截面受剪承载力

$$V_b \leqslant \frac{1}{\gamma_{RE}}\Big(0.42f_t b_b h_0 + f_{yv}\frac{A_{sv}}{s}h_0\Big)$$

端部箍筋采用 HPB300 级钢筋,双肢 Φ12@100,则

$$\frac{1}{0.85} \times \Big(0.42 \times 1.1 \times 250 \times 615 + 270 \times \frac{226}{100} \times 615\Big)\text{kN} = 525\ \text{kN} > V_b = 376\ \text{kN}$$

箍筋配置满足要求。

2）柱截面设计

以第一层中柱 Z2 为例。

（1）轴压比验算

取最大组合轴压力进行轴压比验算：

$$\frac{N_c}{f_c b_c h_c} = \frac{897.34 \times 10^3}{14.3 \times 450 \times 450} = 0.31 < 0.8$$

满足规范要求。

（2）正截面承载力验算

因 C25 混凝土试算不满足，按 C30 混凝土计算，纵筋为 HRB400 级。

偏心受压正截面承载力验算，取 $|M|_{max}$ 及对应的 N。

$$N_c e \leqslant \frac{1}{\gamma_{RE}} \left[\alpha f_c b_c x \left(h_0 - \frac{x}{2} \right) + f'_y A'_s (h_0 - a'_s) \right]$$

式中，$e = e_i + 0.5h - a'_s$，$e_i = e_0 + e_a$，$e_0 = \dfrac{M_c}{N_c}$，$\gamma_{RE} = 0.8$。

二级框架结构，按"强柱弱梁"要求，应对柱端弯矩进行调整，第一层柱顶点应满足 $\sum M_c \geqslant 1.5 \sum M_b$ 的要求。柱底弯矩设计值应乘以增大系数 1.5。

经上述调整后，Z2 柱的柱顶截面内力为：$M_1 = 456$ kN·m，$N_1 = 645$ kN；Z2 柱的柱底截面内力为：$M_2 = -538$ kN·m，$N_2 = 645$ kN（不考虑自重）。按不利情况配置钢筋，应选择柱底截面进行计算。（注：框架柱 Z2 为双曲率弯曲，M_1 / M_2 取负值）

判断构件是否需要考虑附加弯矩。

杆端弯矩比：$M_1 / M_2 = 456/538 = -0.848 < 0.9$

轴压比：$N/f_c A = 645\,000/(14.3 \times 450^2) = 0.22 < 0.9$

截面回转半径：$i = h/\sqrt{12} = 450 \text{ mm}/\sqrt{12} = 129.9 \text{ mm}$

长细比：$l_c/i = 4\,000/129.9 = 31 < 34 - 12(M_1/M_2) = 34 + 10.2 = 44.2$

因此，可不考虑轴向压力在挠曲杆件中产生的附加弯矩影响。

$$e_0 = \frac{538 \times 10^6}{645 \times 10^3} \text{mm} = 834 \text{ mm}$$

$$e_a = 20 \text{ mm} > \frac{450}{30} = 15 \text{ mm}（取 20 \text{ mm} 和偏心方向截面最大尺寸 1/30 中的大值）$$

$$e_i = e_0 + e_a = (834 + 20) \text{mm} = 854 \text{ mm}$$

$$e = \left(854 + \frac{450}{2} - 40 \right) \text{mm} = 1\,039 \text{ mm}$$

$$x = \frac{N_c}{f_c b_c} = \frac{645 \times 10^3}{14.3 \times 450} \text{mm} = 100 \text{ mm}$$

由于 x 满足条件：$2a'_s < x < \xi_b h_0$，框架柱属于大偏压构件。

$$A_s = A'_s = \frac{\gamma_{RE} N e - \alpha_1 f_c b x \left(h_0 - \dfrac{x}{2} \right)}{f'_y (h_0 - a'_s)}$$

$$= \frac{0.8 \times 645 \times 10^3 \times 1\,039 - 1.0 \times 14.3 \times 450 \times 100 \times \left(410 - \frac{100}{2}\right)}{360 \times (410 - 40)}\,\text{mm}^2$$

$$= 2\,285\,\text{mm}^2 > \rho_{\min}bh = 0.85\% \times 450 \times 450\,\text{mm}^2 = 1\,721\,\text{mm}^2$$

框架柱每侧配筋 2⊈28 + 2⊈25（实配 2 214 mm²，−3%，可以）。

Z2 柱总配筋为 4⊈28 + 8⊈25，$A_s = 6\,390\,\text{mm}^2$，配筋率为 $\frac{6\,390}{450 \times 450} = 3.16\% < 5\%$，满足要求。

（3）斜截面受剪承载力计算

"强剪弱弯"要求二级抗震等级柱端截面组合剪力设计值按下式调整：

$$V_c = 1.3 \frac{M_c^t + M_c^b}{H_n}$$

且应符合 $V_c \leq \dfrac{1}{\gamma_{RE}}(0.2\beta_c f_c b_b h_{c0})$。

$$V_c = 1.3 \times \frac{456 + 538}{3.675}\,\text{kN} = 351.6\,\text{kN}$$

$$\frac{1}{\gamma_{RE}}(0.2\beta_c f_c b_b h_{c0}) = \frac{1}{0.85} \times \frac{0.2 \times 1.0 \times 14.3 \times 450 \times 410}{1\,000}\,\text{kN} = 620.8\,\text{kN}$$

$V_c = 351.6\,\text{kN} \leq \dfrac{1}{\gamma_{RE}}(0.2\beta_c f_c b_b h_{c0}) = 620.8\,\text{kN}$，截面尺寸满足规范要求。

验算柱截面受剪承载力：箍筋采用 HPB300 级钢筋，柱端采用复合箍筋Φ10@100，复合箍如图 4.40 所示。

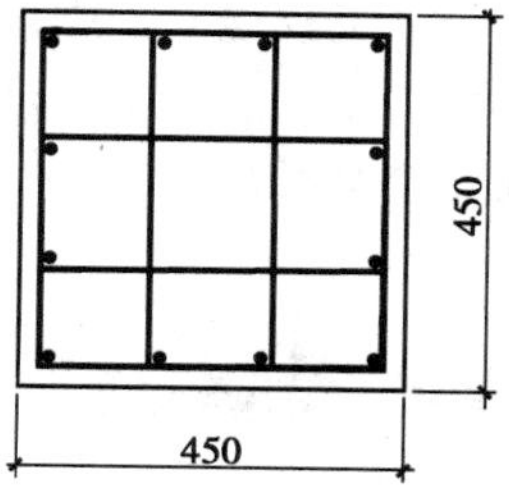

体积配箍率：$\rho_v = \dfrac{8 \times 400 \times 78.5}{100 \times 400^2} \times 100\% = 1.57\% > 1.2\%$

图 4.40　复合箍

$$\frac{1}{\gamma_{RE}}\left(\frac{1.05}{\lambda + 1.0}f_t b_c h_{c0} + f_{yv}\frac{A_{sv}}{s}h_{c0} + 0.056N_c\right)$$

$$= \frac{1}{0.80} \times \left(\frac{1.05}{3 + 1.5} \times 1.43 \times 450 \times 410 + 270 \times \frac{4 \times 78.5}{100} \times 410 + 0.056 \times 645 \times 10^3\right)\text{kN}$$

$$= 556.6\,\text{kN}$$

式中，$\lambda = \dfrac{H_c}{2h_{c0}} = \dfrac{3.675}{2 \times 0.410} = 4.48 > 3$，取 $\lambda = 3$。

$V_c = 351.6 < \dfrac{1}{\gamma_{RE}}\left(\dfrac{1.05}{\lambda + 1.0}f_t b_c h_{c0} + f_{yv}\dfrac{A_{sv}}{s}h_{c0} + 0.056N_c\right) = 556.6\,\text{kN}$，满足要求。

（4）节点受剪承载力计算

以 B 轴线二层中间节点为例进行计算。

①节点剪力设计值计算。

二级框架：

$$V_j = \frac{\eta_{jb}\sum M_b}{h_{b0} - a_s'}\left(1 - \frac{h_{b0} - a_s'}{H_c - h_b}\right)$$

$$= \frac{1.35 \times 510 \times 10^3}{615 - 35} \times \left(1 - \frac{615 - 35}{3\,800 - 650}\right) \text{kN} = 968.5 \text{ kN}$$

②节点剪压比控制。节点核心区的截面有效验算宽度：

$$b_j = b_b + 0.5h_c = (250 + 0.5 \times 450) \text{mm} = 475 \text{ mm}$$

取 $b_j = b_c = 450 \text{ mm} < 475 \text{ mm}$

偏于安全，不考虑正交梁的有利影响，取 $\eta_j = 1.0$。

$$\frac{1}{\gamma_{RE}}(0.30\eta_j f_c b_j h_j) = \frac{1}{0.85}(0.3 \times 1.0 \times 14.3 \times 450 \times 450) \text{kN} = 1\,022 \text{ kN} > V_j$$
$$= 968.5 \text{ kN}$$

满足要求。

③节点受剪承载力计算。由图 4.40 可知，节点核心区箍筋为 4Φ10@100。

$$\frac{1}{\gamma_{RE}}\left(1.1\eta_j f_t b_j h_j + 0.05\eta_j N \frac{b_j}{b_c} + f_{yv} A_{svj} \frac{h_{b0} - a'_s}{s}\right)$$
$$= \frac{1}{0.85}\left(1.1 \times 1.0 \times 1.43 \times 450 \times 450 + 0.05 \times 1.0 \times 645 \times \frac{450}{450} + 270 \times 4 \times 78.5 \times \frac{615 - 35}{100}\right) \text{kN}$$
$$= 974.8 \text{ kN} > V_j = 968.5 \text{ kN}（满足要求）$$

▶ 4.6.11 说　明

本工程混凝土强度等级及梁、柱截面取值偏小，目的是向读者强调，在结构设计中，构件截面大小及混凝土强度等级不是一次试算就能成功的，要在设计过程中不断进行调整，做到既安全又经济。

思考题

4.1　简述分层法的要点和计算步骤。

4.2　水平荷载作用下框架柱的反弯点与哪些因素有关？如果与某层柱相邻的上层柱的混凝土弹性模量降低了，该层柱的反弯点如何移动？

4.3　简述用 D 值法计算框架内力的要点和步骤。边柱和中柱，一般层柱和底层柱其 D 值的计算公式有什么区别？

4.4　反弯点法在什么条件下比较适用？在求得柱的抗侧刚度后，如何计算框架的内力和侧移？

4.5　为什么要进行梁端弯矩调幅？《高层规程》对比是如何规定的？

4.6　水平荷载作用下框架的侧移由哪两部分组成？各有何特点？

4.7　框架结构抗震设计的基本原则是什么？

4.8　初步设计时，如何确定框架柱截面大小？

4.9　框架延性设计的概念是什么？如何在设计中确保框架结构有足够的延性？

4.10　如何进行框架结构的内力组合？

4.11　框架结构在水平地震作用下的内力如何计算？在竖向荷载作用下的内力如何计算？

习 题

4.1 用分层法计算题4.1图框架弯矩,括号内数字表示每根线刚度的相对值。

4.2 用反弯点法求题4.2图所示框架的弯矩图,括号内数字表示各杆线刚度的相对值。

4.3 用 *D* 值法求题4.2图所示框架的弯矩图,括号数字表示各杆线刚度的相对值。

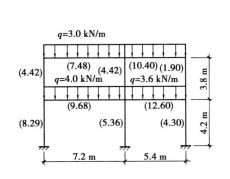

题4.1图

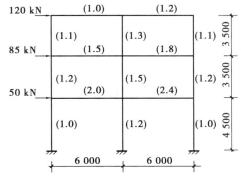

题4.2图

4.4 某框架按满布荷载法计算,梁上作用的荷载均为均布荷载,其中某一框架梁净跨长为6 m,其在恒荷载、活荷载和风荷载作用下的弯矩图如题4.4图所示(图中弯矩均未计入荷载分项系数,单位为 kN·m)。试求:

①不考虑地震组合时框架梁支座和跨中截面的设计弯矩值,以及支座截面的设计剪力值;

②考虑地震组合时框架梁支座和跨中截面的设计弯矩值,以及支座截面的设计剪力值(框架高度小于60 m)。

4.5 已知某底层框架中柱,抗震等级为二级,轴向压力组合设计值 $N = 2\ 710$ kN,强柱弱梁验算时,框架柱顶部节点上、下柱端组合弯矩设计值为 $M_c^t = 760$ kN·m, $M_c^d = 730$ kN·m,框架柱上、下柱端组合弯矩设计值分别为 $M_c^t = 730$ kN·m, $M_c^b = 770$ kN·m。顶部节点左、右梁端组合弯矩设计值之和 $\sum M_b = 900$ kN·m。选用柱截面500 mm×500 mm,采用对称配筋,经配筋计算后每侧实配5 Φ 25。梁截面为300 mm×750 mm,层高4.2 m,框架梁、柱混凝土强度等级均为C30,纵筋采用HRB400级钢筋,箍筋采用HPB300级钢筋。要求:

①对柱顶部节点处弯矩进行强柱弱梁验算;

②按计算和构造要求选配框架柱箍筋;

③对框架柱进行轴压比验算。

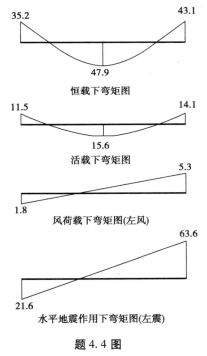

题4.4图

4.6　8度抗震设防区某框架,二级抗震等级,框架柱截面 $b_c = 700$ mm,$h_c = 700$ mm,梁截面 $b_b = 350$ mm,$h_b = 700$ mm,梁 $a_s = a_s' = 40$ mm,梁柱轴线偏心距 $e_0 = 100$ mm。框架柱节点剪力设计值 $V_j = 2\ 000$ kN,对应于考虑地震作用组合剪力设计值的节点上柱底部的轴向压力设计值 $N = 2\ 102$ kN,混凝土强度等级为 C30,箍筋为 HRB400 级。要求:

①验算节点核心区水平截面;

②配置节点核心区箍筋。

5

剪力墙结构设计

〖**本章导读**〗
了解不同近似计算方法的适用范围；
掌握整体墙、小开口整体墙、双肢墙的计算方法；
了解多肢墙的计算方法、墙肢剪切变形和轴向变形对内力的影响以及各类剪力墙的划分；
掌握壁式框架在水平荷载作用下的近似计算；
掌握剪力墙墙肢及连梁的截面设计方法及构造要求。

5.1 剪力墙结构的计算方法

剪力墙是一种抵抗侧向力的结构单元，与框架结构相比，其截面薄而长(受力方向截面高宽比大于4)，在水平力作用下，截面抗剪问题较为突出。剪力墙结构是由房屋纵横向混凝土墙体与楼屋面板构成的能承受房屋所受的竖向与水平外部作用的空间受力体系。剪力墙必须依赖各层楼板作为支撑，以保持平面外的稳定。受楼板经济跨度的限制，剪力墙之间的间距一般为3~8 m，故剪力墙结构适用于小开间设计要求的高层住宅、公寓和旅馆建筑。高层住宅采用剪力墙结构时，为减轻结构自重，避免结构刚度过大，应采用大开间分户墙作剪力墙，其间距为6~8 m。

▶ ### 5.1.1 基本假定

当剪力墙的布置满足有关间距要求的条件下，其内力计算可以采用以下基本假定：

①刚性楼板假定。即楼板在自身平面内刚度为无穷大,在平面外刚度为零。

这里说的楼板,是指建筑的楼面。在此假定下,楼板相当于一平面刚体,在水平力的作用下只作平移或转动,从而使各榀剪力墙之间保持变形协调,即同一楼层标高处,各榀剪力墙的侧向位移相同。各榀剪力墙所承受的水平荷载作用可按各剪力墙的侧向刚度比例进行分配。

②各榀剪力墙在自身平面内的刚度取决于剪力墙本身,在平面外的刚度为零。也就是说,剪力墙只能承担自身平面内的作用力。

在这一假定下,就可以将空间的剪力墙结构作为一系列的平面结构来处理,使计算工作大大简化。当然,与作用力方向相垂直的剪力墙的作用也不是完全不考虑,而是将其作为受力方向剪力墙的翼缘来计算。有效翼缘宽度可按图 5.1 及表 5.1 中各项的最小值取。

表 5.1 中的符号如图 5.1 所示。

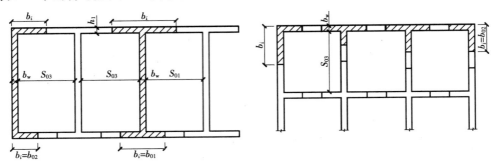

图 5.1 剪力墙的翼缘有效宽度

表 5.1 剪力墙有效翼缘宽度

项次	所考虑的情况	翼缘有效宽度	
		T 形或 I 形	L 形或 [形
1	按剪力墙间距计算	$b + S_{01}/2 + S_{02}/2$	$b + S_{03}/2$
2	按翼缘厚度计算	$b + 12h_i$	$b + 6h_i$
3	按门窗洞口计算	b_{01}	b_{02}
4	按剪力墙总高度计算	$H/20$	$H/20$

【例 5.1】 图 5.2 为某高层横向剪力墙与纵向剪力墙相交平面,剪力墙高度 $H_w = 42.5$ m,横向剪力墙间距 3.6 m,按规定纵向剪力墙的一部分可作为横向剪力墙的有效翼缘,指出下列( )项有效翼缘长度是正确的。

A. 3 600 mm   B. 2 280 mm

C. 2 125 mm   D. 2 580 mm

按表 5.1 规定确定横向剪力墙有效翼缘高度,按以下条件作比较并取最小值:

按横向墙间距:$(3\,600/2) \times 2$ mm $= 3\,600$ mm;

按翼缘厚度:$(12 \times 200 + 180)$ mm $= 2\,580$ mm;

按剪力墙总高度:$(42\,500/20)$ mm $= 2\,125$ mm;

按洞口边缘距离:$(2 \times 1\,050 + 180)$ mm $= 2\,280$ mm。

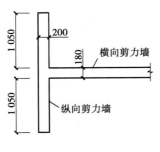

图 5.2 墙翼缘

故有效翼缘宽度取 2 125 mm。因此,C 为正确答案。

▶ 5.1.2　剪力墙的类别和计算方法

1)剪力墙的类别

一般按照剪力墙上洞口的大小、多少及排列方式,将剪力墙分为以下几种类型:

(1)整体墙

没有门窗洞口或只有少量很小的洞口时(洞口面积与剪力墙面积之比小于 0.16),可以忽略洞口的存在,这种剪力墙即为整体剪力墙,简称整体墙。

(2)整体小开口墙

洞口面积与剪力墙面积之比大于 0.16、小于或等于 0.25 时,此时墙肢中已出现局部弯矩,这种墙称为整体小开口墙。

(3)联肢墙

剪力墙上开有一列或多列洞口,且洞口尺寸相对较大,此时剪力墙的受力相当于通过洞口之间的连梁连在一起的一系列墙肢,故称为联肢墙。

(4)壁式框架

在联肢墙中,如果洞口开得再大一些,使得墙肢刚度较弱、连梁刚度相对较强时,剪力墙的受力特性已接近框架。由于剪力墙的厚度较框架结构梁柱的宽度要小一些,故称为壁式框架。

需要说明的是,上述剪力墙的类型划分不是严格意义上的划分,严格划分剪力墙的类型还需要考虑剪力墙本身的受力特点。以上几种剪力墙类型的判别条件将在后续章节中再作进一步讨论。

2)剪力墙的计算方法

(1)竖向荷载作用下的计算方法

剪力墙所承受的竖向荷载,一般是结构自重和楼面荷载,通过楼面传递到剪力墙。竖向荷载除了在连梁(门窗洞口上的梁)内产生弯矩以外,还在墙肢内主要产生轴力。因此,竖向荷载可以按照每片剪力墙的受荷面积计算它的荷载,直接计算墙截面上的轴力。如果楼板中有大梁,传到墙上的集中荷载可按 45°扩散角向下扩散到整个墙截面。

(2)水平荷载作用下的分析方法

在水平荷载作用下,剪力墙受力分析实际上是二维平面问题,精确计算应该按照平面问题进行求解。可以借助于计算机,采用有限元方法进行计算。有限元方法计算精度高,但工作量较大。在工程设计中,可以根据不同类型剪力墙的受力特点进行简化计算。

①材料力学分析法。整体墙和小开口整体墙在水平力的作用下,整体墙类似于一悬臂柱,可以按照悬臂构件来计算整体墙的截面弯矩和剪力;小开口整体墙,由于洞口的影响,墙肢间应力分布不再是直线,但偏离不大,可以在整体墙计算方法的基础上加以修正。

②连续化方法。联肢墙是由一系列连梁约束的墙肢组成,可以采用连续化方法近似计算。连续化方法是指把连梁看作分散在整个高度的平行排列的连续连杆,连杆之间没有相互作用。

③带刚域框架分析法。壁式框架可以简化为带刚域的框架,用D值法(改进的反弯点法)进行计算。

④有限元法。对框支剪力墙和开有不规则洞口的剪力墙,最好采用有限元法借助于计算机进行计算。

3)特殊情况的处理

（1）轴线错开的墙段

在剪力墙中,当墙段轴线错开距离a不大于实体连接墙厚度b_w的8倍,且不大于2.5 m时,整道墙可以作为整体平面剪力墙考虑,计算所得的内力应乘以增大系数1.2,等效刚度应乘以系数0.8(图5.3)。

（2）折线形剪力墙

当折线形剪力墙的各墙段总转角不大于15°时,可按平面剪力墙考虑(图5.4)。

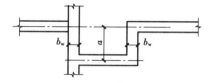

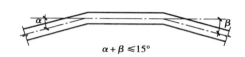

图5.3　轴线错开的墙段　　　　　　图5.4　折线形剪力墙

5.2　整体墙的计算

▶　5.2.1　洞口削弱系数及等效惯性矩

当门窗洞口的面积之和不超过剪力墙侧面积的16%,且洞口间净距及孔洞至墙边的净距大于洞口长边尺寸时,即为整体墙。此类墙在水平荷载作用下其受力状态如同竖向实体悬臂梁(图5.5),截面变形符合平截面假定,截面正应力呈线性分布。

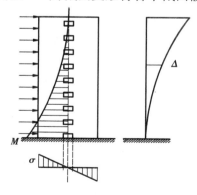

在计算位移时,要考虑小洞口的存在对墙肢刚度和强度有所削弱,等效截面积A_w取无洞口截面的横截面面积A乘以洞口削弱系数γ_0,即

$$A_w = \gamma_0 A \tag{5.1}$$

$$\gamma_0 = 1 - 1.25\sqrt{A_{0p}/A_f} \tag{5.2}$$

式中　A——剪力墙截面毛面积;

　　　A_{0p}——剪力墙上洞口总立面面积;

　　　A_f——剪力墙立面总墙面面积。

等效惯性矩I_w取有洞口墙段与无洞口墙段截面惯性矩沿竖向的加权平均值,即

图5.5　整体墙受力状态

$$I_w = \frac{\sum\limits_{i=1}^{n} I_{wi} h_i}{\sum\limits_{i=1}^{n} h_i} \qquad (5.3)$$

式中　I_{wi}——剪力墙沿竖向第 i 段的惯性矩,有洞口时按组合截面计算;

　　　h_i——各段相应的高度,n 为总分段段数。

► 5.2.2　整体墙的计算

整体剪力墙和整体小开洞剪力墙,可忽略洞口对截面应力分布的影响,在弹性阶段,假定水平荷载作用下沿截面高度的正应力呈线性分布,故可直接用材料力学公式,按竖向悬臂梁计算剪力墙任意点的应力或任意水平截面上的内力。

计算位移时,除弯曲变形外,宜考虑剪切变形的影响。在三种常用水平荷载下,悬臂杆顶点位移计算公式如下:

$$\begin{cases} \dfrac{11}{60}\dfrac{V_0 H^3}{EI_w}\left(1 + \dfrac{3.64\mu EI_w}{H^2 GA_w}\right) & \text{(倒三角分布荷载)} \\[2mm] \left(\dfrac{\mu EI_w}{{}^2 GA_w}\right) & \text{(均布荷载)} \\[2mm] \dfrac{\mu EI_w}{H^2 GA_w}\right) & \text{(顶部集中荷载)} \end{cases} \qquad (5.4)$$

式中　V_0——底部截面……

　　　μ——剪力不均匀系数,矩形截面 $\mu = 1.2$,工字形截面 $\mu = $ 全截面面积/腹板面积,T 形截面 μ 的取值见表 5.2。

表 5.2　T 形截面剪应力不均匀系数 μ

h_w/b_w ＼ b_f/b_w	2	4	6	8	10	12
2	1.383	1.496	1.521	1.511	1.483	1.445
4	1.441	1.876	2.287	2.682	3.061	3.424
6	1.362	1.097	2.033	2.367	2.698	3.026
8	1.313	1.572	1.838	2.106	2.374	2.641
10	1.283	1.489	1.707	1.927	2.148	2.370
12	1.264	1.432	1.614	1.800	1.988	2.178
15	1.245	1.374	1.519	1.669	1.820	1.973
20	1.228	1.317	1.422	1.534	1.648	1.763
30	1.214	1.264	1.328	1.399	1.473	1.549
40	1.208	1.240	1.284	1.344	1.387	1.442

注:表中 b_f 为翼缘宽度,b_w 为剪力墙厚度,h_w 为剪力墙截面高度。

为计算方便,引入等效刚度的概念,即把剪切变形与弯曲变形综合成用弯曲变形的形式表达,三种典型荷载下的顶点位移的计算式如下:

$$
\Delta = \begin{cases} \dfrac{11}{60}\dfrac{V_0 H^3}{EI_{eq}} & \text{(倒三角分布荷载)} \\[3mm] \dfrac{1}{8}\dfrac{V_0 H^3}{EI_{eq}} & \text{(均布荷载)} \\[3mm] \dfrac{1}{3}\dfrac{V_0 H^3}{EI_{eq}} & \text{(顶部集中荷载)} \end{cases} \tag{5.5}
$$

上述三种荷载作用下,EI_{eq} 分别为:

$$
EI_{eq} = \begin{cases} \dfrac{EI_w}{1 + \dfrac{3.64\mu EI_w}{H^2 GA_w}} & \text{(倒三角分布荷载)} \\[5mm] \dfrac{EI_w}{1 + \dfrac{4\mu EI_w}{H^2 GA_w}} & \text{(均布荷载)} \\[5mm] \dfrac{EI_w}{1 + \dfrac{3\mu EI_w}{H^2 GA_w}} & \text{(顶部集中荷载)} \end{cases} \tag{5.6}
$$

进一步简化,将以上三式统一,系数取比平均值稍大的整数,混凝土剪切模量 $G = 0.42E$,上面三式可简化为:

$$
EI_{eq} = \frac{EI_w}{1 + \dfrac{9\mu I_w}{H^2 A_w}} \tag{5.7}
$$

【例 5.2】 某高层剪力墙结构中的一单肢实体墙,高度 $H = 30$ m,全高截面相等,混凝土强度等级 C25,墙肢截面惯性矩 $I_w = 3.6$ m^4,矩形截面面积 $A_w = 1.2$ m^2,该墙肢计算出的等效刚度,下列( )项是正确的。

A. $EI_{eq} = 972.97 \times 10^5$ kN·m^2 B. $EI_{eq} = 1\,008 \times 10^5$ kN·m^2

C. $EI_{eq} = 978.64 \times 10^5$ kN·m^2 D. $EI_{eq} = 440 \times 10^5$ kN·m^2

【解】 首先由《混凝土结构设计规范》(GB 50010—2010,2015 年版)中表 4.1.5 查出 C25 混凝土弹性模量 $E_c = 2.8 \times 10^4$ N/mm$^2 = 280 \times 10^5$ kN/m^2,然后按式(5.7)计算等效刚度:

$$
EI_{eq} = \frac{EI_w}{1 + \dfrac{9\mu I_w}{H^2 A_w}} = \frac{280 \times 10^5 \times 3.6}{1 + \dfrac{9 \times 1.2 \times 3.6}{1.2 \times 30^2}} \text{kN·m}^2
$$

$$
= 972.97 \times 10^5 \text{ kN·m}^2
$$

可见,A 为正确答案。

5.3 整体小开口墙的计算

试验研究分析的结果表明,整体小开口墙在水平荷载作用下,整体剪力墙既要绕组合截面的形心轴产生整体弯曲变形,还要绕各自截面的形心轴产生局部弯曲变形。因此,墙肢的实际正应力相当于剪力墙整体弯曲产生的正应力与局部弯曲产生的正应力的和。其中,整体弯曲变形是主要的,而局部弯曲变形是次要的,其不超过整体弯曲变形的15%。

▶ 5.3.1 内力计算

整体小开口墙内力图如图5.6所示。

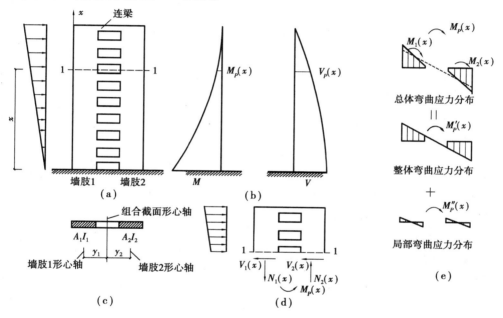

图5.6 整体小开口墙的受力特点

(1)墙肢弯矩

设水平荷载在计算截面(标高 x 处)产生的总弯矩由 $M_P(x)$ 表示,其中整体弯矩所占比例为 k,局部弯矩所占比例为 $1-k$。整体弯矩作用下墙肢的曲率相同,均为 $\Phi = kM_P(x)/(EI)$,各墙肢分配的整体弯矩为 $\Phi \cdot EI_i$,并近似认为局部弯矩在墙肢中按抗弯刚度进行分配。

第 i 墙肢分配到的整体弯矩为:

$$M_i'(x) = kM_P(x)\frac{I_i}{I} \tag{5.8}$$

第 i 墙肢承受的局部弯矩为:

$$M_i''(x) = (1-k)M_P(x)\frac{I_i}{\sum I_i}$$

因此,第 i 墙肢的弯矩由两部分组成:

$$M_i(x) = M'_i(x) + M''_i(x) = kM_P(x)\frac{I_i}{I} + (1-k)M_P(x)\frac{I_i}{\sum I_i} \tag{5.9}$$

式中　$M_P(x)$——水平荷载产生的总弯矩;

　　　I_i——第 i 墙肢的截面惯性矩;

　　　I——组合截面惯性矩[图5.6(c)];

　　　k——整体弯矩系数,设计中近似取 $k = 0.85$。

(2)墙肢剪力

水平荷载产生的总剪力在墙肢间的分配按其抗侧刚度进行。各层墙肢的抗侧刚度既与截面惯性矩有关,又与截面面积有关。故墙肢剪力 V_i 的分配采用按面积和惯性矩分配后的平均值计算,即

$$V_i(x) = \frac{1}{2}\left(\frac{A_i}{\sum A_i} + \frac{I_i}{\sum I_i}\right)V_P(x) \tag{5.10}$$

式中　$V_P(x)$——水平荷载产生的总剪力;

　　　A_i——第 i 墙肢截面的面积。

(3)墙肢轴力

墙肢中的轴力仅由整体弯矩产生,局部弯矩不产生轴力。墙肢的轴力为:

$$N_i(x) = N'_i(x) = \frac{kM_P(x)}{I}y_iA_i \tag{5.11}$$

式中　y_i——第 i 墙肢的截面形心到整个剪力墙组合截面形心的距离[图5.6(c)]。

(4)个别细小墙肢弯矩的修正

当剪力墙的多数墙肢基本均匀,符合小开口剪力墙的条件,但夹有个别细小墙肢时,小墙肢会产生显著的局部弯曲,使局部弯矩增大。此时可将按式(5.9)分配到的弯矩 M_i 修正为:

$$M_{i0} = M_i(x) + \Delta M_i = M_i(x) + V_i(x)\cdot\frac{h_0}{2} \tag{5.12}$$

式中　$V_i(x)$——按式(5.10)计算的第 i 墙肢的剪力;

　　　h_0——洞口的高度。

(5)连梁剪力和弯矩

根据连梁与墙肢的节点平衡,由上、下层墙肢的轴力之差可得到连梁的剪力,进而计算出连梁的端部弯矩。

▶ 5.3.2　位移计算

整体小开口墙的顶点位移可用整体墙的位移计算式(5.5),计算结果乘以修正系数1.2。考虑小开口对刚度的折减,其等效刚度可由式(5.6)的计算结果除以1.2得到。

【例5.3】　某整体小开口墙的墙肢布置如图5.7所示。已知底层分配剪力 $V_P(0) = 561.17$ kN,底层分配弯矩 $M_P(0) = 13\ 561.6$ kN·m。计算墙肢的内力。

【解】　首先确定组合截面的形心位置:

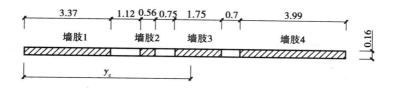

图 5.7 例题 5.3 图(单位:m)

$$y_c = \frac{0.16 \times (3.37 \times 1.685 + 0.56 \times 4.77 + 1.75 \times 6.675 + 3.99 \times 10.245)}{0.16 \times (3.37 + 0.56 + 1.75 + 3.99)}\text{m}$$

$$= 6.298\ 7\ \text{m}$$

各墙肢几何参数计算结果见表 5.3。

表 5.3 各墙肢几何参数计算结果

墙 肢	1	2	3	4	$\sum$
面积 A_i/m^2	0.539 2	0.089 6	0.280 0	0.638 4	$\sum A_i = 1.547\ 2$
惯性矩 I_i/m^4	0.510 3	0.002 3	0.071 5	0.846 9	$\sum I_i = 1.431$

计算组合截面的惯性矩 I:

$$I = \sum I_i + \sum A_i y_i^2 = 1.431\ \text{m}^4 + 0.539\ 2 \times (6.298\ 7 - 1.685)^2\ \text{m}^4 +$$

$$0.089\ 6 \times (6.298\ 7 - 4.77)^2\ \text{m}^4 + 0.28 \times (6.675 - 6.298\ 7)^2\ \text{m}^4 +$$

$$0.638\ 4 \times (10.245 - 6.298\ 7)^2\ \text{m}^4$$

$$= 21.67\ \text{m}^4$$

上式中,y_i 为第 i 墙肢的截面形心到整个剪力墙组合截面形心的距离。

各墙肢的内力计算公式为式(5.8)至式(5.12),内力计算结果见表 5.4。

表 5.4 各墙肢的内力计算结果

墙肢编号	$\dfrac{A_i}{\sum A_i}$	$\dfrac{I_i}{\sum I_i}$	y_i/m	$\dfrac{A_i y_i}{I}$	$\dfrac{I_i}{I}$	各层墙肢内力			底层墙肢内力		
						V_i	N_i	M_i	$V_i(0)$ /kN	$N_i(0)$ /kN	$M_i(0)$ /(kN·m)
1	0.348 5	0.356 6	4.613 7	0.114 8	0.023 5	0.352 6 V_P	0.097 6 M_P	0.073 5 M_P	197.8	1 323.3	997.0
2	0.057 9	0.001 6	1.528 7	0.006 3	0.000 1	0.029 8 V_P	0.005 4 M_P	0.000 3 M_P	16.7	72.9	4.5
3	0.181 0	0.050 0	0.376 3	0.004 9	0.003 3	0.115 5 V_P	0.004 1 M_P	0.010 3 M_P	64.8	56.0	139.7
4	0.412 6	0.591 8	3.946 3	0.116 3	0.039 1	0.502 2 V_P	0.098 8 M_P	0.122 0 M_P	281.8	1 340.2	1 654.7

5.4 联肢墙的计算

实际建筑中,门窗洞口在剪力墙中往往排列得比较均匀和整齐,剪力墙可划分为许多墙

肢和连梁,再将连梁看成墙肢间的连杆,并把此连杆用一系列沿层高均匀、离散分布的连续连杆代替,从而使连梁的内力可以用沿竖向分布的连续函数表示,用相应的微分方程求解。这种方法称为连续化方法,又称为连续连杆法,是联肢墙内力及位移分析的一种相对精确的手算方法。

▶ 5.4.1 双肢墙的计算

1)连续连杆法的基本假定

①将在每一楼层处的连梁离散为均布在整个层高范围内的连续连杆;

②连梁的轴向变形忽略不计,即假定楼层同一高度处两个墙肢的水平位移相等;

③假定在同一高度处,两个墙肢的截面转角和曲率相等,故连梁的两端转角相等,反弯点在连梁的中点;

④各个墙肢、连梁的截面尺寸、材料等级及层高沿剪力墙全高都是相同的。

由此可见,连续连杆法适用于开洞规则、高度较大,以及从上到下墙厚、材料及层高都不变的联肢剪力墙。剪力墙越高,计算结果越准确;对低层、多层建筑中的剪力墙,计算误差较大。对于墙肢、连梁截面尺寸、材料等级、层高有变化的剪力墙,如果变化不大,可以取平均值进行计算;如果变化较大,则本方法不适用。

如图5.8(a)所示为一片典型的双肢剪力墙,以截面的形心线作为墙肢和连梁的轴线,几何参数如图所示。其中,墙肢截面可为矩形、L形或T形,连梁截面一般为矩形。

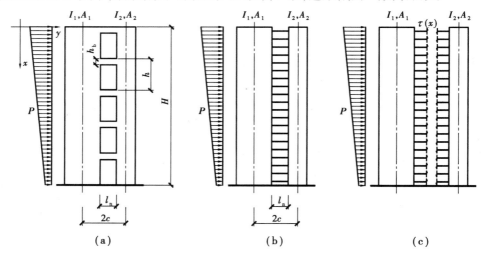

图5.8 双肢墙计算简图

2)微分方程的建立

将每一楼层处的连梁简化为沿该楼层层高范围内的连续连杆,双肢墙的计算简图如图5.8(b)所示。为求解此超静定结构,需将其分解为静定结构,建立基本体系,应用力法解出内力。图5.8(c)是双肢墙的基本体系,将简化后的连梁在跨中切开,由于连梁的反弯点就在跨中,故切口处的内力仅有连杆的剪力 $\tau(x)$ 和轴力 $\sigma(x)$。由于 $\sigma(x)$ 与 $\tau(x)$ 的求解无关,在以下分析中不予考虑,故可将 $\tau(x)$ 作为未知数求解。

由切开处连梁的竖向相对位移为零这一变形连续条件,建立$\tau(x)$的微分方程并求解。待任一高度处连杆的剪力$\tau(x)$求出后,将一个楼层高度范围内各点剪力积分,还原成一根连梁中的剪力。各层连梁中的剪力求出后,利用平衡条件便可求得墙肢和连梁的所有内力。

切口处的竖向相对位移可通过在切口处施加一对方向相反的单位力求得。位移由墙肢和连梁的弯曲变形、剪切变形和轴向变形引起。在竖向单位力作用下,连梁内没有轴力,略去在墙肢内产生的剪力,故基本体系在切口处的竖向位移由三部分组成,即墙肢弯曲变形产生的相对位移$\delta_1(x)$、墙肢轴向变形产生的相对位移$\delta_2(x)$、连梁弯曲变形和剪切变形产生的相对位移$\delta_3(x)$,如图5.9所示。

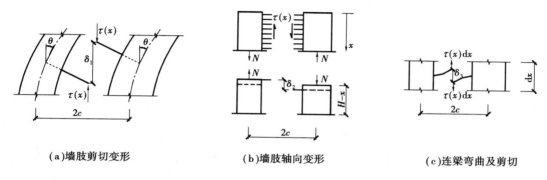

(a)墙肢剪切变形 (b)墙肢轴向变形 (c)连梁弯曲及剪切

图5.9 连梁切口处的竖向相对位移

由于切开处连梁的竖向相对位移为零,即变形协调条件可用式(5.13)表达:

$$\delta_1(x) + \delta_2(x) + \delta_3(x) = 0 \tag{5.13}$$

(1)$\delta_1(x)$是墙肢弯曲变形产生的相对位移

如图5.9(a)所示,根据假定③,任一标高处两墙肢截面的转角相等,设其为θ(以顺时针方向为正),则由于墙肢弯曲变形使切口处产生的相对变形为:

$$\delta_1(x) = -2c\theta \tag{5.14}$$

上式中,负号表示连梁位移与$\delta_1(x)$方向相反;$2c$表示两个墙肢形心之间的距离(图5.9)。

(2)$\delta_2(x)$是墙肢轴向变形产生的相对位移

如图5.9(b)所示,水平荷载作用下,两个墙肢中所受轴力一个为拉力,另一个为压力,且二者大小相等、方向相反。由隔离体受力平衡可得:

$$N_P(x) = \int_0^x \tau(x)\mathrm{d}x \tag{5.15}$$

当高度$H-x$切口处作用一对相反的单位力时,在该高度以上由单位力引起的墙肢轴力为零,该高度以下墙肢轴力为:

$$N_1 = 1 \tag{5.16}$$

则由于墙肢轴向变形使切口处产生的相对位移为:

$$\delta_2(x) = \int_x^H \frac{N_P(x) \cdot N_1}{EA_1}\mathrm{d}x + \int_x^H \frac{N_P(x) \cdot N_1}{EA_2}\mathrm{d}x = \frac{1}{E}\left(\frac{1}{A_1} + \frac{1}{A_2}\right)\int_x^H \int_0^x \tau(x)\mathrm{d}x\mathrm{d}x \tag{5.17}$$

(3)$\delta_3(x)$是连梁弯曲变形和剪切变形产生的相对位移

如图5.9(c)所示,水平荷载产生的连梁切口处剪力集度为$\tau(x)$。把离散后的连续连杆看成端部承受$\tau(x)$的悬臂梁,则连杆弯矩和剪力分别为M_P,V_P,切口处单位力作用下引起的连杆弯矩和剪力分别为 M_1, V_1。连续离散化为连续连杆,其截面为 A_b/h,惯性矩为 I_b/h。取微段 dx 分析:

$$M_P = \tau(x)dx \cdot y, \quad V_P = \tau(x)dx, M_1 = y, V_1 = 1 \tag{5.18}$$

则产生的相对位移为:

$$
\begin{aligned}
\delta_3(x) &= 2\int_0^{\frac{l}{2}} \frac{M_P M_1}{E(I_b/h)dx}dy + 2\int_0^{\frac{l}{2}} \frac{\mu V_P V_1}{G(A_b/h)dx}dy \\
&= 2\int_0^{\frac{l}{2}} \frac{\tau(x)dx \cdot y \cdot y}{E(I_b/h)dx}dy + 2\int_0^{\frac{l}{2}} \frac{\mu\tau(x)dx \cdot 1}{G(A_b/h)dx}dy \\
&= \frac{\tau(x)hl^3}{12EI_b} + \frac{\mu\tau(x)hl}{GA_b} = \frac{\tau(x)hl^3}{12EI_b^0}
\end{aligned}
\tag{5.19}
$$

式中　I_b^0——连梁的折算惯性矩,是以弯曲变形形式表达的,同时考虑了弯曲和剪切变形效果的惯性矩,$I_b^0 = \dfrac{I_b}{1 + \dfrac{12\mu E I_b}{GA_b l^2}} = \dfrac{I_b}{1 + \dfrac{3\mu E I_b}{GA_b a^2}}$;

　　h——层高;

　　l——连梁的计算跨度,$l = l_n + \dfrac{h_b}{2}, a = \dfrac{l}{2} = \dfrac{l_n}{2} + \dfrac{h_b}{4}$;

　　h_b——连梁的截面高度;

　　A_b——连梁的截面面积;

　　I_b——连梁的惯性矩。

将式(5.14)、式(5.17)、式(5.19)代入式(5.13),可得位移协调方程:

$$-2c\theta + \frac{1}{E}\left(\frac{1}{A_1} + \frac{1}{A_2}\right)\int_x^H\int_0^x \tau(x)dxdx + \frac{hl^3}{12EI_b^0}\tau(x) = 0 \tag{5.20}$$

对 x 一次微分,得:

$$-2c\theta' + \frac{1}{E}\left(\frac{1}{A_1} + \frac{1}{A_2}\right)\int_0^x \tau(x)dx + \frac{hl^3}{12EI_b^0}\tau'(x) = 0 \tag{5.21}$$

再对 x 一次微分,得:

$$-2c\theta'' + \frac{1}{E}\left(\frac{1}{A_1} + \frac{1}{A_2}\right)\tau(x) + \frac{hl^3}{12EI_b^0}\tau''(x) = 0 \tag{5.22}$$

下面建立墙肢转角 θ 与外荷载间的关系。

在 x 处截断剪力墙,x 处基本体系的总弯矩 $M(x)$ 由两部分组成:外荷载引起的弯矩 M_P 和连杆剪力 $\tau(x)$ 引起的弯矩 M_τ,两者方向相反。

$$M(x) = M_P(x) - M_\tau = M_P(x) - \int_0^x 2c\tau(x)dx$$

由连梁的弯矩-曲率关系,有 $\theta' = \Phi = M(x)/(EI)$,将其代入上式,得:

$$E(I_1 + I_2)\theta' = M_P(x) - \int_0^x 2c\tau(x)dx \tag{5.23}$$

式中　I_1, I_2——分别为墙肢 1,2 的惯性矩。

式(5.23)对 x 一次微分,得:

$$E(I_1 + I_2)\theta'' = V_P(x) - 2c\tau(x) \qquad (5.24)$$

式(5.23)、式(5.24)中的 $M_P(x)$、$V_P(x)$ 与外荷载的形式有关。常见的三种荷载下的 $V_P(x)$ 表达式为:

$$V_P(x) = \begin{cases} V_0\left[1 - \left(1 - \dfrac{x}{H}\right)^2\right] & \text{(倒三角分布荷载)} \\[2mm] V_0\,\dfrac{x}{H} & \text{(均布荷载)} \\[2mm] V_0 & \text{(顶部集中荷载)} \end{cases} \qquad (5.25)$$

将 $V_P(x)$ 代入式(5.24),可得三种荷载下的 θ'' 表达式:

$$\theta'' = \begin{cases} \dfrac{1}{E(I_1+I_2)}\left\{-V_0\left[1-\left(1-\dfrac{x}{H}\right)^2\right] + 2c\tau(x)\right\} & \text{(倒三角分布荷载)} \\[3mm] \dfrac{1}{E(I_1+I_2)}\left[-V_0\left(\dfrac{x}{H}\right) + 2c\tau(x)\right] & \text{(均布荷载)} \\[3mm] \dfrac{1}{E(I_1+I_2)}\left[-V_0 + 2c\tau(x)\right] & \text{(顶部集中荷载)} \end{cases} \qquad (5.26)$$

式中 V_0——剪力墙底部($x = H$ 处)的总剪力。

将式(5.26)代入式(5.22),令:

$$D = \frac{2I_b^0(2c)^2}{l^3} \qquad (5.27)$$

$$\alpha_1^2 = \frac{6H^2 D}{h(I_1 + I_2)} \qquad (5.28)$$

$$s = \frac{2cA_1 A_2}{A_1 + A_2} \qquad (5.29)$$

整理后,可得:

$$\tau''(x) - \tau(x)\frac{1}{H^2}\left(\frac{6H^2 D}{2csh} + \alpha_1^2\right) = \begin{cases} -\dfrac{\alpha_1^2}{H^2}\left[1 - \left(1 - \dfrac{x}{H}\right)^2\right]\dfrac{V_0}{2c} & \text{(倒三角分布荷载)} \\[3mm] -\dfrac{\alpha_1^2}{H^2}\dfrac{x}{H}\dfrac{V_0}{2c} & \text{(均布荷载)} \\[3mm] -\dfrac{\alpha_1^2}{H^2}\dfrac{V_0}{2c} & \text{(顶部集中荷载)} \end{cases} \qquad (5.30)$$

式中 D——单位高度上连梁的刚度系数;

α_1^2——不考虑墙肢轴向变形的剪力墙整体性系数;

s——反映墙肢轴向变形的一个参数,按式(5.29)计算。

进一步令:

$$m(x) \doteq 2c\tau(x), \quad \alpha^2 = \alpha_1^2 + \frac{6H^2 D}{2csh} \qquad (5.31)$$

式中 α——整体性系数。

式(5.30)可写成:

$$m''(x) - \frac{\alpha^2}{H^2}m(x) = \begin{cases} -\dfrac{\alpha_1^2}{H^2}V_0\left[1 - \left(1 - \dfrac{x}{H}\right)^2\right] & （倒三角分布荷载） \\[2ex] -\dfrac{\alpha_1^2}{H^2}V_0\,\dfrac{x}{H} & （均布荷载） \\[2ex] -\dfrac{\alpha_1^2}{H^2}V_0 & （顶部集中荷载） \end{cases} \tag{5.32}$$

式(5.32)即是双肢墙的基本方程式,它是 $m(x)$ 的二阶线性非齐次常微分方程, $m(x)$ 称为连梁对墙肢的约束弯矩。

3)微分方程的解

为使基本方程表达式进一步简化并便于制表,将参数转换为无量纲。

$$\xi = \frac{x}{H}, \quad m(x) = \varphi(x)V_0\frac{\alpha_1^2}{\alpha^2} \tag{5.33}$$

则基本方程(5.32)可写成:

$$\varphi''(\xi) - \alpha^2\varphi(\xi) = \begin{cases} -\alpha^2\left[1 - (1 - \xi)^2\right] \\ -\alpha^2\xi \\ -\alpha^2 \end{cases} \tag{5.34}$$

该非齐次微分方程的解由两部分组成:相应齐次方程的通解 $\varphi_1(\xi)$ 和特解 $\varphi_2(\xi)$。

设特解为 $\varphi_2(\xi) = c_1\xi^2 + c_2\xi + c_3$,其中 c_1, c_2, c_3 为待定系数。将假定的 $\varphi_2(\xi)$ 代入式(5.34),比较等式两边对应项的系数,可确定三种常见荷载下的待定系数,从而得到特解:

$$\varphi_2(\xi) = \begin{cases} 1 - \xi^2 - \dfrac{2}{\alpha^2} \\[2ex] 1 - \xi \\[1ex] 1 \end{cases} \tag{5.35}$$

齐次方程的通解可由特征方程的特征根确定,具有下列形式:

$$\varphi_1(\xi) = C_1\text{sh}(\alpha\xi) + C_2\text{sh}(\alpha\xi) \tag{5.36}$$

式中 C_1, C_2 ——待定常数,可由边界条件确定。

将通解和特解相加,即得到式(5.37)微分方程的解:

$$\varphi(\xi) = C_1\text{sh}(\alpha\xi) + C_2\text{sh}(\alpha\xi) + \begin{cases} 1 - (1 - \xi)^2 - \dfrac{2}{\alpha^2} \\[2ex] \xi \\[1ex] 1 \end{cases} \tag{5.37}$$

由边界条件1:墙顶弯矩为零,即 $\xi = 0$ 时, $M(0) = 0$,因而:

$$\theta' = -\frac{\text{d}^2y}{\text{d}\xi^2} = 0$$

可以解得待定常数 C_2:

$$C_2 = \begin{cases} -\dfrac{2}{\alpha} \\ -\dfrac{1}{\alpha} \\ 0 \end{cases} \tag{5.38}$$

由边界条件 2：墙底转角为零，即 $\xi = 1$ 时，$\theta = 0$，可以解得待定常数 C_1：

$$C_1 = \begin{cases} -\left(1 - \dfrac{2}{\alpha^2} - \dfrac{2\,\mathrm{sh}\,\alpha}{\alpha}\right)\dfrac{1}{\mathrm{ch}\,\alpha} \\ -\left(1 - \dfrac{\mathrm{sh}\,\alpha}{\alpha}\right)\dfrac{1}{\mathrm{ch}\,\alpha} \\ -\dfrac{1}{\mathrm{ch}\,\alpha} \end{cases} \tag{5.39}$$

将 C_1，C_2 代入式（5.37），并整理后得到三种常见荷载下 $\varphi(\xi)$ 的具体表达式：

倒三角分布荷载：

$$\varphi(\xi) = 1 - (1 - \xi)^2 - \frac{2}{\alpha^2} + \left(\frac{2\,\mathrm{sh}\,\alpha}{\alpha} - 1 + \frac{2}{\alpha^2}\right)\frac{\mathrm{ch}(\alpha\xi)}{\mathrm{ch}\,\alpha} - \frac{2}{\alpha}\mathrm{sh}(\alpha\xi) \tag{5.40}$$

均布荷载：

$$\varphi(\xi) = \xi + \left(\frac{\mathrm{sh}\,\alpha}{\alpha} - 1\right)\frac{\mathrm{ch}(\alpha\xi)}{\mathrm{ch}\,\alpha} - \frac{1}{\alpha}\mathrm{sh}(\alpha\xi) \tag{5.41}$$

顶点集中荷载：

$$\varphi(\xi) = 1 - \frac{\mathrm{ch}(\alpha\xi)}{\mathrm{ch}\,\alpha} \tag{5.42}$$

三种常见荷载下的 $\varphi(\xi)$ 都是相对坐标 ξ 及整体性系数 α 的函数，可以制成表格，方便计算。书后的附表 5 至附表 7 分别为三种常见荷载下的 $\varphi(\xi)$ 值，工程设计中一般采用查表法计算。

4）双肢墙的内力计算

（1）连梁内力计算

由式（5.33）可根据已求出的 $\varphi(\xi)$ 得到连杆约束弯矩：

$$m(\xi) = \varphi(\xi)V_0\frac{\alpha_1^2}{\alpha^2} \tag{5.43}$$

进而求得未知变量连杆剪力：

$$\tau(\xi) = \frac{m(\xi)}{2c} = \frac{1}{2c}\varphi(\xi)V_0\frac{\alpha_1^2}{\alpha^2} \tag{5.44}$$

连杆约束弯矩 $m(\xi)$ 和剪力 $\tau(\xi)$ 都是沿高度变化的连续函数。由图 5.10 可见，第 j 层连梁的约束弯矩应是连杆约束弯矩 $m(\xi)$ 在 j 层层高 h_j 范围内的积分，第 j 层连梁的剪力应是连杆剪力 $\tau(\xi)$ 在 j 层层高 h_j 范围内的积分，可近似取

$$m_j = m(\xi)h_j \tag{5.45}$$

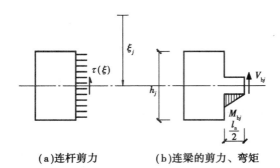

（a）连杆剪力	（b）连梁的剪力、弯矩

图 5.10　连梁的剪力及弯矩　　　　　　图 5.11　墙肢内力

$$V_{bj} = \tau(\xi) h_j \tag{5.46}$$

因连梁反弯点在跨中，j 层连梁的端部弯矩为：

$$M_{bj} = V_{bj} \frac{l_n}{2} \tag{5.47}$$

（2）墙肢内力计算

墙肢内力如图 5.11 所示。

由力的平衡可知，j 层墙肢的轴力为 j 层以上的连梁剪力之和，两个墙肢的轴力大小相等、方向相反，故：

$$N_{1j} = -N_{2j} = \sum_{k=j}^{n} V_{bk} \tag{5.48}$$

由基本假定可知，两个墙肢的弯矩按其刚度进行分配。由平衡可得 j 层墙肢弯矩为：

$$\begin{cases} M_{j1} = \dfrac{I_1}{I_1 + I_2} M_j \\[2mm] M_{j2} = \dfrac{I_2}{I_1 + I_2} M_j \end{cases} \tag{5.49}$$

式中　M_j——j 层截面的总弯矩，$M_j = M_{Pj} - \sum\limits_{k=j}^{n} m_k$

M_{Pj}——水平荷载在 j 层截面处的倾覆力矩；

m_k——第 k 层连梁的约束弯矩，$m_k = m(\xi) \cdot h_k$。

j 层墙肢的剪力近似按两个墙肢的折算惯性矩进行分配：

$$\begin{cases} V_{j1} = \dfrac{I_1^0}{I_1^0 + I_2^0} V_{Pj} \\[2mm] V_{j2} = \dfrac{I_2^0}{I_1^0 + I_2^0} V_{Pj} \end{cases} \tag{5.50}$$

式中　V_{Pj}——水平荷载在 j 层截面处的总剪力；

I_i^0——考虑剪切变形影响的墙肢折算惯性矩：

$$I_i^0 = \frac{I_i}{1 + \dfrac{12\mu E I_i}{G A_i h^2}} \quad (i = 1,2) \tag{5.51}$$

5）双肢墙的位移计算

双肢剪力墙在水平荷载下的侧向位移由两部分组成：一部分是由墙肢弯曲变形引起的侧移 y_m，另一部分是由墙肢剪切变形引起的侧移 y_v。总侧移为：

$$y = y_m + y_v = \int_1^\xi \int_1^\xi \frac{d^2 y_m}{d\xi^2} d\xi d\xi + \int_1^\xi \frac{dy_v}{d\xi} d\xi \tag{5.52}$$

$$\frac{d^2 y_m}{d\xi^2} = \frac{1}{E(I_1 + I_2)} \left[M_P(\xi) - \int_0^\xi m(\xi) d\xi \right] \tag{5.53}$$

$$\frac{dy_v}{d\xi} = \frac{\mu V_P(\xi)}{G(A_1 + A_2)} \tag{5.54}$$

分别将三种荷载作用下的 $m(\xi)$，$M_P(\xi)$，$V_P(\xi)$ 代入，积分并整理后可得顶点侧移为：

$$\Delta = \begin{cases} \dfrac{11}{60} \dfrac{V_0 H^3}{E(I_1 + I_2)} (1 + 3.64\gamma^2 - T + \psi_\alpha T) & \text{（倒三角分布荷载）} \\[3mm] \dfrac{1}{8} \dfrac{V_0 H^3}{E(I_1 + I_2)} (1 + 4\gamma^2 - T + \psi_\alpha T) & \text{（均布荷载）} \\[3mm] \dfrac{1}{3} \dfrac{V_0 H^3}{E(I_1 + I_2)} (1 + 3\gamma^2 - T + \psi_\alpha T) & \text{（顶部集中荷载）} \end{cases} \tag{5.55}$$

式中　γ——剪切参数；

　　　T——墙肢轴向变形影响系数。

$$\gamma^2 = \frac{E(I_1 + I_2)}{H^2 G \left(\dfrac{A_1}{\mu_1} + \dfrac{A_2}{\mu_2} \right)} \tag{5.56}$$

$$T = \frac{\alpha_1^2}{\alpha^2} = \frac{I_A}{I} = \frac{A_1 y_1^2 + A_2 y_2^2}{I} \tag{5.57}$$

式中　I——组合截面惯性矩；

　　　y_1, y_2——第 1,2 墙肢形心到组合截面形心的距离；

　　　μ_1, μ_2——第 1,2 墙肢的剪力不均匀系数。

三种荷载下的 ψ_α 分别为：

$$\psi_\alpha = \begin{cases} \dfrac{60}{11\alpha^2} \left(\dfrac{2}{3} + \dfrac{2\,\text{sh}\,\alpha}{\alpha^3\,\text{ch}\,\alpha} - \dfrac{2}{\alpha^2\,\text{ch}\,\alpha} - \dfrac{\text{sh}\,\alpha}{\alpha\,\text{sh}\,\alpha} \right) \\[3mm] \dfrac{8}{\alpha^2} \left(\dfrac{1}{2} + \dfrac{1}{\alpha^2} - \dfrac{1}{\alpha^2\,\text{ch}\,\alpha} - \dfrac{\text{sh}\,\alpha}{\alpha\,\text{sh}\,\alpha} \right) \\[3mm] \dfrac{3}{\alpha^2} \left(1 - \dfrac{\text{sh}\,\alpha}{\alpha\,\text{sh}\,\alpha} \right) \end{cases} \tag{5.58}$$

ψ_α 是 α 的函数，可制成表 5.5 供计算时查用。

表 5.5　常见荷载下的 ψ_α 值

α	倒三角荷载	均布荷载	顶部集中力	α	倒三角荷载	均布荷载	顶部集中力
1.000	0.720	0.722	0.715	11.000	0.026	0.027	0.022
1.500	0.537	0.540	0.523	11.500	0.023	0.025	0.020
2.000	0.399	0.403	0.388	12.000	0.022	0.023	0.019
2.500	0.302	0.306	0.290	12.500	0.020	0.021	0.017
3.000	0.234	0.238	0.222	13.000	0.019	0.020	0.016
3.500	0.186	0.190	0.175	13.500	0.017	0.018	0.015
4.000	0.151	0.155	0.140	14.000	0.016	0.017	0.014
4.500	0.125	0.128	0.115	14.500	0.015	0.016	0.013
5.000	0.105	0.108	0.096	15.000	0.014	0.015	0.012
5.500	0.089	0.092	0.081	15.500	0.013	0.014	0.011
6.000	0.077	0.080	0.069	16.000	0.012	0.013	0.010
6.500	0.067	0.070	0.060	16.500	0.012	0.013	0.010
7.000	0.058	0.061	0.052	17.000	0.011	0.012	0.009
7.500	0.052	0.054	0.046	17.500	0.010	0.011	0.009
8.000	0.046	0.048	0.041	18.000	0.010	0.011	0.008
8.500	0.041	0.043	0.036	18.500	0.009	0.010	0.008
9.000	0.037	0.039	0.032	19.000	0.009	0.009	0.007
9.500	0.034	0.035	0.029	19.500	0.008	0.009	0.007
10.000	0.031	0.032	0.027	20.000	0.008	0.009	0.007
10.500	0.028	0.030	0.024	20.500	0.008	0.008	0.006

从表 5.5 中的数值可看出,当 $\alpha > 7 \sim 8$ 时,ψ_α 的变化很小,即此时增加连梁刚度,提高剪力墙的整体性,对减小剪力墙侧移的作用不明显。

式(5.55)还可以进一步简化:

$$\Delta = \begin{cases} \dfrac{11}{60} \dfrac{V_0 H^3}{EI_{eq}} \\[2mm] \dfrac{1}{8} \dfrac{V_0 H^3}{EI_{eq}} \\[2mm] \dfrac{1}{3} \dfrac{V_0 H^3}{EI_{eq}} \end{cases} \tag{5.59}$$

式中　EI_{eq}——双肢剪力墙的等效抗弯刚度。三种荷载下分别为:

$$EI_{eq} = \begin{cases} \dfrac{E(I_1 + I_2)}{1 + 3.64\gamma^2 - T + \psi_\alpha T} & \text{（倒三角分布荷载）} \\[3mm] \dfrac{E(I_1 + I_2)}{1 + 4\gamma^2 - T + \psi_\alpha T} & \text{（均布荷载）} \\[3mm] \dfrac{E(I_1 + I_2)}{1 + 3\gamma^2 - T + \psi_\alpha T} & \text{（顶部集中荷载）} \end{cases} \tag{5.60}$$

▶ 5.4.2 多肢墙的计算要点

当剪力墙有多于一排且整齐排列的洞口时,称为多肢剪力墙。如图 5.12 所示为多肢剪力墙的几何参数和结构尺寸图。多肢剪力墙仍采用连续连杆法作为内力及位移分析的近似方法。本节在上节双肢墙的基础上简要介绍多肢墙的计算。

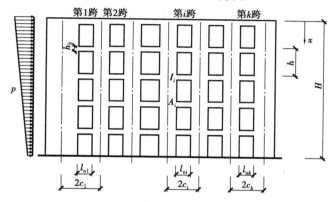

图 5.12　多肢墙的结构尺寸

计算多肢墙的连续连杆法的基本假定与双肢墙相同。多肢剪力墙的连梁由连续连杆代替,将连续化后的连杆沿中点切开,形成如图 5.13 所示的多肢墙计算的基本体系。

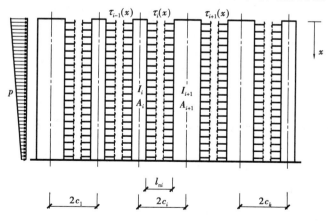

图 5.13　多肢墙的基本体系

同双肢剪力墙一样,连梁的反弯点仍在中点,第 i 跨连梁跨中切口处的内力仅有剪力集度 $\tau_i(x)$。由每一个切口处的竖向相对位移为零的变形协调条件,均可建立微分方程。与双肢

墙不同的是,在建立第 i 个切口处协调方程时,除考虑 $\tau_i(x)$ 的影响,还要考虑 $\tau_{i-1}(x)$,$\tau_{i+1}(x)$ 对位移的影响。

与双肢墙不同,如果多肢墙共有 $k+1$ 个墙肢,即有 k 跨连梁,则每层将会建立 k 个微分方程,也就是一个微分方程组。为便于求解,可将每层的 k 个微分方程叠加,设各跨连梁切口处未知力之和 $\sum_{i=1}^{k} m_i(x) = m(x)$ 为未知量,待求出每层的 $m(x)$ 后,再按比例求出每层每跨的 $m_i(x)$,然后分配到各跨连梁,最后利用平衡条件便可求得各墙肢的弯矩、轴力和各跨连梁的弯矩、剪力。

下面按步骤列出联肢墙的主要计算公式,式中几何尺寸及截面几何参数符号同前;公式中凡未特殊注明者,双肢墙取 $k=1$。

1)计算几何参数

首先计算出各墙肢截面 A_i,I_i 及连梁截面的 A_{bi},I_{bi},然后计算下列各参数:

(1)连梁折算惯性矩

$$I_{bi}^0 = \frac{I_{bi}}{1 + \frac{12\mu E I_{bi}}{GA_{bi}l_i^2}} = \frac{I_{bi}}{1 + \frac{3\mu E I_{bi}}{GA_{bi}a_i^2}} \tag{5.61}$$

(2)连梁刚度

$$D_i = \frac{2I_{bi}^0 (2c_i)^2}{l_i^3} = \frac{I_{bi}^0 c_i^2}{a_i^3} \tag{5.62}$$

式中 a_i——第 i 列连梁计算跨度的一半,$a_i = \dfrac{l_i}{2} = \dfrac{l_{ni}}{2} + \dfrac{h_{bi}}{4}$;

$2c_i$——第 i 列连梁两侧墙肢形心轴之间的距离。

(3)梁墙刚度比参数

$$\alpha_1^2 = \frac{6H^2}{h\sum\limits_{i=1}^{k} I_i} \sum_{i=1}^{k} D_i \tag{5.63}$$

(4)墙肢轴向变形影响系数

①双肢墙:

$$T = \frac{\alpha_1^2}{\alpha^2} = \frac{I_A}{I} = \frac{A_1 y_1^2 + A_2 y_2^2}{I} \tag{5.64}$$

②多肢墙:由于多肢墙中计算墙肢轴向变形的影响比较困难,T 值采用表 5.6 中近似值代替。

表 5.6 多肢墙轴向变形影响系数 T

墙肢数目	3～4 肢	5～7 肢	8 肢以上
T	0.80	0.85	0.90

（5）整体性系数

$$\alpha = \frac{\alpha_1^2}{T} \tag{5.65}$$

（6）剪切影响系数

$$\gamma^2 = \frac{E \sum_{i=1}^{k+1} I_i}{H^2 G \sum_{i=1}^{k+1} \frac{A_i}{\mu_i}} \tag{5.66}$$

式中　μ_i——第 i 墙肢截面剪应力不均匀系数，根据各个墙肢截面形状确定。

当墙的 $H/B \geqslant 4$ 时，可取 $\gamma = 0$。

2）计算墙肢等效刚度

三种荷载下多肢剪力墙的等效抗弯刚度 EI_{eq} 分别为：

$$EI_{eq} = \begin{cases} \dfrac{E \sum_{i=1}^{k+1} I_i}{1 + 3.64\gamma^2 - T + \psi_\alpha T} & \text{（倒三角分布荷载）} \\[3mm] \dfrac{E \sum_{i=1}^{k+1} I_i}{1 + 4\gamma^2 - T + \psi_\alpha T} & \text{（均布荷载）} \\[3mm] \dfrac{E \sum_{i=1}^{k+1} I_i}{1 + 3\gamma^2 - T + \psi_\alpha T} & \text{（顶部集中荷载）} \end{cases} \tag{5.67}$$

3）计算连梁的约束弯矩 $m(\xi)$

与双肢墙的计算步骤相同，首先根据多肢墙的相对坐标 ξ 及整体性系数 α，由附表 5 至附表 7 查出三种常见荷载下的 $\varphi(\xi)$ 值；然后计算得到 j 层的总约束弯矩 $m_j(\xi)$，即

$$m_j(\xi) = \varphi(\xi) V_0 T h_j \tag{5.68}$$

4）计算连梁内力

多肢墙有多跨连梁，必须按比例将每层连梁的总约束弯矩分配给每跨连梁，故首先计算连梁约束弯矩分配系数 η_i，而双肢墙仅有一跨连梁不必计算。

多肢墙连梁约束弯矩分配系数 η_i 的主要影响因素有以下两方面：

①各连梁的刚度系数 D_i。D_i 值越大的梁，分配到的约束弯矩越大，η_i 值就越大，反之亦然。

②各连梁跨中位置的剪力集度 $\tau_i(x)$。跨中 $\tau_i(x)$ 值较大的梁，分配到的约束弯矩越大，η_i 值就越大，反之亦然。

连梁跨中的剪应力分布规律与连梁的位置，即连梁的竖向位置 $\xi = x/H$ 和水平位置 r_i/B（图 5.14）有关，还与墙体的整体性系数 α 有关。试验表明，靠近墙中部剪应力较大，靠近墙两侧剪应力较小；底层部分剪应力沿水平方向变化不大，高层部分中间大两端小的变化较明显。此外，从墙的整体性看，当整体性较差时，即 $\alpha \to 0$，剪应力沿水平方向呈均匀分布；当整

体性较好时,即 $\alpha \to \infty$,剪应力沿水平方向呈抛物线分布,两端为 0,中间最大(矩形截面为平均值的 1.5 倍);当 $0 < \alpha < \infty$ 时,剪应力分布介于两者之间。同一层各跨连梁剪应力的分布图形如图 5.14 所示。

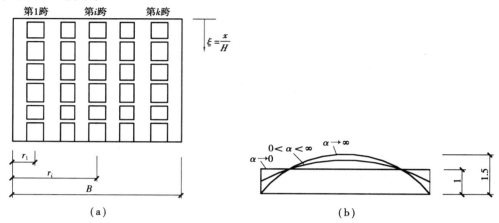

图 5.14 多肢墙连梁的剪力分布示意图

由上述分析可得出多肢墙连梁约束弯矩分配系数 η_i 的计算公式为:

$$\eta_i = \frac{D_i \varphi_i}{\sum_{i=1}^{k} D_i \varphi_i} \tag{5.69}$$

$$\varphi_i = \frac{1}{1 + \frac{\alpha}{4}}\left[1 + 1.5\alpha \frac{r_i}{B}\left(1 - \frac{r_i}{B}\right)\right] \tag{5.70}$$

式中　φ_i——多肢墙连梁约束弯矩分布系数,可根据 r_i/B 和 α 由表 5.7 直接查得;

　　　r_i——第 i 跨连梁中点距墙边的距离,如图 5.14 所示;

　　　B——多肢墙总宽度;

　　　α——墙体的整体性系数。

表 5.7　约束弯矩分布系数 φ_i

r_i/B α	0.00 1.00	0.05 0.95	0.10 0.90	0.15 0.85	0.20 0.80	0.25 0.75	0.30 0.70	0.35 0.65	0.40 0.60	0.45 0.55	0.50 0.50
0.0	1.000	1.000	1.000	1.000	1.000	1.000	1.000	1.000	1.000	1.000	1.000
0.4	0.903	0.934	0.958	0.978	0.996	1.011	1.023	1.033	1.040	1.044	1.045
0.8	0.833	0.880	0.923	0.960	0.993	1.020	1.043	1.060	1.073	1.080	1.083
1.2	0.769	0.835	0.893	0.945	0.990	1.028	1.060	1.084	1.101	1.111	1.115
1.6	0.714	0.795	0.868	0.932	0.988	1.035	1.074	1.104	1.125	1.138	1.142
2.0	0.666	0.761	0.846	0.921	0.986	1.041	1.086	1.121	1.146	1.161	1.166
2.4	0.625	0.731	0.827	0.911	0.985	1.046	1.097	1.136	1.165	1.181	1.187
2.8	0.588	0.705	0.810	0.903	0.983	1.051	1.107	1.150	1.181	1.199	1.205

r_i/B α	0.00 1.00	0.05 0.95	0.10 0.90	0.15 0.85	0.20 0.80	0.25 0.75	0.30 0.70	0.35 0.65	0.40 0.60	0.45 0.55	0.50 0.50
3.2	0.555	0.682	0.795	0.895	0.982	1.055	1.115	1.162	1.195	1.215	1.222
3.6	0.525	0.661	0.782	0.888	0.981	1.059	1.123	1.172	1.208	1.229	1.236
4.0	0.500	0.642	0.770	0.882	0.980	1.062	1.130	1.182	1.220	1.242	1.250
4.4	0.476	0.625	0.759	0.876	0.979	1.065	1.136	1.191	1.230	1.254	1.261
4.8	0.454	0.610	0.749	0.871	0.978	1.068	1.141	1.199	1.240	1.264	1.272
5.2	0.434	0.595	0.739	0.867	0.977	1.070	1.146	1.206	1.240	1.274	1.282
5.6	0.416	0.582	0.731	0.862	0.976	1.072	1.151	1.212	1.256	1.282	1.291
6.0	0.400	0.571	0.724	0.859	0.975	1.075	1.156	1.219	1.264	1.291	1.300
6.4	0.384	0.560	0.716	0.855	0.975	1.076	1.160	1.224	1.270	1.298	1.307
6.8	0.370	0.549	0.710	0.852	0.974	1.078	1.163	1.229	1.277	1.305	1.314
7.2	0.357	0.540	0.701	0.848	0.974	1.080	1.167	1.234	1.282	1.311	1.321
7.6	0.344	0.531	0.698	0.846	0.973	1.081	1.170	1.239	1.288	1.317	1.327
8.0	0.333	0.523	0.693	0.843	0.973	1.083	1.173	1.243	1.293	1.323	1.333
12.0	0.250	0.463	0.655	0.823	0.969	1.093	1.195	1.273	1.330	1.363	1.375
16.0	0.200	0.428	0.632	0.811	0.967	1.100	1.208	1.292	1.352	1.388	1.400
20.0	0.166	0.404	0.616	0.804	0.966	1.104	1.216	1.304	1.366	1.404	1.416

j 层第 i 跨连梁的约束弯矩：

$$m_{ji}(\xi) = \eta_i m_j(\xi) = \eta_i \varphi(\xi) V_0 T h_j \tag{5.71}$$

j 层第 i 跨连梁的剪力：

$$V_{bji} = \frac{1}{2c_i} m_{ji}(\xi) \tag{5.72}$$

梁端弯矩：

$$M_{bji} = V_{bji} \frac{l_{ni}}{2} \tag{5.73}$$

5）计算墙肢轴力

由于 j 层墙肢的轴力为 j 层以上的连梁剪力之和，故有：

j 层第 1 肢墙轴力：

$$N_{j1} = \sum_{j=j}^{n} V_{bj1} \qquad (5.74a)$$

j 层第 i 肢墙轴力：

$$N_{ji} = \sum_{j=j}^{n} (V_{bji} - V_{b,j,i-1}) \qquad (5.74b)$$

j 层第 $k+1$ 肢墙轴力：

$$N_{j,k+1} = \sum_{j=j}^{n} V_{bjk} \qquad (5.74c)$$

6）计算墙肢弯矩及剪力

由基本假定可知，墙肢的弯矩按其刚度进行分配。由平衡可得 j 层各墙肢弯矩为：

$$M_{ji} = \frac{I_i}{\sum\limits_{i=1}^{k+1} I_i} \left(M_{Pj} - \sum_{k=j}^{n} m_k \right) \qquad (5.75)$$

j 层各墙肢的剪力近似按各墙肢的折算惯性矩进行分配：

$$V_{ji} = \frac{I_i^0}{\sum\limits_{i=1}^{k+1} I_i^0} V_{Pj} \qquad (5.76)$$

$$I_i^0 = \frac{I_i}{1 + \dfrac{12\mu E I_i}{G A_i h^2}} (i = 1,2,\cdots,k+1) \qquad (5.77)$$

式中　M_{Pj}，V_{Pj}——水平荷载在 j 层截面处的总弯矩和总剪力；

I_i^0——考虑剪切变形影响后第 i 肢墙的等效惯性矩。

7）计算顶点位移

三种常见荷载下多肢墙的顶点位移公式与双肢墙一样，仍为：

$$\Delta = \begin{cases} \dfrac{11}{60} \dfrac{V_0 H^3}{EI_{eq}} & （倒三角分布荷载） \\[2mm] \dfrac{1}{8} \dfrac{V_0 H^3}{EI_{eq}} & （均布荷载） \\[2mm] \dfrac{1}{3} \dfrac{V_0 H^3}{EI_{eq}} & （顶部集中荷载） \end{cases} \qquad (5.78)$$

三种荷载下多肢剪力墙的等效抗弯刚度 EI_{eq} 按式（5.67）计算。

5.5 　剪力墙类型的判别

▶ 5.5.1 　按整体性系数来划分

由式（5.63）、式（5.65）可知，联肢墙的梁墙刚度比参数：

$$\alpha_1^2 = \frac{6H^2}{h\sum_{i=1}^{k+1} I_i} \sum_{i=1}^{k} D_i$$

整体性系数：

$$\alpha = \frac{\alpha_1^2}{T}$$

式中　T——墙肢轴向变形影响系数；

　　　D_i——连梁的刚度系数，是衡量连梁转动刚度的依据，其值越大，连梁的转动刚度也越大，连梁对墙肢的约束作用也就越大；

　　　$\sum I_i$——剪力墙墙肢惯性矩之和，反映剪力墙本身的刚度。

剪力墙的整体性程度如何，主要取决于连梁与墙肢两者之间的相对关系，即取决于 α。当剪力墙的门窗洞口很大，连梁的刚度很小而墙肢的刚度又相对较大时，α 值就小，这表明连梁对墙肢的约束作用很小，连梁犹如铰接于墙肢的一个连杆，每一墙肢相当于一个单肢剪力墙，这些单肢剪力墙完全承担水平荷载，墙肢中的轴力为零，各墙肢横截面上的正应力呈线性分布。

反之，当剪力墙开洞很小，连梁的刚度很大而墙肢的刚度相对较小时，连梁对墙肢的约束作用很强，整个剪力墙的整体性很好。此时，剪力墙犹如一片整体墙或整体小开口墙，在整个剪力墙的截面中正应力呈线性分布或接近于线性分布。

当连梁对墙肢的约束作用介于上述两种情况之间时，它的受力状态也介于上述两种情况之间，这时整个剪力墙截面正应力不再呈线性分布，墙肢中局部弯曲正应力的比例增大。

由上述分析，可以对剪力墙类型的判别给出一个定性的标准：

①当 $\alpha < 1$ 时，可以忽略连梁对墙肢的约束作用，剪力墙按独立墙肢进行计算；

②当 $\alpha \geq 10$ 时，连梁对剪力墙的约束作用很强，剪力墙可按整体小开口墙进行计算；

③当 $1 \leq \alpha < 10$ 时，可按联肢墙进行计算。

上述剪力墙的类型判别标准只是一个定性标准，并非唯一标准。

▶ 5.5.2　按墙肢惯性矩比值来划分

整体性系数 α 反映了剪力墙整体性的强弱，但不能反映出墙肢弯矩沿高度方向是否出现反弯点，因此在某些情况下，仅靠 α 值的大小还不足以完全判别剪力墙的类型。计算分析表明，墙肢是否出现反弯点，与墙肢惯性矩的比值 I_A/I、剪力墙的整体性参数 α 及结构的层数 n 等诸多因素有关。依据对墙肢是否出现反弯点的分析，表 5.8 给出了 I_A/I 的限值 Z，作为剪力墙类型判别的第二个准则。这里，I 为剪力墙对组合截面形心轴的惯性矩，而 $I_A = I - \sum I_i$，式中 I_i 为第 i 个墙肢对自身形心轴的惯性矩。

当各墙肢和连梁都比较均匀时，可查表 5.8 得出 Z 值。当各墙肢截面尺寸相差较大时，可由表 5.9 先查得 S 值，再按式(5.79)计算得出第 i 个墙肢的 Z_i 值：

$$Z_i = \frac{1}{S}\left(1 - \frac{3}{2n}\frac{\dfrac{A_i}{\sum A_i}}{\dfrac{I_i}{\sum I_i}}\right) \qquad (5.79)$$

表 5.8　系数 Z

荷　载	均布荷载					倒三角形荷载				
层数 n α	8	10	12	16	20	8	10	12	16	20
10	0.832	0.897	0.945	1.000	1.000	0.887	0.938	0.974	1.000	1.000
12	0.810	0.874	0.926	0.978	1.000	0.867	0.915	0.950	0.994	1.000
14	0.797	0.858	0.901	0.957	0.993	0.853	0.901	0.933	0.976	1.000
16	0.788	0.847	0.888	0.943	0.977	0.844	0.889	0.924	0.963	0.989
18	0.781	0.838	0.879	0.932	0.965	0.837	0.881	0.913	0.953	0.978
20	0.775	0.832	0.871	0.923	0.956	0.832	0.875	0.906	0.945	0.970
22	0.771	0.827	0.864	0.917	0.948	0.828	0.871	0.901	0.939	0.964
24	0.768	0.823	0.861	0.911	0.943	0.825	0.867	0.897	0.935	0.959
26	0.766	0.820	0.857	0.907	0.937	0.822	0.864	0.893	0.931	0.956
28	0.763	0.818	0.854	0.903	0.934	0.820	0.861	0.889	0.928	0.953
≥30	0.762	0.815	0.853	0.900	0.930	0.818	0.858	0.885	0.925	0.949

表 5.9　系数 S

层数 n α	8	10	12	16	20
10	0.915	0.907	0.890	0.888	0.882
12	0.937	0.929	0.921	0.912	0.906
14	0.952	0.945	0.938	0.929	0.923
16	0.963	0.956	0.950	0.941	0.936
18	0.971	0.965	0.959	0.951	0.945
20	0.977	0.973	0.966	0.958	0.953
22	0.982	0.976	0.971	0.964	0.960
24	0.985	0.980	0.976	0.969	0.965
26	0.988	0.984	0.980	0.973	0.968
28	0.991	0.987	0.984	0.976	0.971
≥30	0.993	0.991	0.998	0.979	0.974

▶ ### 5.5.3 剪力墙类型的判别方法

由上述分析知道,可以从剪力墙的整体性及墙肢沿高度是否出现反弯点两个主要特征来对剪力墙的类型进行判别。

①整体墙的判别条件:无洞口或有洞口而洞口面积小于墙总立面面积的16%。

②整体小开口墙的判别条件:$\alpha \geq 10$,且 $I_A/I \leq Z$。

③联肢墙的判别条件:$1 \leq \alpha < 10$,且 $I_A/I \leq Z$。当 $\alpha < 1$ 时,忽略连梁对墙肢的约束作用,剪力墙各墙肢按独立墙肢分别计算。

④壁式框架的判别条件:$\alpha \geq 10$,且 $I_A/I > Z$。

5.6 壁式框架的计算

▶ ### 5.6.1 计算简图及计算方法

当剪力墙的洞口尺寸较大,连梁的刚度接近或大于洞口侧墙肢的刚度时,在水平荷载作用下,大部分墙肢会出现反弯点,剪力墙的受力性能已接近框架,在梁、墙肢相交部分形成面积大、变形小的刚性区域,故可以把梁、墙肢简化为杆端带刚域的变截面杆件。假定刚域部分没有任何弹性变形,因此称为带刚域框架,也称为壁式框架,其计算简图如图5.15所示。

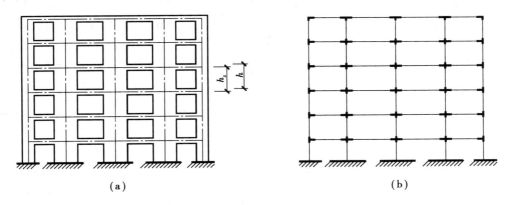

(a)   (b)

图5.15 壁式框架计算简图

壁式框架取连梁和墙肢的形心线作为梁柱的轴线。两层梁之间的距离为 h_z。h_z 与层高 h 不一定相等,但将其简化为 $h_z = h$。

刚域长度的计算方法如图5.16所示。

梁的刚域长度为:

$$\begin{cases} d_{b1} = a_1 - \dfrac{h_b}{4} \\ d_{b2} = a_2 - \dfrac{h_b}{4} \end{cases} \quad (5.80)$$

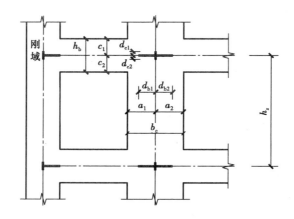

图 5.16 刚域长度

柱的刚域长度为：

$$\begin{cases} d_{c1} = c_1 - \dfrac{b_c}{4} \\[2mm] d_{c2} = c_2 - \dfrac{b_c}{4} \end{cases} \qquad (5.81)$$

式中　h_b, b_c——梁高和柱宽。

当计算的刚域长度小于 0 时，则刚域长度取为 0。

计算壁式框架内力和位移的方法有下面两种：

①用杆件有限元矩阵位移法计算，且在程序计算时，可考虑杆件的弯曲变形、剪切变形及轴向变形。

②用修正的 D 值法计算。沿用 D 值法不考虑柱轴向变形的基本假定，通过修正杆件刚度来考虑梁、柱的剪切变形。利用普通框架的 D 值法及其相应的表格确定反弯点高度，是一种较方便的近似计算方法，适合于手算。

▶ 5.6.2　壁式框架柱的 D 值计算

普通框架中的杆件按两端固定的等截面杆考虑，当不考虑剪切变形时，两端各转动一单位转角（$\theta_1 = \theta_2 = 1$），需施加的杆端弯矩 $m_{12} = m_{21} = 6i$，i 为杆件的线刚度。

壁式框架的梁、柱与普通框架的一般杆件的主要区别在于：杆端有刚域；杆件截面尺寸大，必须考虑剪切变形。因此，可利用等截面杆的刚度系数，推导在节点处有单位转角时的杆端弯矩。

如图 5.17 所示为梁端带刚域的杆 AB，总长度为 l，其中两端刚域长度分别为 al 和 bl（a, b 为刚域长度系数）。取出杆的无刚域部分 $A'B'$ 为脱离体，当 A, B 两端分别发生单位转角时，直杆 $A'B'$ 除在 A', B' 处有单位转角外，还有由线位移 al 和 bl 产生的转角 $\dfrac{al+bl}{l'}$。故直杆 $A'B'$ 的转角是：

$$1 + \frac{al+bl}{l'} = \frac{1}{1-a-b}$$

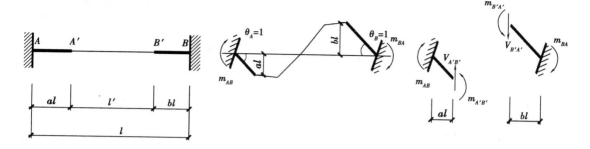

图 5.17 带刚域杆件的转角与内力

由该转角产生的 $A'B'$ 杆杆端弯矩为：

$$m_{A'B'} = m_{B'A'} = \frac{6EI}{(1+\beta)l'}\left(\frac{1}{1-a-b}\right) = \frac{6EI}{(1+\beta)(1-a-b)^2 l}$$

杆端剪力为：

$$V_{A'B'} = V_{B'A'} = \frac{mA'B' + mB'A'}{l'} = \frac{12EI}{(1+\beta)(1-a-b)^3 l^2}$$

由脱离体的力矩平衡关系，可得到 AB 杆的杆端弯矩：

$$m_{AB} = m_{A'B'} + V_{A'B'}al = \frac{6EI(1+a-b)}{(1+\beta)(1-a-b)^3 l} = 6ic \tag{5.82}$$

$$m_{BA} = m_{B'A'} + V_{B'A'}bl = \frac{6EI(1-a+b)}{(1+\beta)(1-a-b)^3 l} = 6ic' \tag{5.83}$$

$$m = m_{AB} + m_{BA} = \frac{12EI}{(1+\beta)(1-a-b)^3 l} = 12i\frac{c+c'}{2} \tag{5.84}$$

$$\left.\begin{array}{l} c = \dfrac{1+a-b}{(1-a-b)^3(1+\beta)} \\[2mm] c' = \dfrac{1-a+b}{(1-a-b)^3(1+\beta)} \\[2mm] i = \dfrac{EI}{l} \\[2mm] \beta = \dfrac{12\mu EI}{GAl'^2} \end{array}\right\} \tag{5.85}$$

式中　β——剪切影响系数；

　　　μ——剪切不均匀系数；

　　　a, b——刚域长度系数。

壁式框架中用杆件修正刚度 k 代替梁的线刚度 i_b，壁式框架梁取 $k = ci_b$ 或 $c'i_b$，壁式框架柱取为 $k_c = \dfrac{c+c'}{2}i_c$（i_c 为无刚域柱的线刚度）。带刚域框架柱的抗侧刚度 D 值为：

$$D = \alpha\frac{12k_c}{h^2} = \alpha\frac{12}{h^2}\frac{c+c'}{2}i \tag{5.86}$$

式中，柱刚度修正系数 α 的计算见表 5.10。

表 5.10　壁式框架柱的 α 计算

楼层	简　图	K	α
一般层	① $k_2=ci_2$　$k_c=\dfrac{c+c'}{2}i_c$　$k_4=ci_4$　　② $k_1=c'i_1$ $k_2=ci_2$　$k_c=\dfrac{c+c'}{2}i_c$　$k_3=c'i_3$ $k_4=ci_4$	情况① $$K=\dfrac{k_2+k_4}{2k_c}$$ 情况② $$K=\dfrac{k_1+k_2+k_3+k_4}{2k_c}$$	$\alpha=\dfrac{K}{2+K}$
底层	① $k_2=ci_2$　$k_c=\dfrac{c+c'}{2}i_c$　　② $k_1=c'i_1$ $k_2=ci_2$　$k_c=\dfrac{c+c'}{2}i_c$	情况① $$K=\dfrac{k_2}{k_c}$$ 情况② $$K=\dfrac{k_1+k_2}{k_c}$$	$\alpha=\dfrac{0.5+K}{2+K}$

注: k_1, k_2, k_3, k_4——修正后梁的线刚度; k_c——修正后柱的线刚度。

▶ 5.6.3　壁式框架柱的反弯点高度

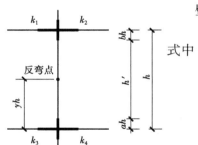

图 5.18　带刚域柱的
反弯点高度

壁式框架柱的反弯点高度系数为(图 5.18):

$$y = a + sy_n + y_1 + y_2 + y_3 \tag{5.87}$$

式中　a——柱下端刚域长度与总柱高的比值;

　　　s——无刚域部分柱高与总柱高的比值, $s=h'/h=1-a-b$;

　　　y_n——标准反弯点高度比,由普通框架在均布荷载及倒三角分布荷载下各层柱标准反弯点高度比的计算表格中查得。查表时, K 值用 K' 代替。 K' 按式(5.88)计算

$$K' = s^2\frac{k_1+k_2+k_3+k_4}{2i_c} \tag{5.88}$$

y_1——上下梁刚度变化时的修正值,由 K' 及 α_1 查普通框架的相应表格得到:

$$\alpha_1 = \frac{k_1+k_2}{k_3+k_4} \quad 或 \quad \alpha_1 = \frac{k_3+k_4}{k_1+k_2}$$

y_2——上层层高变化时的修正值,由 K' 及 α_2 查普通框架的相应表格得到, $\alpha_2=h_上/h$;

y_3——下层层高变化时的修正值,由 K' 及 α_3 查普通框架的相应表格得到, $\alpha_3=h_下/h$。

壁式框架的楼层剪力在各柱间的分配、柱端弯矩的计算,梁端弯矩、剪力的计算,柱轴力的计算,以及框架侧移的计算,均与普通框架相同,仅需将修正后的杆件刚度替代原杆件刚度即可。

5.7 截面设计及构造要求

▶ 5.7.1 底部加强部位的规定及内力设计值的调整

①抗震设计时,剪力墙底部加强部位的范围应符合下列规定:

a. 底部加强部位的高度应从地下室顶板算起;

b. 底部加强部位的高度可取底部两层和墙体总高度的 1/10 二者的较大值,部分框支剪力墙结构底部加强部位的高度应从地下室顶板算起,宜取至转换层以上两层且不宜小于房屋高度的 1/10;

c. 当结构计算嵌固端位于地下一层地板或以下时,底部加强部位宜延伸到计算嵌固端。

②底部加强部位剪力墙截面的剪力设计值,一、二、三级时应按式(5.89)调整,9 度一级剪力墙应按式(5.90)调整;二、三级的其他部位及四级时可不调整。

$$V = \eta_{vw} V_w \tag{5.89}$$

$$V = 1.1 \frac{M_{wua}}{M_w} V_w \tag{5.90}$$

式中　V——底部加强部位剪力墙截面剪力设计值;

　　　V_w——底部加强部位剪力墙截面考虑地震作用组合的剪力计算值;

　　　M_{wua}——剪力墙正截面受弯承载力,应考虑承载力抗震调整系数 γ_{RE}、采用实配纵筋面积、材料强度标准值和组合的轴力设计值等计算,有翼墙时应计入墙两侧各 1 倍翼墙厚度范围内的纵向钢筋;

　　　M_w——底部加强部位剪力墙底截面弯矩的组合计算值;

　　　η_{vw}——剪力增大系数,一级取 1.6,二级取 1.4,三级取 1.2。

③一级剪力墙的底部加强部位以上部位,墙肢的组合弯矩设计值和组合剪力设计值应乘以增大系数,弯矩增大系数可取为 1.2,剪力增大系数可取为 1.3。

④抗震设计的双肢剪力墙,其墙肢不宜出现小偏心受拉;当任一墙肢为偏心受拉时,应将另一墙肢的弯矩设计值及剪力设计值乘以增大系数 1.25。

▶ 5.7.2 墙肢正截面承载力计算

1)偏心受压墙肢正截面承载力

矩形、T 形、工字形截面偏心受压剪力墙(图 5.19)的正截面受压承载力可按现行国家标准《混凝土结构设计规范》(GB 50010—2010,2015 年版)的有关规定计算,也可按下列公式进行计算:

$$N \leqslant \frac{1}{\gamma_{RE}} (A'_s f'_y - A_s \sigma_s - N_{sw} + N_c) \tag{5.91}$$

$$N(e_0 + h_{w0} - \frac{h_w}{2}) \leqslant \frac{1}{\gamma_{RE}} [A'_s f'_y (h_{w0} - a'_s) - M_{sw} + M_c] \tag{5.92}$$

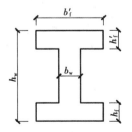

图 5.19　截面尺寸

若 $x > h_{\text{f}}'$ 时：

$$N_{\text{c}} = \alpha_1 f_{\text{c}} b_{\text{w}} x + \alpha_1 f_{\text{c}} (b_{\text{f}}' - b_{\text{w}}) h_{\text{f}}' \tag{5.93}$$

$$M_{\text{c}} = \alpha_1 f_{\text{c}} b_{\text{w}} x \left(h_{\text{w0}} - \frac{x}{2} \right) + \alpha_1 f_{\text{c}} (b_{\text{f}}' - b_{\text{w}}) h_{\text{f}}' \left(h_{\text{w0}} - \frac{h_{\text{f}}'}{2} \right) \tag{5.94}$$

若 $x \leqslant h_{\text{f}}'$ 时：

$$N_{\text{c}} = \alpha_1 f_{\text{c}} b_{\text{f}}' x \tag{5.95}$$

$$M_{\text{c}} = \alpha_1 f_{\text{c}} b_{\text{f}}' x \left(h_{\text{w0}} - \frac{x}{2} \right) \tag{5.96}$$

当 $x \leqslant \xi_{\text{b}} h_{\text{w0}}$（墙肢为大偏心受压）时：

$$\sigma_{\text{s}} = f_{\text{y}} \tag{5.97}$$

$$N_{\text{sw}} = (h_{\text{w0}} - 1.5x) b_{\text{w}} f_{\text{yw}} \rho_{\text{w}} \tag{5.98}$$

$$M_{\text{sw}} = \frac{1}{2} (h_{\text{w0}} - 1.5x)^2 b_{\text{w}} f_{\text{yw}} \rho_{\text{w}} \tag{5.99}$$

当 $x > \xi_{\text{b}} h_{\text{w0}}$（墙肢为小偏心受压）时：

$$\sigma_{\text{s}} = \frac{f_{\text{y}}}{\xi_{\text{b}} - 0.8} \left(\frac{x}{h_{\text{w0}}} - \beta_1 \right) \tag{5.100}$$

$$N_{\text{sw}} = 0 \tag{5.101}$$

$$M_{\text{sw}} = 0 \tag{5.102}$$

$$\xi_{\text{b}} = \frac{\beta_1}{1 + \dfrac{f_{\text{y}}}{E_{\text{s}} \varepsilon_{\text{cu}}}} \tag{5.103}$$

式中　N, M——组合的轴向压力和弯矩设计值。

e_0——偏心矩，$e_0 = M/N$。

$f_{\text{y}}, f_{\text{y}}', f_{\text{yw}}$——分别为墙肢端部受拉、受压钢筋和竖向分布钢筋的强度设计值。

f_{c}——混凝土轴心抗压强度设计值。

ρ_{w}——墙肢竖向分布钢筋配筋率。

ξ_{b}——界限相对受压区高度。

$A_{\text{s}}, A_{\text{s}}'$——墙肢端部受拉、受压钢筋截面积。

x——受压区高度。

γ_{RE}——承载力抗震调整系数，取 0.85。

α_1——受压区混凝土矩形应力图的应力与混凝土轴心抗压强度设计值的比值。当混凝土强度等级不超过 C50 时取 1.0；混凝土强度等级为 C80 时取 0.94；混凝土强度等级在 C50 与 C80 之间时，按线性内插取值。

β_1——系数，其值随混凝土强度提高而逐渐降低。当混凝土强度等级不超过 C50 时取 0.8；混凝土强度等级为 C80 时取 0.74；混凝土强度等级在 C50 与 C80 之间时，按线性内插取值。

ε_{cu}——混凝土极限压应变，按《混凝土结构设计规范》（GB 50010—2010，2015 年版）的

规定采用。

$b'_\mathrm{f},h'_\mathrm{f}$——T 形或工字形截面受压区翼缘宽度、高度。

h_w0——墙肢截面有效高度，$h_\mathrm{w0}=h_\mathrm{w}-a'_\mathrm{s}$。

a'_s——墙肢受压区端部钢筋合力点到受压区边缘的距离。

2)矩形截面偏心受拉墙肢的正截面承载力

矩形截面偏心受拉墙肢的正截面承载力可按式(5.104)至式(5.106)近似计算：

$$N \leqslant \frac{1}{\gamma_\mathrm{RE}}\left(\frac{1}{\dfrac{1}{N_\mathrm{0u}}+\dfrac{e_0}{M_\mathrm{wu}}}\right) \qquad (5.104)$$

$$N_\mathrm{0u} = 2A_\mathrm{s}f_\mathrm{y} + A_\mathrm{sw}f_\mathrm{yw} \qquad (5.105)$$

$$M_\mathrm{wu} = A_\mathrm{s}f_\mathrm{y}(h_\mathrm{w0}-a'_\mathrm{s}) + A_\mathrm{sw}f_\mathrm{yw}\frac{h_\mathrm{w0}-a'_\mathrm{s}}{2} \qquad (5.106)$$

式中　A_sw——墙肢腹板竖向分布钢筋的全部截面面积。

对于地震设计状况，上述式(5.91)至式(5.104)中承载力抗震调整系数 $\gamma_\mathrm{RE}=0.85$；对于不考虑地震作用组合的永久和短暂设计状况，式(5.91)至式(5.104)中 $\gamma_\mathrm{RE}=1$，并取 N,M 为无地震作用时的墙肢组合轴向压力与弯矩设计值。

▶ 5.7.3　墙肢斜截面承载力计算

1)剪力墙墙肢截面剪力设计值的规定

①永久、短暂设计状况

$$V \leqslant 0.25\beta_\mathrm{c}f_\mathrm{c}b_\mathrm{w}h_\mathrm{w0} \qquad (5.107)$$

②地震设计状况

剪跨比 $\lambda > 2.5$ 时：

$$V \leqslant \frac{1}{\gamma_\mathrm{RE}}(0.2\beta_\mathrm{c}f_\mathrm{c}b_\mathrm{w}h_\mathrm{w0}) \qquad (5.108)$$

剪跨比 $\lambda \leqslant 2.5$ 时：

$$V \leqslant \frac{1}{\gamma_\mathrm{RE}}(0.15\beta_\mathrm{c}f_\mathrm{c}b_\mathrm{w}h_\mathrm{w0}) \qquad (5.109)$$

剪跨比可按式(5.110)计算：

$$\lambda = \frac{M^\mathrm{c}}{V^\mathrm{c}h_\mathrm{w0}} \qquad (5.110)$$

式中　V——墙肢组合剪力设计值，抗震设计时应取调整后的剪力设计值。

　　　β_c——混凝土强度影响系数，混凝土强度等级不大于 C50 时取 1.0；混凝土强度等级为 C80 时取 0.8；混凝土强度等级在 C50 和 C80 之间时，按线性内插取值。

　　　γ_RE——承载力抗震调整系数，取 0.85。

　　　λ——剪跨比，其中 $M^\mathrm{c},V^\mathrm{c}$ 应取同一组合的、未按规范有关规定调整的墙肢截面弯矩、剪力设计值，并取墙肢上下端截面计算的剪跨比的较大值。

2）偏心受压剪力墙的斜截面受剪承载力计算

（1）永久、短暂设计状况

$$V \leqslant \frac{1}{\lambda - 0.5}\left(0.5f_t b_w h_{w0} + 0.13N\frac{A_w}{A}\right) + f_{yh}\frac{A_{sh}}{s}h_{w0} \tag{5.111}$$

（2）地震设计状况

$$V \leqslant \frac{1}{\gamma_{RE}}\left[\frac{1}{\lambda - 0.5}\left(0.4f_t b_w h_{w0} + 0.1N\frac{A_w}{A}\right) + 0.8f_{yh}\frac{A_{sh}}{s}h_{w0}\right] \tag{5.112}$$

式中　V——墙肢计算截面处组合剪力设计值；

　　　N——墙肢组合轴向压力设计值，当 $N > 0.2f_c b_w h_w$ 时，取 $N = 0.2f_c b_w h_w$；

　　　A——墙肢截面面积；

　　　A_w——T形、工字形截面墙肢腹板的面积，矩形截面墙肢 $A_w = A$；

　　　λ——墙肢计算截面处的剪跨比，$\lambda < 1.5$ 时取 $\lambda = 1.5$，$\lambda > 2.2$ 时取 $\lambda = 2.2$；计算截面与墙底之间距离小于 $0.5h_{w0}$ 时，λ 应按距墙底 $0.5h_{w0}$ 处的组合弯矩值和剪力值计算；

　　　A_{sh}——墙肢水平分布钢筋截面面积；

　　　s——墙肢水平分布钢筋间距；

　　　f_{yh}——墙肢水平分布钢筋抗拉强度设计值；

　　　γ_{RE}——承载力抗震调整系数，取 0.85；

　　　f_t——混凝土轴心抗拉强度设计值。

3）偏心受拉剪力墙的斜截面受剪承载力计算

（1）永久、短暂设计状况

$$V \leqslant \frac{1}{\lambda - 0.5}\left(0.5f_t b_w h_{w0} - 0.13N\frac{A_w}{A}\right) + f_{yh}\frac{A_{sh}}{s}h_{w0} \tag{5.113}$$

若上式右端的计算值小于 $f_{yh}\dfrac{A_{sh}}{s}h_{w0}$，取等于 $f_{yh}\dfrac{A_{sh}}{s}h_{w0}$。

（2）地震设计状况

$$V \leqslant \frac{1}{\gamma_{RE}}\left[\frac{1}{\lambda - 0.5}\left(0.4f_t b_w h_{w0} - 0.1N\frac{A_w}{A}\right) + 0.8f_{yh}\frac{A_{sh}}{s}h_{w0}\right] \tag{5.114}$$

若上式右端方括号内的计算值小于 $0.8f_{yh}\dfrac{A_{sh}}{s}h_{w0}$，取等于 $0.8f_{yh}\dfrac{A_{sh}}{s}h_{w0}$。

▶ 5.7.4　水平施工缝抗滑移能力验算

按一级抗震等级设计的剪力墙，其水平施工缝处的抗滑移应符合下列要求：

$$V_{wj} \leqslant \frac{1}{\gamma_{RE}}(0.6f_y A_s + 0.8N) \tag{5.115}$$

式中　V_{wj}——水平施工缝处组合剪力设计值；

　　　N——水平施工缝处组合的不利轴向力设计值，压力取正值，拉力取负值；

　　　A_s——水平施工缝处剪力墙腹板内竖向分布钢筋、竖向插筋和边缘构件（不包括两侧翼墙）纵向钢筋的总截面面积；

γ_{RE}——承载力抗震调整系数,取 0.85。

▶ **5.7.5 连梁的计算**

剪力墙中的连梁受到弯矩、剪力和轴力的共同作用,由于轴力较小可以忽略,所以可按受弯构件设计。

1)正截面受弯承载力

剪力墙承受水平荷载作用时,连梁两端均承受同方向的弯矩作用,故连梁通常采用上下对称配筋($A_s = A_s'$)。由于受压区高度很小,通常采用简化计算公式。

考虑地震作用时,连梁正截面承载力可按式(5.116)进行验算:

$$M_b \leqslant \frac{1}{\gamma_{RE}} [f_y A_s (h_b - a_s - a_s')] \tag{5.116}$$

式中 M_b——连梁承受的组合弯矩设计值;

   h_b——连梁截面高度。

对于不考虑地震作用的永久、短暂设计状况,可取上式中 $\gamma_{RE} = 1$。

2)连梁剪力设计值的规定

①非抗震设计以及四级剪力墙的连梁,应分别取考虑水平风荷载、水平地震作用组合的剪力设计值。

②一、二、三级剪力墙的连梁,其梁端截面组合的剪力设计值应按式(5.117)确定。9 度时一级剪力墙的连梁按式(5.118)确定。

$$V = \eta_{vb} \frac{M_b^l + M_b^r}{l_n} + V_{Gb} \tag{5.117}$$

$$V = \frac{1.1(M_{bua}^l + M_{bua}^r)}{l_n} + V_{Gb} \tag{5.118}$$

式中 V——梁端截面组合剪力设计值;

   l_n——连梁的净跨;

   V_{Gb}——在重力荷载代表值作用下,按简支梁计算的梁端截面剪力设计值;

   M_{bua}^l, M_{bua}^r——分别表示连梁左右端顺时针或逆时针方向实配的抗震受弯承载力所对应的弯矩值,应按实配钢筋面积(计入受压钢筋)和材料强度标准值并考虑承载力抗震调整系数计算;

   M_b^l, M_b^r——分别表示连梁左右端顺时针或逆时针方向组合弯矩设计值;

   η_{vb}——连梁剪力增大系数,一级取 1.3,二级取 1.2,三级取 1.1。

③连梁截面剪力设计值应符合下列规定:

a. 永久、短暂设计状况

$$V \leqslant 0.25 \beta_c f_c b_b h_{b0} \tag{5.119}$$

b. 地震设计状况

跨高比 $\lambda > 2.5$ 时:

$$V \leqslant \frac{1}{\gamma_{RE}}(0.2\beta_c f_c b_b h_{b0}) \tag{5.120}$$

跨高比 $\lambda \leqslant 2.5$ 时:

$$V \leqslant \frac{1}{\gamma_{RE}}(0.15\beta_c f_c b_b h_{b0}) \tag{5.121}$$

式中 V——连梁剪力设计值,应按上述第②条规定采用调整后的连梁截面剪力设计值;

b_b, h_{b0}——连梁截面宽度、有效高度;

β_c——混凝土强度影响系数。

3)斜截面受剪承载力

（1）永久、短暂设计状况

$$V_b \leqslant 0.7 f_t b_b h_{b0} + f_{yv}\frac{A_{sv}}{s}h_{b0} \tag{5.122}$$

（2）地震设计状况

连梁跨高比 $\frac{l_0}{h_b} > 2.5$ 时:

$$V_b \leqslant \frac{1}{\gamma_{RE}}\left(0.42 f_t b_b h_{b0} + f_{yv}\frac{A_{sv}}{s}h_{b0}\right) \tag{5.123}$$

连梁跨高比 $\frac{l_0}{h_b} \leqslant 2.5$ 时:

$$V_b \leqslant \frac{1}{\gamma_{RE}}\left(0.38 f_t b_b h_{b0} + 0.9 f_{yv}\frac{A_{sv}}{s}h_{b0}\right) \tag{5.124}$$

式中 b_b, h_{b0}——连梁截面宽度、有效高度;

γ_{RE}——承载力抗震调整系数,取 0.85;

V_b——连梁截面剪力设计值,应采用调整后的连梁截面剪力设计值。

▶ 5.7.6 墙肢与连梁的构造要求

1)墙肢的构造要求

①《高层规程》中有关剪力墙的截面厚度的规定如下:

a. 一、二级剪力墙截面的厚度:底部加强部位不应小于 200 mm,其他部位不应小于 160 mm;一字形独立剪力墙底部加强部位不应小于 220 mm,其他部位不应小于 180 mm。

b. 三、四级剪力墙截面的厚度:不应小于 160 mm,一字形独立剪力墙底部加强部位尚不应小于 180 mm。

c. 非抗震设计时不应小于 160 mm。

d. 剪力墙井筒中,分隔电梯井或管道井的墙肢截面厚度可适当减小,但不宜小于 160 mm。

此外,剪力墙截面厚度应符合《高层规程》附录 D 的墙体稳定验算要求。

剪力墙结构在《抗震规范》中称为抗震墙结构,因此剪力墙的厚度还应符合抗震墙厚度的相关要求。

②矩形截面独立墙肢的截面高度 h_w 不宜小于截面厚度 b_w 的4倍;当 h_w/b_w 不大于4时,宜按框架柱进行截面设计。

③墙肢轴压比。重力荷载代表值作用下,一、二、三级剪力墙墙肢的轴压比不宜超过表5.11的限值。

表5.11 剪力墙墙肢轴压比限值

抗震等级	一级(9度)	一级(6,7,8度)	二级、三级
轴压比限值	0.4	0.5	0.6

注:墙肢轴压比是指重力荷载代表值作用下墙肢承受的轴压力设计值与墙肢的全截面面积和混凝土轴心抗压强度设计值乘积之比值。

④高层剪力墙结构的竖向和水平分布钢筋不应单排布置。剪力墙截面厚度不大于400 mm 时,可采用双排配筋;大于400 mm 但不大于700 mm 时,宜采用三排配筋;大于700 mm 时,宜采用四排配筋。墙肢纵向受力钢筋可均匀分成数排配置在边缘构件内。各排分布钢筋之间拉筋的间距不应大于600 mm,直径不应小于6 mm。

⑤剪力墙边缘构件。剪力墙两端和洞口两侧设置的暗柱、端柱、翼墙等称为剪力墙边缘构件。边缘构件可分为约束边缘构件与构造边缘构件。

一、二、三级剪力墙底层墙肢底截面的轴压比大于表5.12的规定值时,以及部分框支剪力墙结构的剪力墙,应在底部加强部位及相邻的上一层设置约束边缘构件。

表5.12 剪力墙可不设约束边缘构件的最大轴压比

等级或烈度	一级(9度)	一级(6,7,8度)	二级、三级
轴压比	0.1	0.2	0.3

一、二、三级剪力墙底层墙肢底截面的轴压比不大于表5.12的规定值时,四级剪力墙和非抗震设计的剪力墙,其墙肢端部应设置构造边缘构件。

B 级高度高层建筑的剪力墙,宜在约束边缘构件层与构造边缘构件层之间设置1~2层过渡层,过渡层边缘构件的箍筋配置要求可低于约束边缘构件的要求,但应高于构造边缘构件的要求。

a. 约束边缘构件的设置要求:剪力墙的约束边缘构件可为暗柱、端柱和翼柱,如图5.20所示。图5.20中,约束边缘构件沿墙肢的长度 l_c 与箍筋配箍特征值 λ_v 应符合表5.13的要求。按一、二级抗震等级设计的剪力墙,其边缘构件箍筋直径不应小于8 mm,间距不应大于100 mm 与150 mm。箍筋的体积配箍率 ρ_v 应按下式计算:

$$\rho_v = \lambda_v \frac{f_c}{f_{yv}} \qquad (5.125)$$

式中　　ρ_v——箍筋体积配箍率。可计入箍筋、拉筋以及符合构造要求的水平分布钢筋,计入的水平分布钢筋的体积配箍率不应大于总体积配箍率的30%。

　　　　f_c——混凝土轴心抗压强度设计值。混凝土强度等级低于 C35 时,应取 C35 的混凝土轴心抗压强度设计值。

f_{yv}——箍筋、拉筋或水平分布钢筋的抗拉强度设计值。

λ_v——约束边缘构件配箍特征值,详见表 5.13。

表 5.13　约束边缘构件沿墙肢的长度 l_c 及其配箍特征值 λ_v

项　目	一级(9 度)		一级(6,7,8 度)		二、三级	
	$\mu_N \leqslant 0.2$	$\mu_N > 0.2$	$\mu_N \leqslant 0.3$	$\mu_N > 0.36$	$\mu_N \leqslant 0.4$	$\mu_N > 0.4$
l_c(暗柱)	$0.20h_w$	$0.25h_w$	$0.15h_w$	$0.20h_w$	$0.15h_w$	$0.20h_w$
l_c(翼墙或端柱)	$0.15h_w$	$0.20h_w$	$0.10h_w$	$0.15h_w$	$0.10h_w$	$0.15h_w$
λ_v	0.12	0.20	0.12	0.20	0.12	0.20

注:①μ_N 为墙肢在重力荷载代表值作用下的轴压比,h_w 为剪力墙墙肢长度。

②剪力墙的翼墙长度小于翼墙厚度的 3 倍或短柱截面边长小于 2 倍墙厚时,按无翼墙、无端柱查表。

③l_c 为约束边缘构件沿墙肢的长度。对暗柱不应小于墙厚和 400 mm 的较大值;有翼墙或端柱时,不应小于翼墙厚度或端柱沿墙肢方向截面高度加 300 mm。

剪力墙约束边缘构件阴影部分(图 5.20)的竖向钢筋除应满足正截面受压(受拉)承载力计算要求外,其配筋率一、二、三级时分别不应小于 1.2%,1.0% 和 1.0%,并分别不应小于 $8\phi16,6\phi16$ 和 $6\phi14$ 的钢筋。

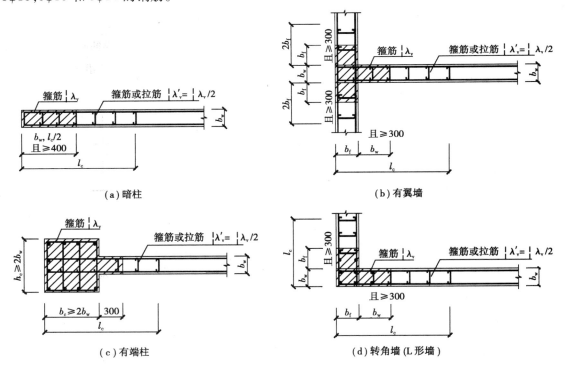

图 5.20　剪力墙的约束边缘构件

约束边缘构件内箍筋或拉筋沿竖向的间距,一级不宜大于 100 mm,二、三级不宜大于 150 mm;箍筋、拉筋沿水平方向的肢距不宜大于 300 mm,不应大于竖向钢筋间距的 2 倍。

b. 构造边缘构件设置要求:剪力墙构造边缘构件的范围以及计算纵向钢筋用量所使用的

截面面积 A_c 宜按图 5.21 中阴影部分采用,其最小配筋应满足表 5.14 规定,并应符合下列规定:

- 竖向配筋应满足正截面受压(受拉)承载力计算的要求。
- 当端柱承受集中荷载时,其竖向钢筋、箍筋直径和间距应满足框架柱的相应要求。
- 箍筋、拉筋沿水平方向的肢距不宜大于 300 mm,不应大于竖向钢筋间距的 2 倍。
- 抗震设计时,对于连体结构、错层结构以及 B 级高度高层建筑中的剪力墙(筒体),其构造边缘构件的竖向钢筋最小量应比表 5.14 中的数值提高 $0.001A_c$;箍筋的配筋范围宜取图 5.21 中的阴影部分,其配箍特征值不宜小于 0.1。

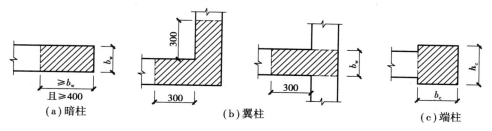

图 5.21 剪力墙的构造边缘构件

表 5.14 剪力墙构造边缘构件的最小配筋要求

抗震等级	底部加强部位			其他部位		
	竖向钢筋最小量(取较大值)	箍 筋		竖向钢筋最小量(取较大值)	箍筋或拉筋	
		最小直径/mm	沿竖向最大间距/mm		最小直径/mm	沿竖向最大间距/mm
一级	$0.010A_c$,$6\phi16$	8	100	$0.008A_c$,$6\phi14$	8	150
二级	$0.008A_c$,$6\phi14$	8	150	$0.006A_c$,$6\phi12$	8	200
三级	$0.006A_c$,$6\phi12$	6	150	$0.005A_c$,$4\phi12$	6	200
四级	$0.005A_c$,$4\phi12$	6	200	$0.004A_c$,$4\phi12$	6	250

注:①A_c 为构造边缘构件的截面面积,即图 5.21 中剪力墙截面的阴影部分;

②符号 ϕ 表示钢筋直径;

③其他部位的转角处宜采用箍筋。

- 非抗震设计的剪力墙,墙肢端部应配置不少于 $4\phi12$ 的纵向钢筋,箍筋直径不应小于 6 mm、间距不宜大于 250 mm。

⑥墙肢分布钢筋的配置应符合下列要求:

a. 剪力墙竖向与水平分布钢筋的配筋率,一、二、三级时不应小于 0.25%,四级和非抗震设计时均不应小于 0.20%;

b. 剪力墙竖向与水平分布钢筋的间距均不宜大于 300 mm,直径不应小于 8 mm,也不宜大于墙厚度的 1/10;

c. 房屋顶层剪力墙、长矩形平面房屋的楼梯间和电梯间剪力墙、端开间的纵向剪力墙、端山墙的水平与竖向分布钢筋的配筋率不应小于 0.25%,间距不应大于 200 mm。

⑦剪力墙的钢筋锚固与连接。

a. 非抗震设计时,剪力墙纵向钢筋最小锚固长度应取 l_a;抗震设计时,剪力墙纵向钢筋最小锚固长度应取 l_{aE}。l_a,l_{aE} 分别表示非抗震设计与抗震设计时受拉钢筋最小锚固长度。

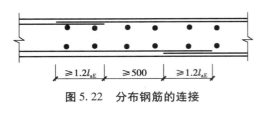

图 5.22　分布钢筋的连接

b. 剪力墙竖向与水平分布钢筋的搭接连接如图 5.22 所示。一、二级剪力墙的底部加强部位,接头位置应错开,同一截面连接的钢筋数量不宜超过总数量的 50%,错开净距不宜小于 500 mm;其他情况剪力墙的钢筋可在同一截面连接。分布钢筋的搭接长度,非抗震设计时不应小于 $1.2l_a$,抗震设计时不应小于 l_{aE}。

c. 暗柱与端柱内纵向钢筋的连接和锚固要求宜与框架柱相同,并符合《高层规程》的有关规定。

2）短肢剪力墙的有关规定

①短肢剪力墙是指截面厚度不大于 300 mm、各肢截面高度与厚度之比的最大值大于 4 但不大于 8 的剪力墙。具有较多短肢剪力墙的剪力墙结构,是指在规定的水平地震作用下,短肢剪力墙承担的底部倾覆力矩不小于结构底部总地震倾覆力矩的 30% 的剪力墙结构。

②抗震设计时,高层建筑结构不应全部采用短肢剪力墙;B 级高度高层建筑和一级抗震设防烈度为 9 度的 A 级高度高层建筑,不宜布置短肢剪力墙,不应采用具有较多短肢剪力墙的剪力墙结构。当采用具有较多短肢剪力墙的剪力墙结构时,应符合下列规定:

a. 在规定的水平地震作用下,短肢剪力墙承担的底部倾覆力矩不宜大于底部总地震倾覆力矩的 50%;

b. 房屋适用高度应比规范规定的剪力墙结构的最大适用高度适当降低,7 度、8 度(0.2g)和 8 度(0.3g)时分别不应大于 100 m,80 m 和 60 m。

③抗震设计时,短肢剪力墙的设计应符合下列规定:

a. 短肢剪力墙截面厚度除符合一般剪力墙的规定外,底部加强部位不应小于 200 mm,其他部位尚不应小于 180 mm。

b. 一、二、三级短肢剪力墙的轴压比分别不宜大于 0.45,0.5,0.55,一字形截面短肢剪力墙的轴压比限值应相应减少 0.1。

c. 短肢剪力墙的底部加强部位应按式(5.89)和式(5.90)调整剪力设计值,其他各层一、二、三级时剪力设计值应分别乘以增大系数 1.4,1.2,1.1。

d. 短肢剪力墙边缘构件的设置应符合规范的有关规定,详见第 1)条中所述。

e. 短肢剪力墙的全部竖向钢筋的配筋率,底部加强部位一、二级不宜小于 1.2%,三、四级不宜小于 1.0%;其他部位一、二级不宜小于 1.0%,三、四级不宜小于 0.8%。

f. 不宜采用一字形短肢剪力墙,不宜在一字形短肢剪力墙上布置平面外与之相交的单侧楼面梁。

3）连梁的构造要求

①跨高比(l/h_b)不大于 1.5 的连梁,非抗震设计时,其纵向钢筋的最小配筋率可取

0.2%;抗震设计时,其纵向钢筋的最小配筋率宜符合表5.15的要求。跨高比大于1.5的连梁,其纵向钢筋的最小配筋率可按框架梁的要求采用。

表5.15 跨高比(l/h_b)不大于1.5的连梁其纵向钢筋的最小配筋率

跨高比	最小配筋率(采用较大值)/%
$l/h_b \leqslant 0.5$	$0.20,45f_t/f_y$
$0.5 < l/h_b \leqslant 1.5$	$0.25,55f_t/f_y$

②剪力墙连梁中,非抗震设计时,顶面及底面单侧纵向钢筋的最大配筋率不宜大于2.5%;抗震设计时,顶面及底面单侧纵向钢筋的最大配筋率宜符合表5.16的要求。如不满足,则应按实配钢筋进行连梁强剪弱弯的验算。

表5.16 连梁纵向钢筋的最大配筋率

跨高比	最大配筋率/%
$l/h_b \leqslant 1.0$	0.6
$1 < l/h_b \leqslant 2.0$	1.2
$2 < l/h_b \leqslant 2.5$	0.5

③连梁的配筋(图5.23)构造应符合下列规定:

a.连梁顶面、底面纵向受力钢筋伸入墙肢的长度,抗震设计时不应小于l_{aE};非抗震设计时不应小于l_a,且均不应小于600 mm。

b.抗震设计时,沿连梁全长箍筋的构造应符合框架梁端箍筋加密区的箍筋构造要求;非抗震设计时,沿连梁全长箍筋直径不应小于6 mm,间距不应大于150 mm。

c.顶层连梁纵向水平钢筋伸入墙肢的长度范围内应配置间距不大于150 mm的构造箍筋,箍筋直径应与该连梁箍筋直径相同。

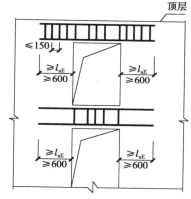

图5.23 连梁配筋构造示意
(非抗震设计时图中l_{aE}应取l_a)

d.连梁范围内的墙肢水平分布钢筋应在连梁内拉通作为连梁的腰筋。连梁截面高度大于700 mm时,其两侧面腰筋的直径不应小于8 mm,间距不应大于200 mm。跨高比不大于2.5的连梁,其两侧腰筋的面积配筋率不应小于0.3%。

4)剪力墙开小洞口和连梁开洞时的构造要求

①剪力墙开有边长小于800 mm的小洞口,且在结构整体计算中不考虑其影响,应在洞口上、下和左、右配置补强钢筋,补强钢筋的直径不应小于12 mm,截面面积应分别不小于被截断的水平分布钢筋和竖向分布钢筋的面积[图5.24(a)]。

②穿过连梁的管道宜预埋套管,洞口上、下的有效高度不宜小于梁高的1/3,且不宜小于200 mm;被洞口削弱的截面应进行承载力验算,洞口处应配置补强纵向钢筋和箍筋,补强纵向

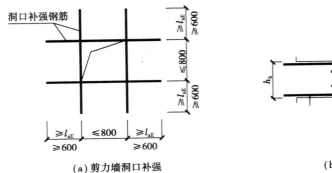

（a）剪力墙洞口补强 　　　　　　　　　　　（b）连梁洞口补强

图 5.24　洞口补强配筋示意（非抗震设计时图中 l_{aE} 应取 l_a）

钢筋的直径不应小于 12 mm［图 5.24（b）］。

【例 5.4】　有一矩形截面剪力墙，总高 $H = 50$ m，$b_w = 250$ mm，$h_w = 6\ 000$ mm，抗震等级二级。纵筋 HRB400 级，$f_y = 360$ N/mm²；箍筋 HPB300 级，$f_{yv} = 270$ N/mm²；C30，$f_c = 14.3$ N/mm²，$f_t = 1.43$ N/mm²，$\xi_b = 0.55$。竖向分布钢筋为双排 $\Phi 10@200$ mm。地震设计状况下墙肢底部截面的组合弯矩设计值 $M = 18\ 000$ kN·m，轴力设计值 $N = 3\ 200$ kN；重力荷载代表值作用下墙肢的轴向压力设计值为 5 275 kN。请验算轴压比，并计算纵向钢筋（对称配筋）。

【解】　（1）验算轴压比

$$\frac{N}{f_c b_w h_w} = \frac{5\ 275 \times 10^3}{14.3 \times 250 \times 6\ 000} = 0.246 < 0.6，满足要求。$$

（2）计算纵向钢筋

根据《高层规程》的有关规定，纵向钢筋配筋范围沿墙腹方向的长度为：

$$\left.\begin{array}{l} b_w = 250 \text{ mm} \\[6pt] \dfrac{l_c}{2} = \dfrac{0.2 h_w}{2} = \dfrac{0.2 \times 6\ 000 \text{ mm}}{2} = 600 \text{ mm} \end{array}\right\} \text{取最大值为 } 600 \text{ mm}$$

纵向钢筋合力点到近边缘的距离：$a'_s = \dfrac{600 \text{ mm}}{2} = 300$ mm

剪力墙截面的有效高度：$h_{w0} = h_w - a'_s = 6\ 000 \text{ mm} - 300 \text{ mm} = 5\ 700 \text{ mm}$

（3）剪力墙竖向分布钢筋配筋率

$$\rho_w = \frac{n A_{sv}}{bs} \times 100\% = \frac{2 \times 78.5}{250 \times 200} \times 100\% = 0.314\% > 0.25\%$$

假定 $x \leqslant \xi_b h_0$，即 $\sigma_s = f_y$。又因 $A_s = A'_s$，故 $f'_y A'_s - \sigma_s A_s = 0$，应用公式：

$$\left.\begin{array}{l} N \leqslant \dfrac{1}{\gamma_{RE}}(f'_y A'_s - \sigma_s A_s - N_{sw} + N_c) \\[6pt] N_c = \alpha_1 f_c bx = 1.0 \times 14.3 \times 250x = 3\ 575x \\[6pt] N_{sw} = (h_{w0} - 1.5x) b_w f_{yw} \rho_w \\[6pt] \quad = (5\ 700 - 1.5x) \times 250 \times 270 \times 0.314\% = 1\ 208\ 115 - 317.925x \end{array}\right\} \text{三式合并得：}$$

$$3\ 200 \times 10^3 = \frac{1}{0.85}(0 - 1\ 208\ 115 + 317.925x + 3\ 575x)$$

计算得:$x = 1\ 009$ mm $< \xi_b h_{w0} = 0.518 \times 5\ 700$ mm $= 2\ 593$ mm(与原假定吻合)

由公式:

$$M_c = \alpha_1 f_c b_w x \left(h_{w0} - \frac{x}{2} \right) = 1.0 \times 14.3 \times 250 \times 1\ 009 \times (5\ 700 - 1\ 009/2)\,\text{N}\cdot\text{mm} = 1.874\ 1 \times 10^{10}\,\text{N}\cdot\text{mm}$$

$$M_{sw} = \frac{1}{2}(h_{w0} - 1.5x)^2 b_w f_{yw} \rho_w = \frac{1}{2} \times (5\ 700 - 1.5x)^2 \times 250 \times 270 \times 0.314\%\,\text{N}\cdot\text{mm} = 1.857\ 4 \times 10^9\,\text{N}\cdot\text{mm}$$

$$e_0 = \frac{M}{N} = \frac{18\ 000 \times 10^6}{3\ 200 \times 10^3} = 5\ 625\ \text{mm}$$

再应用公式:

$$N\left(e_0 + h_{w0} - \frac{h_w}{2} \right) = \left[A'_s f'_y (h_{w0} - a'_s) - M_{sw} + M_c \right] / \gamma_{RE}$$

得:

$$A_s = A'_s = \frac{\gamma_{RE} N \left(e_0 + h_{w0} - \dfrac{h_w}{2} \right) + M_{sw} - M_c}{f'_y (h_{w0} - a'_s)}$$

$$= \frac{0.85 \times 3\ 200 \times 10^3 \times \left(5\ 625 + 5\ 700 - \dfrac{6\ 000}{2} \right) + 1.857\ 4 \times 109 - 1.874\ 1 \times 10^{10}}{300 \times (5\ 700 - 300)}\ \text{mm}^2$$

$$= 3\ 556\ \text{mm}^2$$

5.8 剪力墙结构设计实例

▶ 5.8.1 工程概况

本工程为 12 层现浇钢筋混凝土剪力墙结构高层住宅,丙类建筑。层高 3.0 m,主体结构高度 36 m,出屋面电梯机房层高 4.2 m,总高 40.2 m。每层 4 户,A 型建筑面积为 104.5 m²,B 型建筑面积为 97.8 m²,总建筑面积为 4 898 m²。

该工程地处南方某城市近郊,抗震设防烈度为 8 度,设计地震分组为第一组,建筑场地类别为 II 类,结构抗震等级为二级。

该工程的建筑标准层平面图、结构标准层平面图如图 5.25、图 5.26 所示。

▶ 5.8.2 主体结构布置及剪力墙截面选择

本工程采用纵横墙混合承重剪力墙结构(部分为短肢剪力墙),楼板厚为 120 mm,剪力墙的门洞高均为 2.4 m,窗洞高 1.5 m,窗台高出楼面标高 0.9 m。内部房间的隔墙为 190 mm 厚加气混凝土填充墙。

根据《混凝土结构设计规范》(GB 50010—2010,2015 年版)的有关规定,剪力墙截面厚度定为 200 mm,采用双层配筋。混凝土强度等级选用 C30($f_c = 14.3$ N/mm²,$f_t = 1.43$ N/mm²,$E_c = 3.0 \times 10^4$ N/mm²)。

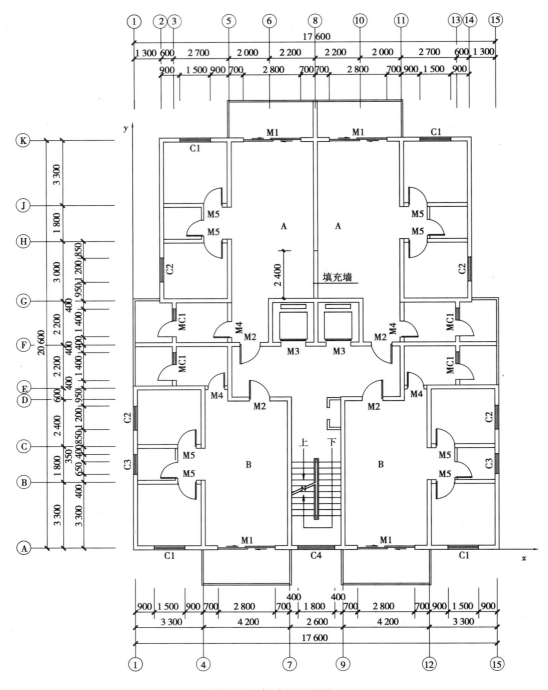

图 5.25　标准层平面图

▶ 5.8.3　结构总等效刚度计算

在抗震验算时,对结构的 x,y 两个方向都应进行分析计算,因 x,y 两个方向的计算方法相同,所以本算例只进行 y 方向计算,x 方向的计算从略。

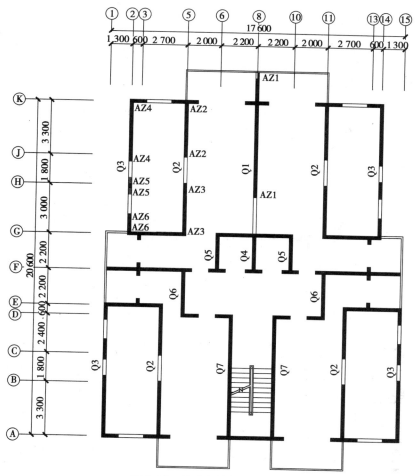

图 5.26　标准层结构布置图

y 方向剪力墙共 16 片,其中剪力墙 Q1,Q4,Q5,Q6,Q7 为实体墙;Q2,Q3 为开洞墙。剪力墙有效翼缘宽度根据表 5.1 确定。

(1)剪力墙 Q1(图 5.27)等效刚度计算

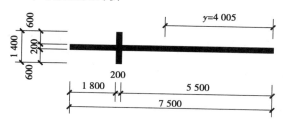

图 5.27　剪力墙 Q1

截面面积:$A_w = 0.20 \times (1.8 + 1.4 + 5.5)\ \mathrm{m}^2 = 1.74\ \mathrm{m}^2$

截面形心:$y = \left[0.6 \times 2 \times 0.2 \times (5.5 + 0.1) + 7.5 \times 0.2 \times \dfrac{7.5}{2} \right]\ \mathrm{m}^3 / 1.74\ \mathrm{m}^2$

$\qquad = 4.005\ \mathrm{m}$

截面惯性矩：$I_w = \left[\dfrac{1}{12} \times 0.2 \times 7.5^3 + 0.2 \times 7.5 \times \left(4.005 - \dfrac{7.5}{2}\right)^2 + \right.$

$$\left. \dfrac{1}{12} \times 2 \times 0.6 \times 0.2^3 + 2 \times 0.6 \times 0.2 \times (5.6 - 4.005)^2 \right] m^4 = 8.618 \ m^4$$

截面形状系数：由 $b_f / b_w = 1\ 400/200 = 7$，$h_w / b_w = 7\ 500/200 = 37.5$，查表 5.2 得 $\mu = 1.332$。

等效刚度：$E_c I_{eq} = \dfrac{E_c I_w}{1 + \dfrac{q \mu I_w}{A_w H^2}} = \dfrac{3.0 \times 10^7 \times 8.618}{1 + \dfrac{9 \times 1.332 \times 8.618}{1.74 \times 36^2}} \ kN \cdot m^2 = 2.472 \times 10^8 \ kN \cdot m^2$

（2）剪力墙 Q2（图 5.28）等效刚度计算

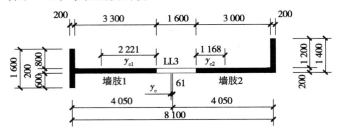

图 5.28　剪力墙 Q2

$\dfrac{孔洞面积}{墙面面积} = \dfrac{1\ 600 \times 2\ 400}{8\ 100 \times 3\ 000} \approx 0.158 < 0.16$，但考虑到洞口成列布置，上、下洞口间的净距为

600 mm，小于孔洞长边 2 400 mm，已形成明显的墙肢和连梁，故应按剪力墙整体系数 α 来确定此开洞剪力墙的类型。

墙肢 1 的截面特性：

$A_{w1} = 0.2 \times (3.3 + 1.6) \ m^2 = 0.98 \ m^2$

$y_{c1} = [0.2 \times 1.6 \times (3.3 + 0.1) + 0.2 \times 3.3 \times 3.3/2] \ m^3 / 0.98 \ m^2 = 2.221 \ m$

$I_{w1} = \left[\dfrac{1}{12} \times 0.2 \times 3.3^3 + 0.2 \times 3.3 \times \left(2.221 - \dfrac{3.3}{2}\right)^2 + \dfrac{1}{12} \times 1.6 \times 0.2^3 + 0.2 \times 1.6 \times \right.$

$$\left. (3.3 + 0.1 - 2.221)^2 \right] m^4 = 1.259 \ m^4$$

墙肢 2 的截面特性：

$A_{w2} = 0.2 \times (3.0 + 1.4) \ m^2 = 0.88 \ m^2$

$y_{c2} = [0.2 \times 3.0 \times 3.0/2 + 0.2 \times 1.4 \times (3.0 + 0.1)] \ m^3 / 0.88 \ m^2 = 2.009 \ m$

$I_{w2} = \left[\dfrac{1}{12} \times 0.2 \times 3.0^3 + 0.2 \times 3.0 \times \left(2.009 - \dfrac{3.0}{2}\right)^2 + \dfrac{1}{12} \times 1.4 \times 0.2^3 + \right.$

$$\left. 0.2 \times 1.4 \times (3.0 + 0.1 - 2.009)^2 \right] m^4 = 0.940 \ m^4$$

墙肢 1，2 形心距：$2c = l_c + y_{c1} + y_{c2} = (1.6 + 2.221 + 2.009) \ m = 5.83 \ m$

组合截面特征：$A_w = A_{w1} + A_{w2} = (0.98 + 0.88) \ m^2 = 1.86 \ m^2$

$y_c = [0.98 \times (4.05 - 3.3 - 0.1 + 2.221) - 0.88 \times (4.05 - 0.1 - 3.0 + 2.009)] \ m^3 / 1.86 \ m^2$
$= 0.113 \ m$

$I = [1.259 + 0.98 \times (4.05 - 3.3 - 0.1 - 0.113 + 2.221)^2 + 0.940 + 0.88 \times (4.05 - 3.0 -$

$$0.1 + 0.113 + 2.009)^2] \text{ m}^4 = 17.958 \text{ m}^4$$

$$I_A = I - (I_{w1} + I_{w2}) = [17.958 - (1.259 + 0.940)] \text{ m}^4 = 15.759 \text{ m}^4$$

连梁 LL3 截面惯性矩：$I_b = 2.0 \times \dfrac{1}{12} \times 0.2 \times 0.6^3 \text{ m}^4 = 0.0072 \text{ m}^4$

计算跨度：$l_b = l_n + \dfrac{h_b}{2} = \left(1.6 + \dfrac{0.6}{2}\right) \text{m} = 1.9 \text{ m}$

连梁 LL3 计入剪变影响的惯性矩（近似取 $G = 0.4E$）：

$$I_b^0 = \frac{I_b}{1 + \dfrac{3\mu E I_b}{G A_b \left(\dfrac{l_b}{2}\right)^2}} = \frac{I_b}{1 + \dfrac{30\mu I_b}{A_b l_b^2}} = \frac{0.0072}{1 + \dfrac{30 \times 1.2 \times 0.0054}{0.2 \times 0.6 \times 1.9^2}} \text{ m}^4 = 0.0045 \text{ m}^4$$

剪力墙整体系数：

$$\alpha = H\sqrt{\frac{6 I_b^0 c^2}{h(I_1 + I_2)\left(\dfrac{l_b}{2}\right)^3} \frac{I}{I_A}} = 36 \times \sqrt{\frac{6 \times 0.0045 \times \left(\dfrac{5.83}{2}\right)^2}{3.0 \times (1.259 + 0.94) \times \left(\dfrac{1.9}{2}\right)^3} \times \frac{17.958}{15.759}}$$

$$= 7.74 < 10$$

$$T = \frac{I_A}{I} = \frac{15.759}{17.958} = 0.878 < Z = 0.974$$

故剪力墙 Q2 的类型为联肢墙。有关剪切参数计算如下（近似取 $G = 0.4E$）：

$$\gamma_1^2 = \frac{E \sum\limits_{i=1}^{k+1} I_i}{H^2 G \sum\limits_{i=1}^{k+1} \dfrac{A_i}{\mu_i}} = \frac{2.5\mu \sum I_i}{H^2 \sum A_i} = \frac{2.5 \times 1.2 \times (1.259 + 0.940)}{36^2 \times 1.86} = 0.00274$$

根据 α 查表 5.5，得 $\psi_\alpha = 0.058$。

轴向变形影响系数 $T = 0.878$，则等效刚度：

$$E_c I_{eq} = \frac{\sum E_c I_i}{1 + 3.64\gamma_1^2 - T + \psi_\alpha T}$$

$$= \frac{3.0 \times 10^7 \times (1.259 + 0.940)}{1 + 3.64 \times 0.00274 - 0.878 + 0.878 \times 0.058} \text{ kN} \cdot \text{m}^2$$

$$= 3.814 \times 10^8 \text{ kN} \cdot \text{m}^2$$

（3）剪力墙 Q3（图 5.29）等效刚度计算

剪力墙 Q3 墙肢 1～3 的有关截面参数计算方法与剪力墙 Q2 类似，此例省略计算过程，计算结果见表 5.17。

$$I_A = I - (I_{w1} + I_{w2} + I_{w3}) = 14.956 \text{ m}^4 - (1.343 + 0.0366 + 0.0443) \text{ m}^4$$

$$= 13.5321 \text{ m}^4$$

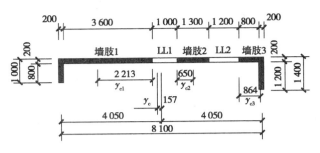

图 5.29　剪力墙 Q3

表 5.17　剪力墙 Q3 的截面参数

截面特征参数	墙肢 1	墙肢 2	墙肢 3	Q3 组合截面
截面面积/m²	0.92	0.26	0.44	1.62
截面形心 y_c/m	2.213	0.65	0.864	0.158
截面惯性矩/m⁴	1 343	0.036 6	0.044 3	14.956

与 Q2 类似,Q3 因开洞已形成明显的墙肢和连梁,故应按剪力墙整体系数 α 来确定类型。

墙肢 1,2 形心距:$2c_1 = (2.213 + 1.0 + 0.65)\text{m} = 3.863\ \text{m}$

墙肢 2,3 形心距:$2c_2 = (0.65 + 1.2 + 0.864)\text{m} = 2.714\ \text{m}$

连梁 LL1 截面惯性矩:$I_{b1} = 1.5 \times \dfrac{1}{12} \times 1.2 \times 0.9^3\ \text{m}^4 = 0.018\ \text{m}^4$

计算跨度:$l_{b1} = l_{c1} + \dfrac{h_b}{2} = \left(1.0 + \dfrac{0.9}{2}\right)\text{m} = 1.45\ \text{m}$

连梁 LL2 截面惯性矩:$I_{b2} = 1.5 \times \dfrac{1}{12} \times 0.2 \times 0.9^3\ \text{m}^4 = 0.018\ \text{m}^4$

计算跨度:$l_{b2} = l_{c2} + \dfrac{h_b}{2} = \left(1.2 + \dfrac{0.9}{2}\right)\text{m} = 1.65\ \text{m}$

连梁 LL1,LL2 计入剪变影响的折算惯性矩:

$$I_{b1}^0 = \cfrac{I_{b1}}{1 + \cfrac{3\mu E I_{b1}}{GA_b\left(\dfrac{l_{b1}}{2}\right)^2}} = \cfrac{I_{b1}}{1 + \cfrac{30\mu I_{b1}}{A_b l_{b1}^2}} = \cfrac{0.018}{1 + \cfrac{30 \times 1.2 \times 0.018}{0.2 \times 0.9 \times 1.45^2}}\ \text{m}^4 = 0.006\ 6\ \text{m}^4$$

$$I_{b2}^0 = \cfrac{I_{b2}}{1 + \cfrac{3\mu E I_{b2}}{GA_b\left(\dfrac{l_{b2}}{2}\right)^2}} = \cfrac{I_{b2}}{1 + \cfrac{30\mu I_{b2}}{A_b l_{b2}^2}} = \cfrac{0.018}{1 + \cfrac{30 \times 1.2 \times 0.018}{0.2 \times 0.9 \times 1.65^2}}\ \text{m}^4 = 0.007\ 8\ \text{m}^4$$

剪力墙整体系数(轴向变形影响系数 T 可查表 5.6):

$$\alpha = H\sqrt{\cfrac{6}{T h \displaystyle\sum_{i=1}^{k+1} I_i} \sum_{i=1}^{k} \cfrac{I_{bi}^0 c_i^2}{\left(\dfrac{l_{bi}}{2}\right)^3}} = H\sqrt{\cfrac{12}{T h \displaystyle\sum_{i=1}^{k+1} I_i} \sum_{i=1}^{k} \cfrac{I_{bi}^0 (2c_i)^2}{(l_{bi})^3}}$$

$$= 36 \times \sqrt{\frac{12}{0.8 \times 3 \times (1.343 + 0.036\,6 + 0.044\,3)}\left(\frac{0.006\,6 \times 3.863^2}{1.45^3} + \frac{0.007\,8 \times 2.714^2}{1.65^3}\right)}$$

$$= 14.3 > 10$$

$$\frac{I_A}{I} = \frac{13.532\,1}{14.956} = 0.905$$

根据层数和 α 查表 5.8,可得 $Z = 0.932$,可见 $I_A/I = 0.905 < Z = 0.932$。

因为 $\alpha > 0$,$I_A/I < Z$,所以剪力墙 Q3 的类型为整体小开口墙。

截面形状系数:

$$\mu = \frac{A}{A_{w0b}} = \frac{1.62 + 0.2 \times 1.0 + 0.2 \times 1.2}{0.2 \times 7.9} = 1.304$$

等效刚度:

$$E_c I_{eq} = \frac{E_c I_w}{1 + \dfrac{9\mu I_w}{A_w H^2}} = \frac{0.8 \times 3.0 \times 10^7 \times 14.956}{1 + \dfrac{9 \times 1.304 \times 0.8 \times 14.956}{1.62 \times 36^2}}\,\text{kN} \cdot \text{m}^2 = 3.364 \times 10^8\ \text{kN} \cdot \text{m}^2$$

式中　系数 0.8——整体小开口墙取组合截面惯性矩的 80%。

(4)剪力墙 Q4,Q5,Q6,Q7 等效刚度计算

剪力墙 Q4,Q5,Q6,Q7 均为整体墙,因篇幅有限,有关参数计算过程从略,计算结果见表 5.18。

(5)y 方向结构总等效刚度

$$\sum E_c I_{eq} = \big[2.472 \times 10^8 + 4 \times (3.814 \times 10^8 + 3\,364 \times 10^8) + 2.573 \times 10^7 +$$
$$2 \times 2.035 \times 10^7 + 2 \times 3.796 \times 10^7 + 2 \times 3.586 \times 10^8\big]\,\text{kN} \cdot \text{m}^2$$
$$= 3.957 \times 10^9\ \text{kN} \cdot \text{m}^2$$

表 5.18　剪力墙 Q4,Q5,Q6,Q7 等效刚度计算

剪力墙编号	计算简图	面积 /m²	惯性矩 /m⁴	等效刚度 /(kN·m²)
Q4		1.08	0.870 6	2.573×10^7
Q5		0.86	0.686 4	2.035×10^7

续表

剪力墙编号	计算简图	面积 /m²	惯性矩 /m⁴	等效刚度 /(kN·m²)
Q6		1.04	1.287	3.796×10^7
Q7		1.90	12.673	3.586×10^8

▶ 5.8.4 重力荷载代表值

本工程楼面恒荷载标准值取 $6.0\ \text{kN/m}^2$（包括内隔墙重），屋面恒荷载标准值取 $6.5\ \text{kN/m}^2$，楼面使用活荷载标准值取 $2.0\ \text{kN/m}^2$，屋面活荷载标准值取 $0.5\ \text{kN/m}^2$。

经计算，各层的重力荷载代表值如下：

第 1~11 层的重力荷载代表值 $G_1 = G_2 = \cdots = G_{11} = 4\ 678\ \text{kN}$

第 12 层的重力荷载代表值 $G_{12} = 4\ 587\ \text{kN}$

第 13 层的重力荷载代表值 $G_{13} = 754\ \text{kN}$

总重力荷载代表值 $G_E = \sum G = 56\ 898\ \text{kN}$

▶ 5.8.5 结构基本自振周期

沿建筑物高度均布重力荷载：

$$q = \frac{56\ 898}{36}\text{kN} = 1\ 580.5\ \text{kN}$$

y 方向结构顶点假想水平位移：

$$u_T = \frac{qH^4}{8\sum E_c I_{eq}} = \frac{1\ 580.5 \times 36^4}{8 \times 3.957 \times 10^9}\text{m} = 0.083\ 86\ \text{m}$$

y 方向结构基本自振周期：

$$T_1 = 1.7\psi_T \sqrt{u_T} = 1.7 \times 1.0 \times \sqrt{0.083\ 86}\ \text{s} = 0.492\ 3\ \text{s}$$

（注：在估算主体结构自振周期时，可不考虑突出屋面电梯机房小塔楼的影响，房屋高度 H 取主体结构的高度。）

▶ **5.8.6 结构整体稳定验算**

由第 3 章式(3.52)可知：

$$2.7H^2 \sum_{i=1}^n G_i = 2.7 \times 40.2^2 \times 56\ 898 \times 1.5\ \text{kN·m}^2 = 3.724 \times 10^8\ \text{kN·m}^2 <$$

$$\sum E_c I_{eq} = 3.957 \times 10^9\ \text{kN·m}^2$$

（注：上式计算中重力荷载设计值 $\sum_{i=1}^n G_i$ 近似取重力荷载代表值 $56\ 898\ \text{kN}$ 的 1.5 倍。）

本例满足刚重比的上限条件，由此可见结构稳定性满足要求，且弹性计算分析时可不考虑重力二阶效应的不利影响。

▶ **5.8.7 水平地震作用计算**

本工程只进行 y 方向水平地震作用的计算，x 方向的计算从略。

（1）总地震作用标准值

本工程为 8 度设防，Ⅱ 类场地，设计地震分组为第一组，场地的特征周期 $T_g = 0.35\ \text{s}$，水平地震影响系数最大值 $\alpha_{max} = 0.16$。

当 $T_g < T_1 \leqslant 5T_g$ 时，水平地震影响系数 $\alpha_1 = \left(\dfrac{T_g}{T_1}\right)^{0.9} \eta_2 \alpha_{max}$。则

$$\alpha_1 = \left(\frac{T_g}{T_1}\right)^{0.9} \eta_2 \alpha_{max} = \left(\frac{0.35}{0.492\ 3}\right)^{0.9} \times 1.0 \times 0.16 = 0.118$$

结构等效总重力荷载标准值：$G_{eq} = 0.85G_E = 0.85 \times 56\ 898\ \text{kN} = 48\ 363\ \text{kN}$

总地震作用标准值：$F_{Ek} = \alpha_1 G_{eq} = 0.118 \times 48\ 363\ \text{kN} = 5\ 707\ \text{kN}$

（2）顶部附加水平地震作用

由于 $T_1 = 0.492\ 3\ \text{s} > 1.4T_g = 1.4 \times 0.35\ \text{s} = 0.49\ \text{s}$，故应考虑顶部附加水平地震作用。

顶部附加水平地震作用标准值：

当 $T_g \leqslant 0.35$，$T_1 > 1.4T_g$ 时，$\delta_n = 0.08T_1 + 0.07 = 0.08 \times 0.492\ 3 + 0.07 = 0.109\ 4$

$$\Delta F_n = \delta_n F_{Ek} = 0.109\ 4 \times 5\ 707\ \text{kN} = 624\ \text{kN}$$

（3）突出屋面电梯机房塔楼（图 5.30）水平地震作用放大系数

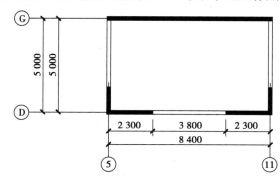

图 5.30 屋面电梯机房结构平面图

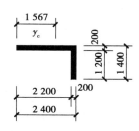

图 5.31 剪力墙 Q8

剪力墙 Q8 计算简图如图 5.31 所示,等效刚度计算过程从略,计算结果如下:

面积 $A_w = 0.72 \text{ m}^2$;惯性矩 $I = 0.360\ 1\ \text{m}^4$;等效刚度为 $1.075 \times 10^7\ \text{kN·m}^2$。

电梯机房塔楼 y 方向等效刚度: $E_c I_{eq} = 2 \times 1.075 \times 10^7\ \text{kN·m}^2 = 2.15 \times 10^7\ \text{kN·m}^2$

标准层总等效刚度: $\sum E_c I_{eq} = 3.957 \times 10^9\ \text{kN·m}^2$

为简化计算,近似取 $\dfrac{K_{13}}{K} = \dfrac{E_c I_{eq}}{\sum E_c I_{eq}} = \dfrac{2.15 \times 10^7}{3.957 \times 10^9} = 0.005\ 4$。

电梯机房重力荷载代表值 $G_{13} = 754\ \text{kN}$,标准层重力荷载平均代表值 $G = 4\ 678\ \text{kN}$, $\dfrac{G_{13}}{G} = \dfrac{754}{4\ 678} = 0.161$。

根据 $\dfrac{K_{13}}{K}$, $\dfrac{G_{13}}{G}$ 及结构基本自振周期 T_1,查表 3.19 可得突出屋面电梯机房水平地震作用增大系数 $\beta_n = 2.3$。

(4)各楼层的水平地震作用

作用在各楼层的水平地震作用按下式计算:

$$F_i = \frac{G_i H_i}{\sum G_i H_i} F_{Ek}(1 - \delta_n)$$

各楼层的水平地震作用见表 5.19(注: $\delta_n = 0.109\ 3$)。

(5)各楼层水平地震作用总剪力和总弯矩

楼层水平地震作用总剪力: $V_i = \sum\limits_{j=i}^{n} F_j$

楼层水平地震作用总弯矩: $M_i = \sum\limits_{j=i}^{n} F_j(H_j - H_{i-1})$

各楼层水平地震作用总剪力和总弯矩见表 5.19。

表 5.19　各楼层的水平地震作用

楼层	G_i/kN	H_i/m	$G_i H_i$	F_i/kN		楼层总剪力 V_i/kN	楼层总弯矩 M_i/(kN·m)
				倒三角形作用	顶部集中作用		
13	754	40.2	30 311	—	137.4	137.4×2.3 $= 315.9$	315.9×4.2 $= 1\ 326.9$
12	4 587	36	165 132	748.3	624	1 509.3	5 105.9
11	4 678	33	154 374	699.6	—	2 166.9	11 733.5
10	4 678	30	140 340	636.0	—	2 844.8	20 269.1
9	4 678	27	126 306	572.4	—	3 417.2	30 522.4

续表

楼层	G_i/kN	H_i/m	G_iH_i	F_i/kN 倒三角形作用	F_i/kN 顶部集中作用	楼层总剪力 V_i/kN	楼层总弯矩 $M_i/(kN \cdot m)$
8	4 678	24	112 272	508.8	—	3 926.0	42 301.5
7	4 678	21	98 238	445.2	—	4 371.1	55 416.1
6	4 678	18	84 204	381.6	—	4 752.7	69 675.4
5	4 678	15	70 170	318.0	—	5 070.7	84 888.6
4	4 678	12	56 136	254.4	—	5 325.1	100 865.0
3	4 678	9	42 102	190.8	—	5 515.9	117 413.8
2	4 678	6	28 068	127.2	—	5 643.0	134 344.1
1	4 678	3	14 034	63.6	—	5 706.6	151 465.3
$\sum G_iH_i = 1\ 121\ 687$				$V_{01} = 5\ 083$	$V_{02} = 761.4$		

5.8.8 地震作用下结构总体水平位移验算

弹性层间位移角验算：

$$\frac{\Delta u}{h} = \frac{V_{01}H^2}{4\sum E_c I_{eq}} + \frac{V_{02}H^2}{2\sum E_c I_{eq}} = \frac{5\ 083 \times 36^2}{4 \times 3.957 \times 10^9} + \frac{624 \times 36^2}{2 \times 3.957 \times 10^9} = 0.000\ 52$$

$$= \frac{1}{1\ 923} < [Q_e] = \frac{1}{1\ 000}（满足规范弹性层间位移角限值的要求）$$

5.8.9 构件内力计算及内力组合

本工程在 y 方向应分别进行 Q1 ~ Q7 的内力计算，本例仅取剪力墙 Q1，Q2，Q3 进行内力计算，其他墙体计算从略。

1）剪力墙 Q1 内力计算及内力组合

（1）剪力墙 Q1 在竖向荷载作用下的内力计算

竖向重力荷载产生的轴力按墙体负载面积估算，或按总竖向荷载引起的墙面上的平均压应力（=总竖向荷载/剪力墙总截面面积）乘以所需计算的剪力墙的截面面积求得，各层轴力见表5.20。

表 5.20　剪力墙 Q1 墙肢内力及内力组合

楼层	x/m	水平荷载产生的内力		重力荷载产生的内力	内力组合		
		弯矩 $M(x)$ /(kN·m)	剪力 $V(x)$ /kN	轴力 N /kN	弯矩 M /(kN·m)	剪力 V /kN	轴力 N /kN
12	36	319.0	94.3	316.4	414.7	122.6	379.6
11	33	733.0	135.4	637.1	952.9	176.0	764.5
10	30	1 266.2	177.7	957.9	1 646.1	231.0	1 149.5
9	27	1 906.8	213.5	1 278.6	2 478.8	277.5	1 534.4
8	24	2 642.6	245.3	1 599.5	3 435.4	318.8	1 919.4
7	21	3 461.9	273.1	1 920.3	4 500.5	355.0	2 304.3
6	18	4 352.7	296.9	2 241.0	5 658.6	386.0	2 689.2
5	15	5 303.1	316.8	2 561.8	6 894.1	411.8	3 074.1
4	12	6 301.2	332.7	2 882.6	8 191.6	432.5	3 459.1
3	9	7 335.0	344.6	3 203.4	9 535.5	448.0	3 844.1
2	6	8 392.7	352.5	3 524.2	10 910.5	458.3	4 229.0
1	3	9 462.3	356.5	3 844.9	12 301.0	463.5	4 613.9

（2）剪力墙 Q1 在水平荷载作用下的内力计算

剪力墙 Q1 为整体墙，墙肢内力可按竖向悬臂受弯构件计算各截面的弯矩及剪力。

该剪力墙在 x 高度处承受的弯矩、剪力，可由外荷载在 x 高度处产生的总弯矩、总剪力按等效刚度的比例 $\dfrac{E_c I_{eq}}{\sum E_c I_{eq}}$ 分配所得。

剪力墙 Q1 在水平荷载作用下产生的内力见表 5.20。

（3）剪力墙 Q1 内力组合

考虑重力荷载及水平地震作用组合，重力荷载作用分项系数 $\gamma_G = 1.2$，水平地震作用分项系数 $\gamma_{Eh} = 1.2$。剪力墙 Q1 墙肢内力组合见表 5.20。

2）剪力墙 Q2 内力计算及组合

（1）剪力墙 Q2 在竖向荷载作用下的内力计算

竖向荷载产生的轴力按墙体负载面积估算，或按总竖向荷载引起的墙面上的平均压应力（＝总竖向荷载/剪力墙总截面面积）乘以所要计算的剪力墙截面面积求得（注：抗震设计时，楼面荷载应按重力荷载代表值的规定采用）。剪力墙各层轴力见表 5.20。

（2）剪力墙 Q2 在水平荷载作用下的内力计算

剪力墙 Q2 为双肢墙。该剪力墙的底部剪力可由底部总剪力按等效刚度进行分配得到。

由 $\dfrac{E_c I_{eq2}}{\sum E_c I_{eq}} = \dfrac{3.814 \times 10^8}{3.957 \times 10^9} = 0.096\,4$，可得：

倒三角分布荷载作用下的底部剪力: $V_{01} = 5\,083 \times 0.096\,4 \text{ kN} = 490 \text{ kN}$

顶部集中荷载作用下的底部剪力: $V_{02} = 761.4 \times 0.096\,4 \text{ kN} = 73.4 \text{ kN}$

剪力墙 Q2 第 i 层由外荷载产生的弯矩，也可以由第 i 层的总弯矩按等效刚度分配得到。

连杆约束弯矩计算公式为式(5.43)，其中 $\varphi(\xi)$ 由附表 5、附表 6 和附表 7 可以查取。其中，$\xi = x/H, m_j = m(\xi)h$。

连梁及墙肢的有关计算详见 5.4 节。

剪力墙 Q2 的连梁、墙肢内力见表 5.21 和表 5.22。

表 5.21　剪力墙 Q2 连梁内力

| 楼层 | ξ | 倒三角形荷载作用($V_{01} = 490$ kN) | | | | | 顶部集中力作用($V_{02} = 73.4$ kN) | | | | |
		$\varphi(\xi)$	m_j /(kN·m)	$\sum m_j$ /(kN·m)	V_{bi} /kN	M_{bi} /(kN·m)	$\varphi(\xi)$	m_j /(kN·m)	$\sum m_j$ /(kN·m)	V_{bi} /kN	M_{bi} /(kN·m)
12	1.00	0.273	176.2	176.2	30.2	24.2	0	0.0	0.0	0.0	0.0
11	0.92	0.372	480.1	656.3	82.4	65.9	0.398	76.9	76.9	13.2	10.6
10	0.83	0.605	780.8	1 437.1	133.9	107.1	0.665	128.6	205.5	22.1	17.6
9	0.75	0.705	909.9	2 347.1	156.1	124.9	0.803	155.2	360.8	26.6	21.3
8	0.67	0.733	946.1	3 293.1	162.3	129.8	0.878	169.7	530.5	29.1	23.3
7	0.58	0.72	929.3	4 222.4	159.4	127.5	0.934	180.6	711.1	31.0	24.8
6	0.5	0.678	875.1	5 097.5	150.1	120.0	0.961	185.2	896.9	31.9	25.5
5	0.42	0.616	795.0	5 892.5	136.4	109.1	0.976	188.7	1 085.6	32.4	25.9
4	0.33	0.528	681.5	6 574.0	116.9	93.5	0.987	190.8	1 276.4	32.7	26.2
3	0.25	0.443	571.8	7 145.7	98.1	78.5	0.992	191.8	1 468.2	32.9	26.3
2	0.17	0.362	467.2	7 613.0	80.1	64.1	0.995	192.4	1 660.6	33.0	26.4
1	0.08	0.285	367.8	7 980.8	63.1	50.5	0.997	192.8	1 853.3	33.1	26.5

表 5.22　剪力墙 Q2 墙肢内力(倒三角形和顶部集中荷载相加)

| 楼层 | 总弯矩 M_i /(kN·m) | 总剪力 V_i /kN | Q2 承受的弯矩 M_{Pi} /(kN·m) | Q2 承受的剪力 V_{Pi} /kN | 墙肢弯矩 /(kN·m) | | 墙肢剪力 /kN | | 墙肢轴力(±) /kN | |
					墙肢1	墙肢2	墙肢1	墙肢2	墙肢1	墙肢2
12	5 105.9	1 509.3	492.1	145.5	180.9	135.1	75.9	69.5	30.2	30.2
11	11 733.5	2 166.9	1 131.0	208.9	227.7	170.0	109.0	99.8	125.8	125.8

续表

楼层	总弯矩 M_i /(kN·m)	总剪力 V_i /kN	Q2承受的弯矩 M_{Pi} /(kN·m)	Q2承受的剪力 V_{Pi} /kN	墙肢弯矩 /(kN·m)		墙肢剪力 /kN		墙肢轴力(±) /kN	
					墙肢1	墙肢2	墙肢1	墙肢2	墙肢1	墙肢2
10	20 269.1	2 844.8	1 953.7	274.2	178.1	132.9	143.1	131.1	281.8	281.8
9	30 522.4	3 417.2	2 941.9	329.4	134.0	100.1	171.9	157.4	464.5	464.5
8	42 301.5	3 926.0	4 077.3	378.4	145.2	108.4	197.5	180.9	655.9	655.9
7	55 416.1	4 371.1	5 341.3	421.3	233.5	174.3	219.9	201.4	846.2	846.2
6	69 675.4	4 752.7	6 715.7	458.1	413.0	308.4	239.1	219.0	1 028.2	1 028.2
5	84 888.6	5 070.7	8 182.1	488.7	689.3	514.7	255.1	233.6	1 196.9	1 196.9
4	100 865.0	5 325.1	9 722.0	513.3	1 071.6	800.1	267.9	245.3	1 346.5	1 346.5
3	117 413.8	5 515.9	11 317.1	531.7	1 547.6	1 155.5	277.5	254.1	1 477.5	1 477.5
2	134 344.1	5 643.0	12 948.9	543.9	2 104.3	1 571.1	283.9	260.0	1 590.7	1 590.7
1	151 465.3	5 706.6	14 599.2	550.0	2 728.1	2 036.9	287.1	262.9	1 686.8	1 686.8

剪力墙 Q2 的墙肢折算惯性矩计算如下(近似取 $G = 0.4E$):

$$I_1^0 = \frac{I_1}{1 + \frac{12\mu EI_1}{GA_1 h^2}} = \frac{I_1}{1 + \frac{30\mu I_1}{A_1 h^2}} = \frac{1.259}{1 + \frac{30 \times 1.67 \times 1.259}{0.98 \times 3^2}} \text{ m}^4 = 0.154 \text{ m}^4$$

$$I_2^0 = \frac{I_2}{1 + \frac{12\mu EI_2}{GA_2 h^2}} = \frac{I_2}{1 + \frac{30\mu I_2}{A_2 h^2}} = \frac{1.042}{1 + \frac{30 \times 1.594 \times 0.94}{0.88 \times 3^2}} \text{ m}^4 = 0.141 \text{ m}^4$$

(3)剪力墙 Q2 内力组合

考虑重力荷载及水平地震作用组合,重力荷载作用分项系数 $\gamma_G = 1.2$,水平地震作用分项系数 $\gamma_{Eh} = 1.3$。

连梁剪力设计值: $V_b = \eta_{vb} \dfrac{M_b^l + M_b^r}{l_n} + V_{Gb}$

式中　η_{vb}——连梁剪力增大系数,二级抗震等级取 1.2;

　　　V_{Gb}——考虑地震作用组合,在重力荷载代表值作用下,按简支梁计算的梁端截面剪力设计值。

$$V_{Gb} = 1.2 \times [(2.1 + 0.7) \times (6.0 + 2.0 \times 0.5) \times 1.8 +$$

$$0.2 \times 0.6 \times 25 \times 1.8] \text{kN} \times \frac{1}{2}$$

$$= 24.4 \text{ kN}$$

剪力墙 Q2 墙肢、连梁内力汇总和内力组合见表 5.23 和表 5.24。

表 5.23　剪力墙 Q2 内力汇总

楼　层	竖向荷载产生的轴力/kN		水平荷载产生的内力							
			墙肢 1			墙肢 2			连　梁	
	墙肢 1	墙肢 2	M /(kN·m)	V /kN	N /kN	M /(kN·m)	V /kN	N /kN	M /(kN·m)	V /kN
12	178.2	160.1	180.9	75.9	30.2	135.1	69.5	30.2	24.2	30.2
11	39.8	322.3	227.7	109.0	125.8	170.0	99.8	125.8	76.4	95.6
10	539.4	484.6	178.1	143.1	281.8	132.9	131.1	281.8	124.8	156.0
9	720.2	646.8	134.0	171.9	464.5	100.1	157.4	464.5	146.2	182.7
8	900.8	808.9	145.2	197.5	655.9	108.4	180.9	655.9	153.1	191.4
7	1 081.5	971.2	233.5	219.9	846.2	174.3	201.4	846.2	152.3	190.4
6	1 262.1	1 133.4	413.0	239.1	1 028.2	308.4	219.0	1 028.2	145.6	182.0
5	1 442.9	1 295.7	689.3	255.1	1 196.9	514.7	233.6	1 196.9	135.0	168.7
4	1 623.5	1 457.9	1 071.6	267.9	1 346.5	800.1	245.3	1 346.5	119.7	149.6
3	1 804.2	1 620.2	1 547.6	277.5	1 477.5	1 155.5	254.1	1 477.5	104.8	131.0
2	1 984.8	1 782.4	2 104.3	283.9	1 590.7	1 571.1	260.0	1 590.7	90.5	113.1
1	2 165.6	1 944.6	2 728.1	287.1	1 686.8	2 036.9	262.9	1 686.8	76.9	96.2

表 5.24　剪力墙 Q2 内力组合

楼层	墙肢 1 内力组合				墙肢 2 内力组合				连梁内力组合	
	M /(kN·m)	V /kN	N/kN		M /(kN·m)	V /kN	N/kN		M /(kN·m)	V /kN
			右震←	左震→			右震←	左震→		
12	235.2	98.7	174.6	253.1	175.6	90.4	231.3	152.8	31.5	71.5
11	296.0	141.7	−115.7	211.3	221.0	129.8	550.4	223.3	99.3	173.5
10	231.5	186.1	281.0	1 013.6	172.8	170.4	947.7	215.2	162.2	267.8
9	174.2	223.5	260.4	1 468.0	130.1	204.7	1 380.0	172.4	190.1	309.4
8	188.8	256.8	228.3	1 933.6	141.0	235.1	1 823.3	118.1	199.0	323.0
7	303.6	285.9	197.7	2 397.9	226.7	261.8	2 265.5	65.3	198.0	321.4
6	536.9	310.9	177.9	2 851.2	400.9	284.6	2 696.8	23.5	189.3	308.3
5	896.1	331.7	175.4	3 287.4	669.1	303.7	3 110.8	−1.2	175.5	287.6
4	1 393.0	348.3	197.7	3 698.7	1 040.1	318.9	3 500.0	−1.0	155.6	257.8
3	2 011.9	360.8	244.3	4 085.8	1 502.2	330.3	3 865.0	23.5	136.2	228.8
2	2 735.6	369.1	314.0	4 449.7	2 042.4	338.0	4 206.8	71.1	117.7	200.8
1	3 546.6	373.3	405.8	4 791.5	2 648.0	341.8	4 526.4	140.6	100.0	174.5

3）剪力墙 Q3 内力计算及组合

（1）剪力墙 Q3 在竖向荷载作用下的内力计算

竖向重力荷载产生的轴力计算结果详见表 5.27。

（2）剪力墙 Q3 在水平荷载作用下的内力计算

剪力墙 Q3 为整体小开口墙，在 x 高度处承受的弯矩 $M(x)$、剪力 $V(x)$，可由外荷载在 x 高度处产生的总弯矩、总剪力按等效刚度的比例 $\dfrac{E_c I_{eq}}{\sum E_c I_{eq}}$ 分配取得。

墙肢内力计算详见本章第 5.3 节。剪力墙 Q3 各有关计算参数详见本节的 5.8.3 小节。由于第 2，3 墙肢为小墙肢，其弯矩值应进行修正。

剪力墙 Q3 墙肢、连梁内力见表 5.25 和表 5.26。

表 5.25　水平荷载作用下剪力墙 Q3 墙肢内力

楼层	x/m	弯矩 $M(x)$/(kN·m)	剪力 $V(x)$/kN	墙肢 1 M/(kN·m)	墙肢 1 V/kN	墙肢 1 N/kN	墙肢 2 M/(kN·m)	墙肢 2 V/kN	墙肢 2 N/kN	墙肢 3 M/(kN·m)	墙肢 3 V/kN	墙肢 3 N/kN
12	36	434.1	128.3	94.6	97.0	54.6	17.1	11.9	9.4	26.7	19.3	45.3
11	33	997.5	184.2	217.3	139.2	125.4	26.9	17.1	22.7	41.0	27.8	104.0
10	30	1 723.2	241.8	375.7	182.7	216.2	37.5	22.5	37.1	56.6	36.5	179.7
9	27	2 594.8	290.5	565.6	219.5	326.4	48.3	27.0	55.8	71.8	43.9	270.7
8	24	3 596.2	333.8	783.9	252.2	452.8	59.1	31.1	77.3	86.8	50.4	375.0
7	21	4 711.1	371.6	1 027.0	280.8	592.7	70.0	34.6	101.3	101.7	56.1	491.4
6	18	5 923.4	404.0	1 291.3	305.3	745.1	80.9	37.6	127.2	116.2	61.0	617.8
5	15	7 216.7	431.1	1 573.2	325.7	907.8	91.8	40.2	155.2	130.5	65.1	752.7
4	12	8 574.9	452.7	1 869.4	342.0	1 078.7	102.2	42.1	184.2	144.2	68.4	894.3
3	9	9 981.8	468.9	2 176.0	354.2	1 255.7	112.5	43.6	214.6	157.3	70.8	1 041.1
2	6	11 421.6	479.7	2 489.8	362.4	1 436.8	122.2	44.7	245.2	169.2	72.4	1 191.2
1	3	12 876.7	485.1	2 807.1	366.5	1 619.9	131.1	45.1	276.9	181.0	73.3	1 343.0

表 5.26　剪力墙 Q3 连梁内力

楼层		12	11	10	9	8	7	6	5	4	3	2	1
LL1	弯矩/(kN·m)	27.3	35.4	45.7	54.8	63.0	70.1	76.2	81.4	85.4	88.5	90.6	91.5
LL1	剪力/kN	54.6	70.8	91.3	109.7	126.0	140.3	152.4	162.7	170.9	177.0	181.2	183.0
LL2	弯矩/(kN·m)	27.2	35.3	45.4	54.6	62.6	69.8	75.8	80.9	85.0	88.1	90.0	91.1
LL2	剪力/kN	45.3	58.8	75.7	91.0	104.4	116.4	126.4	134.9	141.7	146.8	150.1	151.8

（3）剪力墙 Q3 内力组合

考虑地震作用组合的竖向荷载作用下,按简支梁计算的剪力 V_{Gb}。

$$V_{Gb1} = 1.2 \times [1.65 \times (6.0 + 2.0 \times 0.5) \times 1.0 + 0.2 \times 0.9 \times 25 \times 1.0] kN \times \frac{1}{2}$$
$$= 9.6 \ kN$$

$$V_{Gb2} = 1.2 \times [1.65 \times (6.0 + 2.0 \times 0.5) \times 1.2 + 0.2 \times 0.9 \times 25 \times 1.2] kN \times \frac{1}{2}$$
$$= 11.6 \ kN$$

剪力墙 Q3 墙肢内力汇总见表 5.27,剪力墙 Q3 墙肢和连梁内力组合见表 5.28 和表 5.29。

表 5.27 剪力墙 Q3 墙肢内力汇总

楼层	竖向荷载产生的轴力 /kN			水平荷载产生的内力								
				墙肢 1			墙肢 2			墙肢 3		
	墙肢 1	墙肢 2	墙肢 3	M /(kN·m)	V /kN	N /kN	M /(kN·m)	V /kN	N /kN	M /(kN·m)	V /kN	N /kN
12	167.3	47.3	80.0	94.6	97.0	54.6	17.1	11.9	9.4	26.7	19.3	45.3
11	336.9	95.3	161.0	217.3	139.2	125.4	26.9	17.1	22.7	41.0	27.8	104.0
10	506.6	143.2	242.2	375.7	182.7	216.8	37.5	22.5	37.1	56.6	36.5	179.7
9	676.2	191.2	323.3	565.6	219.5	326.4	48.3	27.0	55.8	71.8	43.9	270.7
8	845.8	239.0	404.5	783.9	252.2	452.4	59.1	31.1	77.3	86.8	50.4	375.0
7	1 015.4	287.0	485.5	1 027.0	280.8	592.7	70.0	34.6	101.3	101.7	56.1	491.4
6	1 184.9	335.0	566.6	1 291.3	305.3	745.1	80.9	37.6	127.3	116.2	61.0	617.8
5	1 354.5	382.9	647.8	1 573.2	325.7	907.8	91.8	40.2	155.2	130.5	65.1	752.7
4	1 524.2	430.9	728.9	1 869.4	342.0	1 078.7	102.2	42.1	184.3	144.2	68.4	894.3
3	1 693.8	478.7	810.0	2 176.0	354.3	1 255.7	112.5	43.7	214.6	157.3	70.8	1 041.1
2	1 863.4	526.7	891.1	2 489.8	362.4	1 436.8	122.2	44.7	245.5	169.2	72.4	1 191.2
1	2 033.0	574.6	972.2	2 807.1	366.5	1 619.9	131.7	45.1	276.9	181.0	73.3	1 343.0

表 5.28　剪切墙 Q3 墙肢 1 和墙肢 2 的内力组合

楼层	墙肢 1				墙肢 2			
	$M/(kN \cdot m)$	V/kN	N/kN		$M/(kN \cdot m)$	V/kN	N/kN	
			左震 ←	右震 →			左震 ←	右震 →
12	123.0	126.1	271.7	129.8	22.2	15.5	44.5	69.0
11	282.5	181.0	567.3	241.3	35.0	22.2	84.9	143.9
10	488.4	237.5	889.8	326.1	48.8	29.3	123.6	220.1
9	735.3	285.4	1 235.8	387.1	62.8	35.1	156.9	302.0
8	1 019.1	327.9	1 603.1	426.8	76.8	40.4	186.3	387.3
7	1 335.1	365.0	1 989.0	448.0	91.2	45.0	212.7	476.1
6	1 678.7	396.9	2 390.5	453.3	105.2	48.9	236.5	567.5
5	2 045.2	423.4	2 805.5	445.3	119.3	52.3	257.7	661.2
4	2 430.2	444.6	3 231.4	426.7	132.9	54.7	277.5	756.7
3	2 828.8	460.6	3 665.0	400.2	146.3	56.7	295.5	853.4
2	3 236.7	471.1	4 103.9	368.2	158.9	58.1	312.9	951.2
1	3 649.2	476.5	4 545.5	333.7	171.1	58.6	329.6	1 049.5

表 5.29　剪力墙 Q3 墙肢 3 和连梁的内力组合

楼层	墙肢 3				连梁			
	$M/(kN \cdot m)$	V/kN	N/kN		LL1		LL2	
			左震 ←	右震 →	$M/(kN \cdot m)$	V/kN	$M/(kN \cdot m)$	V/kN
12	34.7	25.1	37.1	154.9	35.5	94.3	35.3	82.2
11	53.3	36.1	58.0	328.4	46.0	119.6	45.8	103.3
10	73.6	47.5	57.0	524.3	59.4	151.6	59.0	129.6
9	93.3	57.1	36.1	739.9	71.3	180.2	71.0	153.5
8	112.8	65.5	−2.1	972.9	81.9	205.6	81.4	174.4
7	132.2	72.9	−56.2	1 221.4	91.2	227.9	90.8	193.2
6	151.1	79.3	−123.2	1 483.1	99.1	246.9	98.6	208.7
5	169.7	84.6	−201.2	1 755.9	105.8	262.9	105.2	222.0
4	187.5	88.9	−287.9	2 037.3	111.1	275.6	110.5	232.6
3	204.5	92.0	−381.4	2 325.4	115.0	285.2	114.5	240.6
2	220.0	94.1	−479.2	2 617.9	117.7	291.7	117.1	245.7
1	235.3	95.3	−579.3	2 912.5	119.0	294.6	118.4	248.4

► **5.8.10　截面设计**

为简化计算,方便施工,本例决定 1~3 层剪力墙采用相同配筋、4~12 层剪力墙采用相同配筋,因此应对剪力墙的首层、第 4 层进行截面设计。

本例仅取剪力墙 Q1,Q2,Q3 进行内力计算,其他墙体计算从略。

在底部加强区,对墙肢剪力设计值进行调整,乘以剪力增大系数 1.4。墙肢正截面按对称配筋设计。

本例的截面设计中,纵向受力钢筋选用 HRB335 级($f_y = 300$ N/mm^2),箍筋选用 HPB300 级($f_y = 270$ N/mm^2)。

1)剪力墙 Q1 截面设计

(1)截面尺寸限制条件验算

验算结果见表 5.30。

表 5.30　剪力墙 Q1 截面尺寸限制条件验算

$V_w \leqslant \dfrac{1}{\gamma_{RE}}(0.2\beta_c f_c b_w h_{w0})$	$\dfrac{1}{\gamma_{RE}}(0.2\beta_c f_c b_w h_{w0}) = \dfrac{1}{0.85} \times (0.2 \times 1.0 \times 14.3 \times 200 \times 7\,300)\text{kN} = 4\,912\text{ kN}$	$V_w = 1.4 \times 463.5\text{ kN} = 648.9\text{ kN} < 4\,912\text{ kN(满足)}$

(2)剪力墙 Q1 首层截面设计

墙肢内力设计值:$M = 12\,301$ kN·m

$$V = 1.4 \times 463.5 = 648.9 \text{ kN·m}$$

$$N = 4\,613.9 \text{ kN}$$

①正截面承载力计算(偏心受压)。竖向分布钢筋选双层配筋 Φ10@200($A_{sw} = 5\,738$ mm^2,$\rho_w = 0.4\%$)。

墙肢按矩形截面计算,对称配筋设计,$A_{sw} = b_w h_{w0} \rho_w$,$A'_s f'_y = A_s f_y$。

由公式:

$$\begin{cases} N \leqslant (N_c - N_{sw})\dfrac{1}{0.85} \\ N_c = \alpha f_c b_w x \\ N_{sw} = (h_{w0} - 1.5x) b_w f_{yw} \rho_w \end{cases} \quad (\text{注:假设 } x \leqslant \xi_b)$$

整理可得:$x = \dfrac{0.85N + b_w h_{w0} f_{yw} \rho_w}{\alpha f_c b_w + 1.5 b_w f_{yw} \rho_w}$

$$= \dfrac{0.85 \times 4\,613.9 \times 1\,000 + 200 \times 7\,300 \times 270 \times 0.004}{1.0 \times 14.3 \times 2.00 + 1.5 \times 200 \times 270 \times 0.004}\text{mm}$$

$$= 1\,727 \text{ mm}$$

$\xi = \dfrac{x}{h_{w0}} = \dfrac{1\,727}{7\,300} = 0.237 < \xi_b = 0.576$,$x$ 即为所求。

$$M_{sw} = \frac{1}{2}(h_{w0} - 1.5x)^2 b_w f_{yw} \rho_w$$

$$= \frac{1}{2} \times (7\,300 - 1.5 \times 1\,727)^2 \times 200 \times 270 \times 0.004 \ \text{kN} \cdot \text{m}$$

$$= 2\,395.4 \ \text{kN} \cdot \text{m}$$

$$M_c = \alpha_1 f_c b_w x \left(h_{w0} - \frac{x}{2} \right)$$

$$= 1.0 \times 14.3 \times 200 \times 1\,727 \times \left(7\,300 - \frac{1\,727}{2} \right) \text{kN} \cdot \text{m}$$

$$= 31\,791.3 \ \text{kN} \cdot \text{m}$$

$$e_0 = \frac{M}{N} = \frac{12\,301.0}{4\,613.9} \times 10^3 \ \text{mm} = 2\,666 \ \text{mm}$$

由公式：
$$N \left(e_0 + h_{w0} - \frac{h_w}{2} \right) \leqslant \frac{1}{0.85} [A'_s f'_y (h_{w0} - a'_s) - M_{sw} + M_c]$$

可得：

$$A_s = A'_s = \frac{0.85 N \left(e_0 + h_{w0} - \dfrac{h_w}{2} \right) + M_{sw} - M_c}{f'_y (h_{w0} - a'_s)}$$

$$= \frac{0.85 \times 4\,613.9 \times 10^3 \times \left(2\,666 + 7\,300 - \dfrac{7\,500}{2} \right) + 2\,395.4 \times 10^6 - 31\,791.3 \times 10^6}{300 \times (7\,300 - 200)}$$

$$< 0$$

故剪力墙端部钢筋按构造配筋，本例选 6 $\underline{\Phi}$ 12。

②剪力墙 Q1 斜截面受剪承载力计算。

$$\lambda = \frac{M}{V h_{w0}} = \frac{12\,301}{648.9 \times 7.3} = 2.6 > 2.2, 取 \lambda = 2.2。$$

$$V = \frac{1}{\gamma_{RE}} \left[\frac{1}{\lambda - 0.5} \left(0.4 f_t b_w h_{w0} + 0.1 N \frac{A_w}{A} \right) + 0.8 f_{yh} \frac{A_{sh}}{s} h_{w0} \right]$$

$$0.2 f_c b_w h_w = 0.2 \times 14.3 \times 200 \times 7\,500 = 4\,290 \ \text{kN} < N = 4\,613.9 \ \text{kN}, 取 N = 4\,290 \ \text{kN}。$$

$$\frac{n A_{sh1}}{s} = \frac{\gamma_{RE} V - \dfrac{1}{\lambda - 0.5} \left(0.4 f_t b_w h_{w0} + 0.1 N \dfrac{A_w}{A} \right)}{0.8 f_{yh} h_{w0}}$$

$$= \frac{0.85 \times 648.9 \times 10^3 - \dfrac{1}{2.2 - 0.5} \times \left(0.4 \times 1.43 \times 200 \times 7\,300 + 0.1 \times 4\,290 \times 10^3 \times \dfrac{7\,500 \times 200}{1.74 \times 10^6} \right)}{0.8 \times 270 \times 7\,300}$$

$$< 0$$

故可按最小构造配筋，$\rho_{w,min} = \dfrac{n A_{sh1}}{bs} \times 100\% = 0.25\%$。

取双层 Φ 10@200 配筋，则 $\rho_w = \dfrac{n A_{sh1}}{bs} \times 100\% = \dfrac{2 \times 78.5}{200 \times 200} \times 100\% = 0.4\% > \rho_{w,min}$。

③剪力墙 Q1 轴压比验算。

$$\frac{N}{A f_c} = \frac{4\,613.9}{14.3 \times 1.74 \times 1\,000} = 0.185 < 0.6 (满足要求)$$

（3）剪力墙 Q1 第四层截面设计

因剪力墙 Q1 首层截面配筋大都为构造配筋，而其以上各层内力小于首层内力，所以首层以上配筋同首层配筋。

（4）剪力墙 Q1 顶点水平位移验算

$$\Delta = \frac{11VH^3}{60E_cI_{eq}} = \frac{11 \times 356.5 \times 36^3}{60 \times 2.472 \times 10^8}m = 0.012 \text{ m}$$

$$\frac{\Delta}{H} = \frac{0.012}{36} = \frac{1}{3\ 000} < \frac{1}{1\ 000}(满足规范限值要求)$$

2）剪力墙 Q2 截面设计

（1）截面尺寸限制条件验算

验算结果见表 5.31。

表 5.31 剪力墙 Q2 截面尺寸限制条件验算

墙肢 1	墙肢 2	连 梁
$V_w \leq \frac{1}{\gamma_{RE}}(0.2\beta_c f_c b_w h_{w0}) =$ $\frac{1}{0.85} \times (0.2 \times 1.0 \times 14.3 \times 20 \times 3\ 300) \text{ kN} = 2\ 220.7 \text{ kN}$	$V_w \leq \frac{1}{\gamma_{RE}}(0.2\beta_c f_c b_w h_{w0}) =$ $\frac{1}{0.85} \times (0.2 \times 1.0 \times 14.3 \times 200 \times 3\ 000) \text{ kN} = 2\ 019 \text{ kN}$	$V_b \leq \frac{1}{\gamma_{RE}}(0.2\beta_c f_c b_b h_{w0}) =$ $\frac{1}{0.85} \times (0.2 \times 1.0 \times 14.3 \times 200 \times 500) \text{ kN} = 336.5 \text{ kN}$
$V_w = 1.4 \times 373.3 \text{ kN}$ $= 522.6 \text{ kN} < 2\ 220.7 \text{ kN}$ 满足	$V_w = 1.4 \times 341.8 \text{ kN}$ $= 478.5 \text{ kN} < 2\ 019 \text{ kN}$ 满足	$V_b = 323 \text{ kN} < 336.5 \text{ kN}$ 满足

（2）剪力墙 Q2 首层截面设计

①剪力墙 Q2 墙肢 1 截面设计。墙肢 1 内力设计值：

第一组　$M = 3\ 546.6 \text{ kN·m}, V = 522.6 \text{ kN}, N = 405.8 \text{ kN}$

第二组　$M = 3\ 546.6 \text{ kN·m}, V = 522.6 \text{ kN}, N = 4\ 791.5 \text{ kN}$

a. 剪力墙 Q2 墙肢 1 正截面承载力计算：可以判断墙肢 1 为大偏心受压（略），应取 N 较小的第一组内力计算。

竖向分布钢筋选双层配筋 $\phi 10@200$（$A_{sw} = 2\ 594 \text{ mm}^2, \rho_w = 0.4\%$）。

墙肢 1 为倒 T 字形截面，按矩形截面计算，对称配筋，计算步骤同剪力墙 Q1（过程略），计算结果为：$A_s = A'_s = 1\ 526 \text{ mm}^2$，端部配筋 6 Φ 20（1 884 mm²）。端部箍筋 $\phi 8@150$，拉筋 $\phi 6@600$。

b. 剪力墙 Q2 墙肢 1 斜截面受剪承载力计算：取 N 较小的第一组内力计算，计算步骤同剪力墙 Q1（过程略）。计算结果为：

$$\frac{nA_{sh1}}{s} = 0.225; \rho_w = \frac{nA_{sh1}}{sb} = \frac{0.225}{200} = 0.112\ 5\% < \rho_{w,min} = 0.25\%$$

故可按最小构造配筋，取双层 $\phi 10@200$ 配筋，则 $\rho_w = 0.4\% > \rho_{w,min}$。

c. 剪力墙 Q2 墙肢 1 轴压比验算：

$$\frac{N}{Af_c} = \frac{4\ 791.5}{14.3 \times 0.98 \times 1\ 000} = 0.342 < 0.6(满足要求)$$

②剪力墙 Q2 墙肢 2 截面设计。墙肢 2 内力设计值：

第一组　$M = 2\ 648.0\ \text{kN}\cdot\text{m}, V = 478.5\ \text{kN}, N = 4\ 526.4\ \text{kN}$

第二组　$M = 2\ 648.0\ \text{kN}\cdot\text{m}, V = 478.5\ \text{kN}, N = 140.6\ \text{kN}$

a. 剪力墙 Q2 墙肢 2 正截面承载力计算：可以判断墙肢 2 为大偏心受压（略），应取 N 较小的第二组内力计算。

竖向分布钢筋选双层钢筋 $\phi 10@200$（$A_{sw} = 2\ 358\ \text{mm}^2, \rho_w = 0.4\%$）

墙肢 2 为 L 形截面，近似按矩形截面计算，计算步骤同墙肢 1（过程略），计算结果为：$A_s = A'_s = 2\ 543\ \text{mm}^2$，端部配筋 $6\ \Phi 25$（$2\ 945\ \text{mm}^2$），箍筋 $\phi 8@150$；拉筋 $\phi 6@600$。

b. 剪力墙 Q2 墙肢 2 斜截面受剪承载力计算：取 N 较小的第二组内力计算，计算步骤同墙肢 1（过程略）。计算结果为：

$$\frac{nA_{sh1}}{s} = 0.307; \rho_w = \frac{nA_{sh1}}{sb} = \frac{0.307}{200} = 0.154 < \rho_{w,\min} = 0.25\%。$$

故可按最小构造配筋，取双层 $\phi 10@200$，则 $\rho_w = 0.4\%$。

c. 剪力墙 Q2 墙肢 2 轴压比验算：

$$\frac{N}{Af_c} = \frac{4\ 526.4}{14.3 \times 0.88 \times 1\ 000} = 0.36 < 0.6（满足要求）$$

③剪力墙 Q2 连梁截面设计：连梁截面尺寸 $h \times b = 600\ \text{mm} \times 200\ \text{mm}$。

a. 剪力墙 Q2 连梁正截面受弯承载力计算：连梁最大弯矩设计值 $M = 199\ \text{kN}\cdot\text{m}$（最大弯矩出现在第 8 层）。

$$\alpha_s = \frac{\gamma_{RE} M}{\alpha_1 f_c b h_0^2} = \frac{0.75 \times 199 \times 10^6}{1.0 \times 14.3 \times 200 \times 500^2} = 0.209$$

$$\xi = 1 - \sqrt{1 - 2\alpha_s} = 1 - \sqrt{1 - 2 \times 0.209} = 0.238 < \xi_b = 0.55$$

$$A_s = \frac{\alpha_1 f_c b h_0 \xi}{f_y} = \frac{1.0 \times 14.3 \times 200 \times 500 \times 0.238}{300}\text{m}^2 = 1\ 097\ \text{mm}^2$$

连梁上下各设置水平钢筋 $3\ \Phi 22$（$1\ 140\ \text{mm}^2$），水平钢筋伸入墙肢的长度 $l_{al} = 650\ \text{mm}$。

跨高比 $\dfrac{l_n}{h_b} = \dfrac{1\ 600}{600} = 2.7 > 2.5$。

b. 剪力墙 Q2 连梁斜截面受剪承载力计算：连梁最大剪力设计值 $V = 323\ \text{kN}$（最大剪力出现在第 8 层）。

因跨高比大于 2.5，所以

$$V_b \leq \frac{1}{\gamma_{RE}}\left(0.42 f_t b_b h_{b0} + f_{yv} \frac{A_{sv}}{s} h_{b0}\right)$$

$$\frac{nA_{sv1}}{s} = \frac{\gamma_{RE} V_b - 0.42 f_t b_b h_{b0}}{f_{yv} h_{b0}}$$

$$= \frac{0.85 \times 323 \times 10^3 - 0.42 \times 1.43 \times 200 \times 500}{270 \times 500}$$

$$= 1.59$$

按 $\phi 10@95$ 配筋：$\dfrac{nA_{sv1}}{s} = \dfrac{2 \times 78.5}{95} = 1.65 > 1.59$

考虑施工的方便,各层连梁均按 8 层计算结果配筋。

(3)剪力墙 Q2 第四层截面设计

计算过程同首层,计算结果见表 5.32。

表 5.32　剪力墙 Q2 第四层墙肢配筋汇总

配　筋	竖向分布钢筋	水平分布钢筋	端部配筋	箍　筋	拉　筋
墙肢 1	$\rho_w = 0.4\%$	$\rho_w = 0.4\%$	实配 6 Φ 18,$A_s = A_s' = 1\ 527\ \text{mm}^2$	Φ8@150	ϕ6@600
墙肢 2	同上	同上	实配 6 Φ 22,$A_s = A_s' = 2\ 281\ \text{mm}^2$	Φ8@150	ϕ6@600

(4)剪力墙 Q2 顶点水平位移验算

$$\Delta = \frac{11VH^3}{60E_cI_{eq}} = \frac{11 \times 550 \times 36^3}{60 \times 3.814 \times 10^8}\text{m} = 0.012\ \text{m}(与 Q1 同,满足规范限值要求)$$

剪力墙第 4 层连梁,同首层连梁配筋。

3)剪力墙 Q3 截面设计

(1)截面尺寸限制条件验算

验算结果见表 5.33。

表 5.33　剪力墙 Q3 截面尺寸限制条件验算

墙肢 1 ($\lambda < 2.5$)	$V_w \leqslant \frac{1}{\gamma_{RE}}(0.15\beta_c f_c b_w h_{w0}) = \frac{1}{0.85} \times (0.15 \times 14.3 \times 200 \times 3\ 600)\text{kN} = 1\ 816.9\ \text{kN}$	$V_w = 1.4 \times 476.5\ \text{kN} = 667.1\ \text{kN} < 1\ 816.9\ \text{kN}(满足)$
墙肢 2 ($\lambda < 2.5$)	$V_w \leqslant \frac{1}{\gamma_{RE}}(0.2\beta_c f_c b_w h_{w0}) = \frac{1}{0.85} \times (0.20 \times 14.3 \times 200 \times 1\ 100)\text{kN} = 740.2\ \text{kN}$	$V_w = 1.4 \times 58.6\ \text{kN} = 87.9\ \text{kN} < 555.2\ \text{kN}(满足)$
墙肢 3 ($\lambda > 2.5$)	$V_w \leqslant \frac{1}{\gamma_{RE}}(0.2\beta_c f_c b_w h_{w0}) = \frac{1}{0.85} \times (0.2 \times 14.3 \times 200 \times 800)\text{kN} = 538.4\ \text{kN}$	$V_w = 1.4 \times 95.3\ \text{kN} = 133.2\ \text{kN} < 538.4\ \text{kN}(满足)$
连梁 LL1 ($\lambda < 2.5$)	$V_w \leqslant \frac{1}{\gamma_{RE}}(0.15\beta_c f_c b_w h_{w0}) = \frac{1}{0.85} \times (0.15 \times 14.3 \times 200 \times 800)\text{kN} = 403.8\ \text{kN}$	$V_b = 294.6\ \text{kN} < 403.8\ \text{kN}(满足)$
连梁 LL2 ($\lambda < 2.5$)	$V_w \leqslant \frac{1}{\gamma_{RE}}(0.15\beta_c f_c b_w h_{w0}) = \frac{1}{0.85} \times (0.15 \times 14.3 \times 200 \times 800)\text{kN} = 403.8\ \text{kN}$	$V_b = 248.4\ \text{kN} < 403.8\ \text{kN}(满足)$

(2)剪力墙 Q3 首层截面设计

剪力墙 Q3 首层墙肢内力设计值、连梁内力设计值见表 5.34。

表 5.34　剪力墙 Q3 首层墙肢、连梁内力设计值汇总

墙肢及连梁	第一组内力			第二组内力		
	$M/(\text{kN}\cdot\text{m})$	V/kN	N/kN	$M/(\text{kN}\cdot\text{m})$	V/kN	N/kN
墙肢 1	3 649.2	667.1	4 545.5	3 649.2	667.1	333.7
墙肢 2	171.2	82.0	329.6	171.2	82.0	1 049.5
墙肢 3	235.3	133.4	−579.3	235.3	133.4	2 912.5
连梁 LL1	119.0	294.6	—	—	—	—
连梁 LL2	118.4	248.4	—	—	—	—

经验算,剪力墙 Q3 的墙肢 1,2,3 轴压比均满足要求(计算过程略)。

墙肢 1,2 截面设计同剪力墙 Q2;墙肢 3 截面设计,在表 5.34 中第二组内力作用下的截面设计同前述(偏心受压),在第一组内力作用下为偏心受拉,下面仅列出墙肢 3 在第一组内力作用下的截面设计过程。

①墙肢 3 正截面承载力计算(偏心受拉):

$M = 235.3$ kN·m,$V = 133.4$ kN,$N = -579.3$ kN。

$$e_0 = \frac{M}{N} = \frac{235.3}{579.3} \times 1\,000 \text{ mm} = 406 \text{ mm} > \frac{h_w}{2} - a_s = \left(\frac{1\,000}{3} - 200\right)\text{mm} = 300 \text{ mm}, \text{为大偏心}$$

受拉。

竖向分布钢筋选双层钢筋$\phi 10@200$($A_{sw} = 786 \text{ mm}^2$,$\rho_w = 0.4\%$)。

由公式:$N \leqslant \dfrac{1}{\gamma_{RE}}\left[\dfrac{1}{\dfrac{1}{N_{0u}} + \dfrac{e_0}{M_{w0}}}\right]$

$$N_{0u} = 2A_s f_y + A_{sw} f_{yw}$$

$$M_{wu} = A_s f_y(h_{w0} - a_s') + A_{sw} f_{yw}\left(\frac{h_{w0} - a_s'}{2}\right)$$

整理可得:$A_s = \dfrac{\gamma_{RE} N\left(1 + \dfrac{2e_0}{h_{w0} - a_s'}\right) - A_{sw} f_{yw}}{2f_y}$

$$= \frac{0.85 \times 579.3 \times 10^3 \times \left(1 + \dfrac{2 \times 406}{800 - 200}\right) - 786 \times 300}{2 \times 300}\text{mm}^2 = 1\,538 \text{ mm}^2$$

可选 6 Φ 18,实配面积为 1 527 mm²(略小 0.07%)。

②墙肢 3 斜截面受剪承载力计算。计算步骤同前述(过程略),配筋结果为:按双层$\phi 10@200$配筋,$\dfrac{nA_{sh1}}{s} = \dfrac{2 \times 78.5}{200} = 0.785$。

剪力墙 Q3 首层连梁配筋汇总见表 5.35。剪力墙 Q3 首层墙肢配筋汇总见表 5.36。

表 5.35　剪力墙 Q3 首层连梁配筋汇总

编号	截面尺寸	水平纵筋	跨高比	箍筋 $\left(\dfrac{nA_{sv1}}{s}\right)$
LL1	200 mm × 900 mm	计算 $A_s = 527$ mm², 实配 3 Φ 16(603 mm²)	1.25	Φ 10@ 100(1.57)
LL2	200 mm × 900 mm	计算 $A_s = 531$ mm², 实配 3 Φ 16(603 mm²)	1.5	Φ 10@ 150(1.05)

表 5.36　剪力墙 Q3 首层墙肢配筋汇总

编　号	竖向分布钢筋	水平分布钢筋	端部配筋	箍　筋	拉　筋
墙肢 1	双层Φ 10@ 200 $\rho_w = 0.4\%$	双层Φ 10@ 200 $\rho_w = 0.4\%$	计算 $A_s = A_s' < 0$ 构造配筋 6 Φ 12(678 mm²)	Φ 8@ 150	Φ 6@ 600
墙肢 2	双层Φ 10@ 200 $\rho_w = 0.4\%$	双层Φ 10@ 200 $\rho_w = 0.4\%$	计算 $A_s = A_s' < 0$ 构造配筋 6 Φ 14(923 mm²)	Φ 8@ 100	Φ 6@ 600
墙肢 3	双层Φ 10@ 200 $\rho_w = 0.4\%$	双层Φ 10@ 200 $\rho_w = 0.4\%$	计算 $A_s < 1511$ mm² 选配 6 Φ 18(1 526 mm²)	Φ 8@ 100	Φ 6@ 600

注：①墙肢 2,3 为短肢剪力墙,截面的全部纵向钢筋的配筋率,底部加强部位不宜小于 1.2%,其他部位不宜小于 1.0%;
②墙肢 3 为大偏心受拉,因此墙肢 2 的弯矩设计值及剪力设计值应乘以增大系数 1.25。

（3）剪力墙 Q3 第 4 层截面设计

因剪力墙 Q3 首层截面大都为构造配筋,而其以上各层内力小于首层内力,所以首层以上同首层配筋。

（4）剪力墙 Q3 顶点水平位移验算

$$\Delta = \frac{11VH^3}{60E_cI_{eq}} = \frac{11 \times 485.1 \times 36^3}{60 \times 3.364 \times 10^8} \text{m} = 0.012 \text{ m（与 Q1 同,满足规范限值要求）}$$

▶ ### 5.8.11　剪力墙截面设计汇总

表 5.37、表 5.38 为剪力墙 Q1,Q2,Q3 的连梁表及柱(边缘构件)表。

表 5.37　剪力墙梁表(括号内为实配钢筋)

编号	楼层	相对标高 高差	梁截面 $b \times h$ /(mm × mm)	上部纵筋/mm²	下部纵筋/mm²	箍筋 $n\dfrac{A_{sv1}}{s}$
LL1	1 ~ 12	0.300	200 × 900	527(3 Φ 16)	527(3 Φ 16)	1.57(Φ 10@ 100)
LL2	1 ~ 12	0.300	200 × 900	531(3 Φ 16)	531(3 Φ 16)	1.05(Φ 10@ 150)
LL3	1 ~ 12	0.0	200 × 600	1 097(3 Φ 22)	1 097(3 Φ 22)	1.75(Φ 10@ 90)

表 5.38　剪力墙柱表

截　面			
编号	AZ1	AZ2	AZ3
标高	0.000～9.000	0.000～9.000	0.000～9.000
纵筋	678 mm^2(6 Φ 12)	1 884 mm^2(6 Φ 20)	2 945 mm^2(6 Φ 25)
标高	9.000～36.000	9.000～36.000	9.000～36.000
纵筋	678 mm^2(6 Φ 12)	1 527 mm^2(6 Φ 18)	2 281 mm^2(6 Φ 22)
截　面			
编号	AZ4	AZ5	AZ6
标高	0.000～9.000	0.000～9.000	0.000～9.000
纵筋	678 mm^2(6 Φ 12)	923 mm^2(6 Φ 14)	1 527 mm^2(6 Φ 18)
标高	9.000～36.000	9.000～36.000	9.000～36.000
纵筋	678 mm^2(6 Φ 12)	923 mm^2(6 Φ 14)	1 527 mm^2(6 Φ 18)

▶ **5.8.12　计算结果分析与说明**

以上计算结果表明,剪力墙 Q2 的墙肢配筋比较多。出现这种情况的原因是:由于剪力墙 Q2 连梁 LL3 的存在,一方面,使该联肢墙的等效刚度增大,被分配了大部分的地震荷载,承受很大的弯矩;另一方面,当水平地震作用时,连梁的剪力使墙肢产生拉力,该拉力与竖向荷载产生的轴向压力组合后得到的压力设计值最小仅为 140.6 kN,使得墙肢的受力状况为大偏压,大偏压构件在弯矩一定的情况下,压力越小则配筋越多。

如果取消连梁 LL3,连梁产生的拉力也就不存在了,墙肢的压力将会增大,配筋反而会减少。读者可按上述方法,取消剪力墙 Q2 的连梁 LL3,把联肢墙 Q2 分成两个独立的剪力墙,其他剪力墙及连梁不变,进行试算。

鉴于篇幅有限,本算例未进行剪力墙平面外轴心受压承载力验算,读者可根据有关公式自行验算。

思考题

5.1 简述剪力墙结构的定义、优缺点及其适用范围。

5.2 竖向荷载在结构内部是按照什么规律传递的?

5.3 水平荷载作用下,剪力墙计算截面如何选取? 水平剪力在各剪力墙上按照什么规律分配?

5.4 简述剪力墙的布置原则。

5.5 剪力墙的最小墙厚如何选取?

5.6 连续连杆法的基本假定是什么?

5.7 小开口剪力墙内力计算公式是按照什么假定得出的?

5.8 剪力墙分类有哪几种? 各类剪力墙是如何判别的?

5.9 独立墙肢内力计算的步骤是什么?

5.10 带刚域框架结构的刚域范围如何确定?

5.11 剪力墙结构设计中,采取哪些措施来保证其延性?

5.12 连梁延性设计的要点是什么?

5.13 在剪力墙内,水平钢筋和竖向钢筋的设计原则有哪些?

5.14 简述剪力墙边缘构件的设计要求。

习   题

5.1 某 20 层双肢剪力墙,层高均为 3.3 m,具体尺寸如题 5.1 图所示。已知:$G = 0.425E$,墙肢 $A_1 = A_2 = 1.5 \text{ m}^2$,$I_1 = I_2 = 4.5 \text{ m}^4$,连梁高 $h_b = 0.5$ m,$E = 3.0 \times 10^7$ kN/m^2,墙和连梁均厚0.25 m,求水平风荷载 q(假定为均布荷载)作用下的顶点侧移以及墙和梁的内力。

5.2 已知连梁的截面尺寸为 $b = 160$ mm,$h = 900$ mm,C30 混凝土,纵筋 HRB400 级,箍筋 HPB300 级,抗震等级二级。由楼层荷载传到连梁上的剪力 V_{Gb} 很小,略去不计。由地震作用产生的连梁剪力设计值 $V_b = 150$ kN。

求:①连梁的纵向钢筋截面面积;

②连梁所需的箍筋截面面积 A_{sv}。

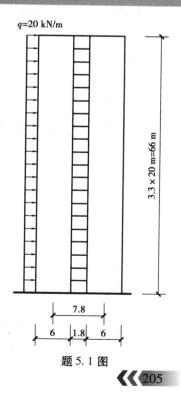

题 5.1 图

6

框架-剪力墙结构设计

〚**本章学习要点**〛

了解框架-剪力墙结构协同工作的原理及布置的基本要求；

重点掌握铰接体系、刚接体系框架-剪力墙结构的协同工作计算方法；

掌握刚度特征值 λ 的物理意义及其对内力分配的影响；

掌握框架-剪力墙结构的内力分布及侧移特点；

掌握框架-剪力墙结构的截面设计及构造要求。

6.1 框架-剪力墙的协同工作与结构布置

▶ 6.1.1 框架-剪力墙的协同工作

在第2章我们已经介绍了框架-剪力墙结构体系，它是由两种变形性质不同的抗侧力单元，通过楼板变形协调而共同抵抗竖向荷载及水平荷载的结构，如图6.1所示。

框架-剪力墙结构在竖向荷载作用下，其内力的近似计算方法，可按结构各自的承载面积计算出每榀框架及每片剪力墙的竖向荷载，再分别计算其内力。

而在水平荷载作用下，框架-剪力墙结构不能简单地按各抗侧力单元（即框架、剪力墙）的承载面积及间距分配水平荷载，也不能直接把总水平剪力按抗侧移刚度的比例分配到每榀结构上。

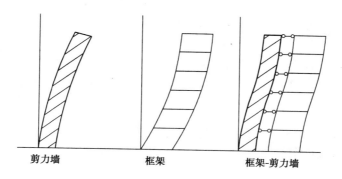

图 6.1　框架-剪力墙结构协同工作原理

框架-剪力墙结构内力按平面结构的近似计算方法,即将结构沿两个正交主轴划分为若干平面抗侧力结构,每一个方向上的水平荷载由该方向上的平面抗侧力结构承受,垂直于水平方向的抗侧力结构不参与工作。如果只考虑楼板的平移,将楼板视为刚性体,由同一楼层水平位移相等的条件可将剪力分配到各抗侧力竖向构件上;如果有扭转,则需要单独进行扭转计算,再将两部分内力叠加。对比较规则的结构仅计算平移时,按照上述方法可以方便地计算得到结构的内力和位移。这种方法的概念清晰,计算结果也具有较好的规律性。该方法称为框架-剪力墙结构的协同工作计算方法。

(1)框架-剪力墙结构在水平力作用下的变形特征

剪力墙是竖向悬臂弯曲结构,其变形曲线呈整体弯曲型,楼层越高水平位移增长速度越快。而框架在水平力作用下,水平位移主要由梁、柱的弯曲变形引起,其变形曲线为整体剪切型,楼层越高水平位移增长越慢。

由刚性楼板假定可知,框架-剪力墙结构在水平力作用下,同一楼层的位移应保持一致,即框架和剪力墙应保持变形协调,因此框架-剪力墙结构变形曲线呈反 S 形的弯剪型(下弯上剪)位移曲线(图 6.2)。

(2)框架-剪力墙结构在水平力作用下的受力特点

其受力特点如图 6.3 所示。

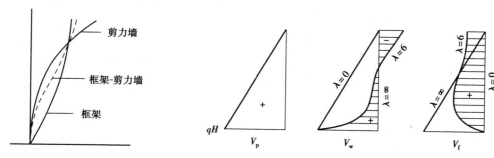

图 6.2　框架-剪力墙位移曲线　　　**图 6.3　框架-剪力墙结构在水平力作用下的受力特点**

①在结构下部楼层,剪力墙拉住框架按弯曲型变形,使剪力墙承担了大部分剪力。

②在结构上部楼层,框架除承受水平力作用下的那部分剪力外,还要负担拉回剪力墙变

形的附加剪力。因此,上部楼层即使水平力产生的楼层剪力很小,而框架中仍有相当数值的剪力。框架在上下各楼层所承担的剪力值比较接近。

③框架与剪力墙之间楼层剪力的分配比例 V_w/V_f 随楼层所处高度而变化。可见,水平力在框架和剪力墙之间,既不能按剪力墙的等效刚度 EI_{eq} 进行分配,也不能按柱的抗侧移刚度 D 值分配,而必须按变形协调的原则进行计算。

框架与剪力墙之间的变形协调(协同工作)对整体结构非常有利,它使框架-剪力墙结构的侧移大大减小,且使框架和剪力墙中的内力更趋于均匀合理。

(3)协同工作方法近似计算框架-剪力墙结构的内力和位移的总体思路

①首先按照变形协调的原则计算出总水平荷载作用下的总框架层剪力 V_f、总剪力墙的总层剪力 V_w 和总弯矩 M_w。刚接体系中还需要计算总连梁的梁端弯矩 M_l 和剪力 V_l。

②然后按框架内力分配规律将总框架层剪力 V_f 分配到每根柱,按剪力墙内力分配规律将总剪力墙的总层剪力 V_w 和总弯矩 M_w 分配到每片墙。刚接体系中还需要按照连梁的刚度把总连梁的梁端弯矩 M_l 和剪力 V_l 分配到每根连梁。

③最后计算出框架-剪力墙结构的每根杆件的内力和位移。

▶ 6.1.2 框架-剪力墙的结构布置

框架-剪力墙结构的布置除应符合本章的规定外,房屋适用高度和高宽比等布置应符合第 2 章的要求,其框架部分及剪力墙部分的结构布置尚应分别遵循第 4 章及第 5 章的要求。结合框架-剪力墙结构的特点,具体设计时,要注意以下几个方面的问题:剪力墙的数量、剪力墙的位置、框架-剪力墙的布置要求和剪力墙的间距。

1)剪力墙的数量

在框架-剪力墙结构中,随着剪力墙数量的增加,震害减少,顶点位移和层间变形都会随剪力墙刚度的加大而减小,一般当壁率(即每平方米楼面一个方向的剪力墙长度)不小于 5 cm/m² 时,无震害。但剪力墙的数量过多,随着结构刚度的增大,周期缩短,地震作用加大,同时竖向荷载亦加大,会使基础设计困难,从而增加造价。因此,过多增加剪力墙的数量是不经济的。如果剪力墙的数量过少,通常当壁率小于 3 cm/m² 时,剪力墙的作用就不大,此时不能按框架-剪力墙结构设计,而应按框架结构设计。剪力墙的数量需结合结构安全与技术经济合理的要求来确定,一般由结构水平位移限值决定剪力墙合理的数量。

剪力墙的合理数量的确定应兼顾抗震性和经济性两方面的要求,即在满足侧移和舒适度的前提下剪力墙数量应尽量少。

确定剪力墙合理数量的方法可参考以下几个指标。

(1)剪力墙截面面积与楼层面积之比

当剪力墙的截面面积 A_w 和框架柱的截面面积 A_c 之和与楼层面积 A_f 的比值 $(A_w + A_c)/A_f$ 或剪力墙的截面面积与楼层面积 A_w/A_f 之比在表 6.1 的范围内时,剪力墙数量比较合理。

按表 6.1 确定的剪力墙数量一般偏大,故宜取下限或较下限值有所降低。

表 6.1 剪力墙截面面积与楼层面积之比

设计条件	$(A_w + A_c)/A_f$	A_w/A_f
7 度，Ⅱ类场地土	3% ~ 5%	1.5% ~ 2.5%
8 度，Ⅱ类场地土	4% ~ 6%	2.5% ~ 3%

注：当设计烈度、场地土情况不同时，可根据情况适当增减。层数多、高度大的框架-剪力墙结构，宜取上限值。剪力墙纵横两个方向总量在上述范围内，两个方向剪力墙的数量宜相近。

（2）剪力墙截面抗弯刚度

每一方向剪力墙的合理刚度之和 $\sum EI_w$（单位：$kN \cdot m^2$）可参考表 6.2 决定。

表 6.2 剪力墙合理刚度参考表

抗震设防 \ 场地土类型	Ⅰ类	Ⅱ类	Ⅲ类
7 度	55WH	83WH	193WH
8 度	110WH	165WH	385WH
9 度	220WH	330WH	770WH

注：H——结构地面以上的高度，m；W——结构地面以上的总重，kN。

（3）满足轴压比要求

框架柱、墙肢轴压比应符合相应章节所述的要求。

（4）由刚度特征值 λ 判定

$V_{f,max}/V_0$ 在 0.2 ~ 0.4 较合适，相应的 λ 值为 1.1 ~ 2.2。

（5）由自振周期 T_1 和地震力判定

基本自振周期在下式范围内：

$T_1 = (0.09 ~ 0.12)\psi_T n$（计算周期：$\psi_T = 1.0$）

$T_1 = (0.06 ~ 0.08)\psi_T n$（实际周期：$\psi_T = 0.7 ~ 0.8$）

式中　ψ_T——周期折减系数；

　　　n——结构层数。

地震力可由表 6.3 中的 α 值计算后作出判断。

表 6.3 比较适宜的地震系数 α 值（$F_{Ek} = \alpha G$）

场地土类型 \ 抗震设防	7 度	8 度	9 度
Ⅰ类	0.01 ~ 0.02	0.02 ~ 0.04	0.03 ~ 0.08
Ⅱ类	0.02 ~ 0.03	0.03 ~ 0.06	0.05 ~ 0.12
Ⅲ类	0.02 ~ 0.04	0.04 ~ 0.08	0.08 ~ 0.16
Ⅳ类	0.03 ~ 0.05	0.05 ~ 0.09	0.10 ~ 0.20

当自振周期和底部剪力偏离上述范围太远时,应适当调整结构的截面尺寸。

抗震设计时,框架-剪力墙结构中剪力墙数量的不同,意味着整个结构中框架部分和剪力墙部分所分担的地震作用比例不同。因此,《高层规程》规定,抗震设计的框架-剪力墙结构应根据规定的水平力作用下结构底层框架部分承受的地震倾覆力矩与结构总倾覆力矩的比值,确定相应的设计方法,并应符合下列规定:

①框架部分承受的地震倾覆力矩不大于结构总倾覆力矩的10%时,按剪力墙进行设计,其中的框架部分应按框架-剪力墙结构的框架进行设计;

②当框架部分承受的地震倾覆力矩大于结构总倾覆力矩的10%但不大于50%时,按框架-剪力墙结构进行设计;

③当框架部分承受的地震倾覆力矩大于结构总倾覆力矩的50%但不大于80%时,按框架-剪力墙结构进行设计,其最大适用高度可比框架适当增加,框架部分的抗震等级和轴压比限值宜按框架结构的规定采用;

④当框架部分承受的地震倾覆力矩大于结构总倾覆力矩的80%时,按框架-剪力墙结构进行设计,但其最大适用高度宜按框架结构采用,框架部分的抗震等级和轴压比限值应按框架结构的规定采用。

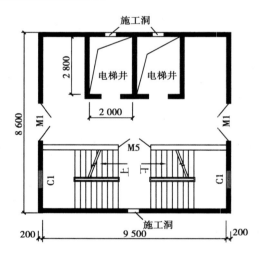

图6.4　墙段长度大于8 m时的处理

2)剪力墙的位置

剪力墙的布置应遵循"均匀、分散、对称、周边"的原则。

剪力墙在平面上均匀、对称布置,使建筑物在水平荷载作用下的侧移尽量一致。

剪力墙分散布置是指不宜仅设置一道剪力墙,以防止一旦剪力墙破坏而造成建筑物倒塌。妥当的办法是,将剪力墙分散一些。通常每一道剪力墙(包括单片墙、小开口墙和联肢墙)H/L 不宜小于3,墙段长度不宜大于8 m(图6.4)。墙段长度超过8 m时,一般都应由施工洞划分为长度较小的墙段,墙段由施工洞分开后,如果建筑上不需要,可以用砖墙填充。

将剪力墙靠近结构外围布置,可以加强结构的抗扭刚度。

3)框架-剪力墙结构的布置要求

框架-剪力墙结构应设计成双向抗侧力体系。抗震设计时,结构两主轴方向均应布置剪力墙。设计时,根据《高层规程》,框架-剪力墙的结构布置宜符合下列规定:

①框架-剪力墙结构中,主体结构构件之间除个别节点外不应采用铰接;梁与柱或柱与剪力墙的中线宜重合;框架梁、柱中心线之间有偏离时,应符合框架结构中对偏心距及构造措施的有关规定。

②剪力墙宜均匀布置在建筑物的周边附近、楼梯间、电梯间、平面形状变化及恒荷载较大

的部位,剪力墙间距不宜过大。

③平面形状凹凸较大时,宜在凸出部分的端部附近布置剪力墙。

④纵、横剪力墙宜组成 L 形、T 形和 ❲ 形等形式(图 6.5)。

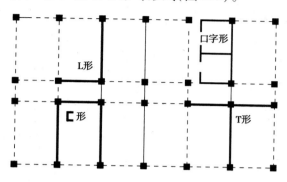

图 6.5　纵、横剪力墙的组成形式

⑤单片剪力墙底部承担的水平剪力不应超过结构底部总水平剪力的 30%。

⑥剪力墙宜贯通建筑物的全高,宜避免刚度突变;剪力墙开洞时,洞口宜上下对齐。

⑦楼梯间、电梯间等竖井宜尽量与靠近的抗侧力结构结合布置(图 6.6)。

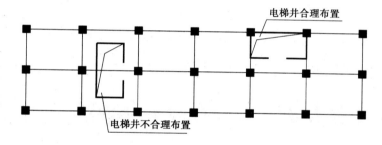

图 6.6　楼电梯间靠近抗侧力结构结合布置

⑧抗震设计时,剪力墙的布置宜使结构各主轴方向的侧向刚度接近。

4)剪力墙的间距

长矩形平面或平面有一部分较长的建筑中,其剪力墙的布置尚宜符合下列规定:

①横向剪力墙沿长方向的间距 L 宜满足表 6.4 的要求(图 6.7)。当这些剪力墙之间的楼盖有较大开洞时,剪力墙的间距应适当减小。规范以限制 L/B 的比值作为保证楼盖刚度的主要措施。

②纵向剪力墙不宜集中布置在房屋的两尽端。

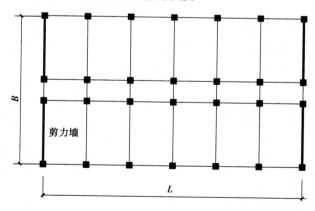

图 6.7　剪力墙的间距

表 6.4　剪力墙的最大间距　　　　　　　　　单位:m

楼盖形式	非抗震设计（取较小值）	抗震设防烈度		
		6,7 度（取较小值）	8 度（取较小值）	9 度（取较小值）
现　浇	5.0B,60	4.0B,50	3.0B,40	2.0B,30
装配整体	3.5B,50	3.0B,40	2.5B,30	—

注:①表中 B 为剪力墙之间的楼盖宽度(m);
　　②装配整体式楼盖的现浇层应符合《高层规程》中的有关规定;
　　③现浇层厚度大于 60 mm 的叠合楼板可作为现浇板考虑;
　　④当房屋端部未布置剪力墙时,第一片剪力墙与房屋端部的距离,不宜大于表中剪力墙间距的1/2。

【例6.1】　某装配整体式钢筋混凝土楼面的框架-剪力墙结构,抗震设防烈度为 8 度,楼面横向宽度为 20 m,在布置横向剪力墙时,下列哪项间距符合《高层规程》的规定要求?

A.20 m　　　　　　B.30 m　　　　　　C.40 m　　　　　　D.50 m

【解】　根据《高层规程》的规定,为了保证楼盖刚度,横向剪力墙的最大间距,取 2.5B 和 30 m 中的较小值。

依据题意可知 $B=20$ m,故

$$\min\begin{cases}2.5B=50 \text{ m}\\30 \text{ m}\end{cases}=30 \text{ m}$$

在布置横向剪力墙时,其间距不宜超过 30 m,因此 B 为正确答案。

6.2　框架-剪力墙结构的内力和位移计算

▶ 6.2.1　基本假定与计算简图

1)基本假定

根据对上述框架-剪力墙结构在水平荷载作用下内力近似计算方法的介绍,可以对框架-剪力墙结构在水平荷载作用下进行内力分析时作以下两点假定:

①平面结构的假定:即一榀框架或一片剪力墙可以抵抗自身平面内的侧向力,而在平面外的刚度很小,可以忽略。因此,可将整个结构沿两个正交主轴方向划分为若干个平面结构,共同抵抗与平面结构平行的侧向荷载,垂直于水平方向的抗侧力结构不参与工作。

②楼板刚度的假定:即楼板在自身平面内的刚度无限大,平面外的刚度很小,可以忽略。因而在水平力作用下,楼板作刚体平移或转动,各个平面抗侧力结构之间通过楼板互相联系并协同工作。

基于上述假定,如图 6.8 所示的框剪结构在水平荷载作用下,在 y 方向,结构可简化为如图 6.8(b)所示的 6 榀框架和 2 片剪力墙,它们组成平面抗侧力单元,共同抵抗 y 方向的水平力;在 x 方向,结构可简化为如图 6.8(c)所示的平面抗侧力单元。

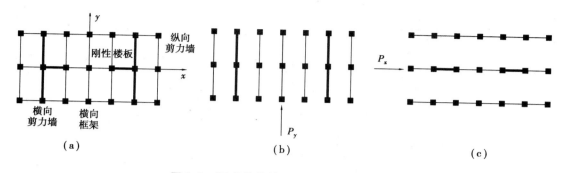

图6.8 框-剪结构简化为平面抗侧力单元

当结构考虑扭转影响时,楼板作刚体转动,此时6榀框架和2片剪力墙之间的侧移呈线性关系;如不考虑扭转影响时,楼板作刚体平移,此时6榀框架和2片剪力墙之间的侧移相等,如图6.9所示。为减小工作量,可进一步做以下简化:

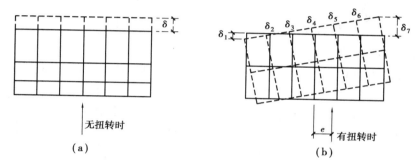

图6.9 抗侧力单元之间的侧移关系

③当结构体型规则、剪力墙布置比较对称均匀时,结构在水平荷载作用下不计扭转的影响。

④不考虑剪力墙和框架柱的轴向变形。

⑤外荷载的作用由剪力墙和框架共同承担,即

$$\left. \begin{array}{r} P = P_w + P_f \\ V = V_w + V_f \end{array} \right\} \tag{6.1}$$

式中 P, V—— 外荷载及总剪力;

P_w, V_w—— 剪力墙承担的外荷载和剪力;

P_f, V_f—— 框架承担的外荷载和剪力。

2)计算简图

为内力分析的需要,先介绍框架-剪力墙结构计算的几个概念。

(1)框架-剪力墙结构中的梁

框架-剪力墙结构中的梁可分为三类,如图6.10所示。

①A类为剪力墙之间的连梁,即两端均与墙肢相连的梁;

②B类为一端与墙肢相连,另一端与框架柱相连的梁;

③C类为普通框架梁,即两端均与框架柱相连的梁。

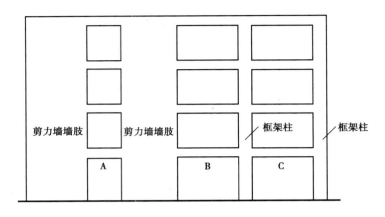

图 6.10　框架-剪力墙结构中的梁

（2）总剪力墙的刚度

总剪力墙抗弯刚度（EI_w）是每片墙等效抗弯刚度（EI_{eqi}）的总和，即 $EI_\mathrm{w} = \sum EI_{eqi}$。

（3）总框架的刚度

总框架是指计算方向所有框架梁、框架柱单元的总和；总框架的刚度用其抗推刚度来衡量。

总框架的抗推刚度是计算方向所有框架柱抗推刚度的总和；框架的抗推刚度（或剪切刚度，有时简称为框架的刚度）是指产生单位层间变形角所需的剪力 C_F，如图 6.11 所示。C_F 可以由框架柱的 D 值求出，如图 6.12 所示。

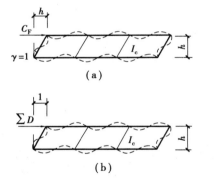

图 6.11　框架的抗推刚度 C_F

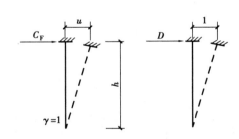

图 6.12　框架柱 C_F 与 D 值的关系

单根柱的抗推刚度：

$$当\quad \gamma \approx \tan \gamma = 1,\ \Delta u = h$$
$$C_\mathrm{F} = \Delta u \times D = hD$$

总框架的抗剪刚度：

$$C_\mathrm{F} = h \sum D_i \tag{6.2}$$

实际工程中，各层的 EI_w 或 C_F 值可能不同。如果各层刚度相差太大，则本方法不适用；如果各层刚度相差不大，则可用沿高度加权平均的方法得到平均的 EI_w 和 C_F 值。

$$EI_{w} = \frac{\sum E_{j}I_{wj}h_{j}}{\sum h_{j}}$$

$$C_{F} = \frac{\sum C_{Fj}h_{j}}{\sum h_{j}} \tag{6.3}$$

式中　$E_{j}I_{wj}$——总剪力墙沿竖向各段的抗弯刚度；

　　　C_{Fj}——总框架沿竖向各段的抗剪刚度；

　　　h_{j}——各段相应的高度。

（4）总连梁的刚度

总连梁的刚度只考虑 A 类梁和 B 类梁对墙产生的约束作用，C 类梁（框架梁）对柱的约束作用已反映在柱的 D 值中。因此，总连梁的剪切刚度是所有连梁（如图 6.11 所示中的 A 类和 B 类梁）的剪切刚度的总和，即

$$C_{b} = \sum C_{bi}$$

$$C_{bi} = \frac{m_{12} + m_{21}}{h} \tag{6.4}$$

连接墙肢与框架的连梁（即 B 类梁），其一端带刚域，长度为 al（图 6.13）；连接墙肢与墙肢的连梁（即 A 类梁），两端均带刚域，长度分别为 al,bl（图 6.14）。

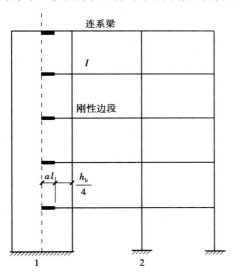

图 6.13　剪力墙与框架之间的连梁

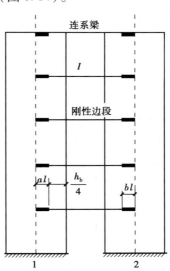

图 6.14　剪力墙之间的连梁

刚接连梁两端产生单位转角时梁端所需施加的力矩，称为梁端约束弯矩系数，以 m 表示。带刚域杆件的杆端约束弯矩系数，从 5.6 节壁式框架的计算中可知（图 6.15）。

①两端带刚域时：

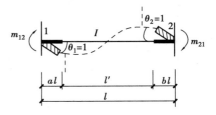

图 6.15　带刚域杆件

$$m_{12} = \frac{6EI}{l} \frac{1+a-b}{(1+\beta)(1-a-b)^3}$$

$$m_{21} = \frac{6EI}{l} \frac{1-a+b}{(1+\beta)(1-a-b)^3} \qquad (6.5)$$

式中,$\beta = \dfrac{12\mu EI}{GA(l')^2}$。

如果不考虑剪切变形的影响,取 $\beta = 0$。

②一端带刚域时:

$$m_{12} = \frac{6EI}{l} \frac{1+a}{(1+\beta)(1-a)^3}$$

$$m_{21} = \frac{6EI}{l} \frac{1}{(1+\beta)(1-a)^2} \qquad (6.6)$$

为了减少连梁配筋,设计中可降低连梁的刚度,用 $\beta_h EI$ 代替 EI,β_h 值一般不小于 0.55。

梁端有转角 θ 时,梁端约束弯矩:$M_{12} = m_{12}\theta$,$M_{21} = m_{21}\theta$。

为后面内力分析需要,将约束弯矩连续化,即将集中的约束弯矩 M_{ij} 连续化均布在整个层高上。

$$\overline{m}_{ij}(x) = \frac{M_{ij}(x)}{h} = \frac{m_{ij}}{h}\theta(x) \qquad (6.7)$$

当同一层内连梁有 n 个刚节点与剪力墙连接时,总的线约束弯矩为:

$$m(x) = \sum_{k=1}^{n} \frac{(m_{ij})_k}{h}\theta(x) = \left(\sum_{k=1}^{n} \frac{(m_{ij})_k}{h} \right)\theta(x) \qquad (6.8)$$

式中　$\displaystyle\sum_{k=1}^{n} \frac{(m_{ij})_k}{h}$ —— 连梁的总约束刚度,i,j 指连梁的两端;

　　　　n —— 梁与墙连接点的总数。

每根两端刚接的连梁有两个刚接点,m_{ij} 指 m_{12},m_{21};每根一端刚接的连梁有一个刚接点,m_{ij} 指 m_{12};如果实际结构中各层的 m_{ij} 不相同时,应取各层约束刚度的加权平均值。

协同工作的计算简图是将结构单元中所有剪力墙合并为总剪力墙,作为一个竖向悬臂弯曲构件;所有框架合并为总框架,相当于一个竖向悬臂剪切构件;所有连梁合并为总连梁,简化为带刚域杆件,相当于一个附加的剪切刚度。根据剪力墙和框架之间的联系方式不同,协同工作方法有两种计算简图:铰接体系和刚接体系。

①剪力墙和框架之间通过楼板连接——铰接体系。

框架和剪力墙之间通过刚性楼板连接在一起,假定楼板在自身平面内刚度无限大,平面外刚度为零,因而楼板对各平面抗侧力结构不产生约束弯矩,楼板的作用可简化为铰接连杆。如果不考虑扭转作用影响,同一楼层标高处,剪力墙与框架的水平位移相同。

如图 6.8 所示的框架-剪力墙结构,在 y 方向,框架与剪力墙之间通过楼板连接(只有 C 类普通框架梁),故可简化为如图 6.16 所示的简图,总框架中包含 5 榀框架,总剪力墙中包含 2 片剪力墙。在 x 方向,只有框架(包含 3 榀框架)抵抗水平力。

②剪力墙和框架之间通过楼板和连梁连接——刚接体系。

横向抗侧力结构有开洞剪力墙和框架。连接剪力墙的连梁对墙肢会产生约束弯矩。计

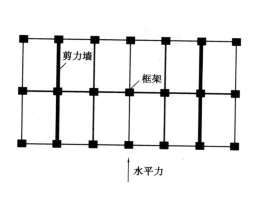

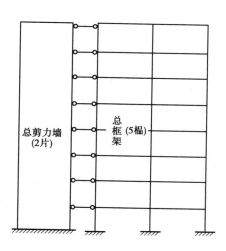

图 6.16　框架-剪力墙结构铰接体系

算简图常用单片墙表示,将连梁与楼盖连杆的作用综合为总连杆。剪力墙与总连杆间用刚接,表示剪力墙平面内的连梁对墙有转动约束,即能起连梁的作用;框架与总连杆间用铰接,表示楼盖连杆的作用。

　　如图 6.17 所示的框架-剪力墙结构,在 y 方向可简化为如图 6.18 所示的简图,总框架中包含 5 榀框架,总剪力墙中包含 4 片剪力墙,总连杆中有两根连梁,每根连梁有两端与墙相连(即有两根 A 类梁)。在 x 方向,总剪力墙中包含 4 片剪力墙,总框架中包含 2 榀框架和 6 根柱子,总连杆中有 8 根连梁,每根连梁只有一端与墙相连(即有 8 根 B 类梁)。

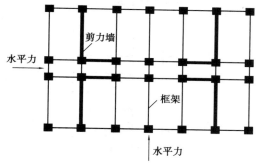

图 6.17　刚接体系的框架-剪力墙结构平面

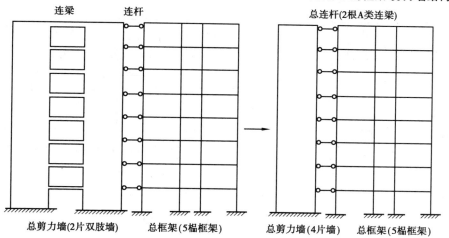

图 6.18　框架-剪力墙结构刚接体系

　　如果连梁截面尺寸较小,也可忽略它对墙肢的约束作用,把连梁处理成铰接的连杆。取墙截面时,另一方向的墙可作为翼缘,有效宽度取法见第5章。

► 6.2.2　框架-剪力墙结构铰接体系的内力和位移计算

1)基本方法

　　外荷载在框架和剪力墙之间的分配由协同工作计算确定。协同工作计算可采用连续连杆法(图6.19),即

　　①将连杆切断,暴露在各楼层标高处的连杆集中力为 P_{fi}。

　　②把集中力 P_{fi} 简化为连续分布力 $p_f(x)$,$p_f(x) = P_{fi}/h$,$P_{fi} = hp_f(x)$。

　　③框架和剪力墙之间的相互作用相当于一个弹性地基梁之间的相互作用。总剪力墙相当于置于弹性地基上的梁,同时承受外荷载 $p(x)$ 和"弹性地基"——总框架对它的弹性反力 $p_f(x)$。

　　④总框架相当于一个弹性地基,承受着总剪力墙传给它的力 $p_f(x)$。求出 $p_f(x)$ 后,即可求得剪力墙和框架的内力、位移。

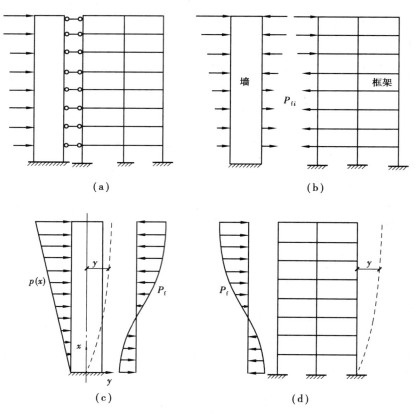

(a)　　　　　　　　　　　(b)

(c)　　　　　　　　　　　(d)

图6.19　铰接体系协同工作原理

2）协同工作微分方程

协同工作微分方程建立的条件是框架和剪力墙两者的变形相等，即 $y_w = y_f = y$。

（1）由总剪力墙受力建立微分方程

切开后的总剪力墙是一个竖向受弯构件，为静定结构，受外荷载 $p(x)$，$p_f(x)$ 作用，如图6.20所示。按照图中规定的正负号规则，由总剪力墙的内力、弯曲变形与荷载的关系可得：

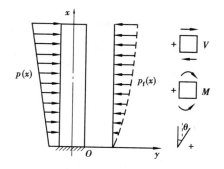

图6.20　总剪力墙受力分析及符号规定

$$M_w = E_w I_w \frac{d^2 y}{dx^2} \qquad (6.9)$$

$$V_w = -\frac{dM_w}{dx} = -E_w I_w \frac{d^3 y}{dx^3} \qquad (6.10)$$

$$p_w = p(x) - p_f(x) = -\frac{dV_w}{dx} = E_w I_w \frac{d^4 y}{dx^4} \qquad (6.11)$$

（2）由总框架受力建立微分方程

对总框架而言，如图6.19、图6.20所示，x 高度处总框架的变形角为 $\theta(\theta = dy/dx)$，产生此变形角的剪力即为层剪力 $V_f(x)$。由 C_F 的定义，总框架所受的层剪力为：

$$V_f(x) = C_F \theta = C_F \frac{dy}{dx} \qquad (6.12)$$

微分一次得：

$$\frac{dV_f(x)}{dx} = C_F \frac{d^2 y}{dx^2} = -p_f(x) \qquad (6.13)$$

将式（6.13）代入式（6.11），经过整理，可建立求解侧移 $y(x)$ 的基本微分方程：

$$E_w I_w \frac{d^4 y}{dx^4} = p(x) - p_f(x) = p(x) + C_F \frac{d^2 y}{dx^2} \qquad (6.14)$$

基本微分方程简化为：

$$\frac{d^4 y}{dx^4} - \frac{C_F}{E_w I_w} \frac{d^2 y}{dx^2} = \frac{p(x)}{E_w I_w} \qquad (6.15)$$

令：

$$\xi = \frac{x}{H}; \frac{dy}{dx} = \frac{dy}{d\xi} \frac{d\xi}{dx} = \frac{1}{H} \frac{dy}{d\xi}; \frac{d^2 y}{dx^2} = \frac{1}{H^2} \frac{d^2 y}{d\xi^2}; \frac{d^4 y}{dx^4} = \frac{1}{H^4} \frac{d^4 y}{d\xi^4}$$

再令：

$$\lambda^2 = \frac{C_F H^2}{E_w I_w}; \lambda = H \sqrt{\frac{C_F}{E_w I_w}}$$

则基本微分方程可写成：

$$\frac{d^4 y}{d\xi^4} - \lambda^2 \frac{d^2 y}{d\xi^2} = \frac{p(\xi) H^4}{E_w I_w} \qquad (6.16)$$

这就是协同工作的基本微分方程，它为四阶常系数线性微分方程。

式中 λ 是一个无量纲的量，称为结构刚度特征值，是反映总框架和总剪力墙刚度比的一个参数。

3)微分方程的解及内力

(1)微分方程的解

四阶非齐次常系数线性微分方程的一般解是

$$y_w = y_f = y = C_1 + C_2\xi + A\,\text{sh}\,\lambda\xi + B\,\text{ch}\,\lambda\xi + y_1$$

式中,y_1 是微分方程的特解,与式(6.16)等号右边的式子有关,即与荷载形式 $p(\xi)$ 有关;4 个任意常数 C_1,C_2,A,B 由 4 个边界条件确定:

①当 $x = H$(即 $\xi = 1$)时,在倒三角形分布及均布水平荷载下,框架-剪力墙顶部总剪力为零,$V = V_w + V_f = 0$;在顶部集中水平力作用下,$V = V_w + V_f = P$。

②当 $x = 0$(即 $\xi = 0$)时,剪力墙底部转角为零。

③当 $x = H$(即 $\xi = 1$)时,剪力墙顶部弯矩 M_w 为零。

④当 $x = 0$(即 $\xi = 0$)时,剪力墙底部位移为零。

(2)总剪力墙和总框架的内力

剪力墙截面的转角 θ、弯矩 M 及剪力 V 分别可由位移 $y(\xi)$ 的下列微分关系式求得:

$$\theta = \frac{dy}{dx} = \frac{1}{H}\frac{dy}{d\xi} \tag{6.17}$$

$$M_w = E_w I_w \frac{d\theta}{dx} = E_w I_w \frac{d^2y}{dx^2} = \frac{E_w I_w}{H^2}\frac{d^2y}{d\xi^2} \tag{6.18}$$

$$V_w = -\frac{dM_w}{dx} = -E_w I_w \frac{d^3y}{dx^3} = \frac{E_w I_w}{H^3}\frac{d^3y}{d\xi^3} \tag{6.19}$$

框架的剪力可由式(6.20)求出:

$$V_f(\xi) = C_F\theta = \frac{C_F}{H}\frac{dy}{d\xi} \tag{6.20}$$

也可以由式(6.21)总剪力减去剪力墙的剪力得到:

$$V_f = V_p - V_w \tag{6.21}$$

(3)利用图表计算框架-剪力墙的内力和位移

y,M_w,V_w 是变量 λ,ξ 及荷载的函数。求解步骤如下:

①计算 λ:
$$\lambda = H\sqrt{\frac{C_F}{E_w I_w}}$$

②确定计算截面位置 ξ,一般取楼层位置。

③由相应的水平荷载形式查图表6.1至图表6.9,得位移系数(y/f_H),弯矩系数(M_w/M_0),剪力系数(V_w/V_0)(即为 ξ 截面处对应系数值)。

④计算总剪力墙在 ξ 截面的内力和位移:

位移:
$$y = \left(\frac{y}{f_H}\right)f_H \tag{6.22}$$

弯矩:
$$M_w = \left(\frac{M_w}{M_0}\right)M_0 \tag{6.23}$$

剪力:
$$V_w = \left(\frac{V_w}{V_0}\right)V_0 \tag{6.24}$$

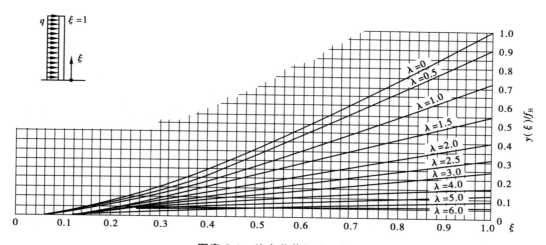

图表 6.1　均布荷载位移系数

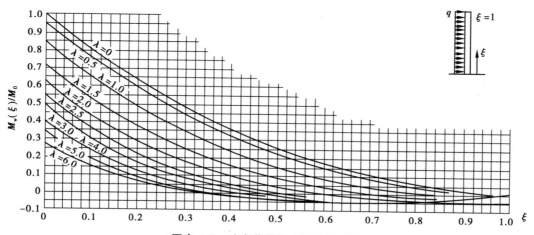

图表 6.2　均布荷载剪力墙弯矩系数

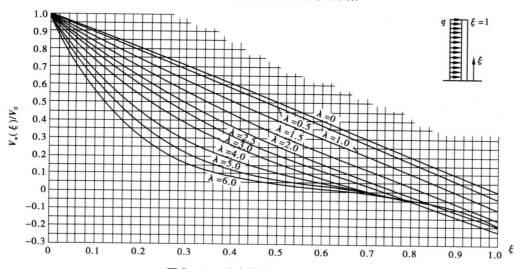

图表 6.3　均布荷载剪力墙剪力系数

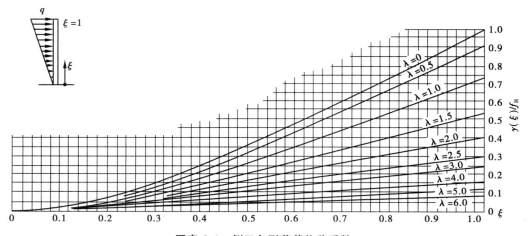

图表 6.4　倒三角形荷载位移系数

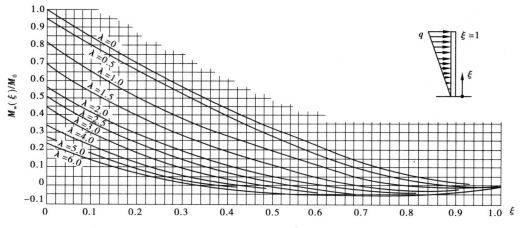

图表 6.5　倒三角形荷载剪力墙弯矩系数

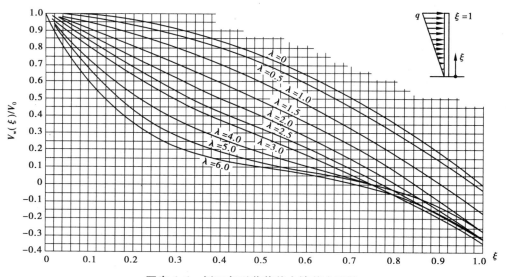

图表 6.6　倒三角形荷载剪力墙剪力系数

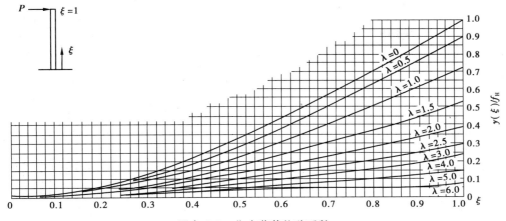

图表 6.7　集中荷载位移系数

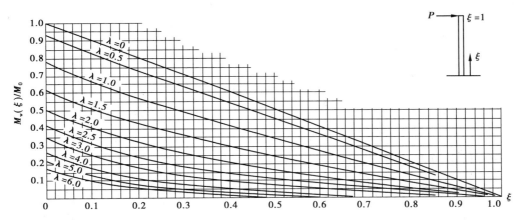

图表 6.8　集中荷载剪力墙弯矩系数

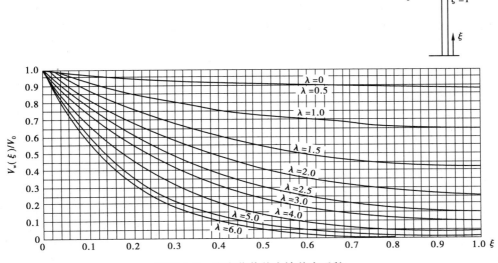

图表 6.9　集中荷载剪力墙剪力系数

式中 f_{H}，M_0，V_0——为相应荷载的墙顶位移、墙底弯矩、墙底剪力。计算公式如下：

倒三角形荷载下：
$$f_{\mathrm{H}} = \frac{11qH^4}{120EI_{\mathrm{w}}} \tag{6.25a}$$

$$M_0 = \frac{1}{3}qH^2 \tag{6.25b}$$

$$V_0 = \frac{1}{2}qH \tag{6.25c}$$

均布荷载下：
$$f_{\mathrm{H}} = \frac{qH^4}{8EI_{\mathrm{w}}} \tag{6.26a}$$

$$M_0 = \frac{1}{2}qH^2 \tag{6.26b}$$

$$V_0 = qH \tag{6.26c}$$

顶部集中荷载下：
$$f_{\mathrm{H}} = \frac{PH^3}{3EI_{\mathrm{w}}} \tag{6.27a}$$

$$M_0 = PH \tag{6.27b}$$

$$V_0 = P \tag{6.27c}$$

⑤总框架的剪力：$V_{\mathrm{f}} = V_{\mathrm{p}} - V_{\mathrm{w}}$

$$V_{\mathrm{f}}(\xi) = V_{\mathrm{p}}(\xi) - V_{\mathrm{w}}(\xi) = \begin{cases} 0.5 \times (1-\xi^2)qH - V_{\mathrm{w}}(\xi) & \text{（倒三角形分布荷载）} \\ (1-\xi)qH - V_{\mathrm{w}}(\xi) & \text{（均布荷载）} \\ P - V_{\mathrm{w}}(\xi) & \text{（顶部集中荷载）} \end{cases} \tag{6.28}$$

⑥将 M_{w}，V_{w} 分配给各片墙，V_{f} 分配给各根框架柱。

▶ 6.2.3 框架-剪力墙结构刚接体系的内力和位移计算

刚接体系与铰接体系的相同之处是总剪力墙与总框架通过连杆传递相互作用力，不同之处是在刚接体系中连杆对总剪力墙的弯曲有约束作用。因此，将连杆在反弯点切开后，除有轴向力 P_{fi} 外，还有剪力 V_i。将剪力对总剪力墙墙肢截面形心轴取矩，就得到对墙肢的约束弯矩 M_i，如图6.21、图6.22所示。连杆轴向力 P_{fi} 和约束弯矩 M_i 都是集中力，内力分析时将其在层高内连续化。

1）基本方程

（1）约束弯矩的等代荷载

刚接体系计算图中，约束弯矩 $m(x)$ 使剪力墙 x 截面产生的弯矩为：

$$M_m(x) = -\int_x^H m(x)\,\mathrm{d}x \tag{6.29}$$

相应的剪力及荷载分别为：

$$V_m(x) = -\frac{\mathrm{d}M_m(x)}{\mathrm{d}x} = -m(x) = -\left(\sum_{k=1}^n \frac{(m_{ij})_k}{h}\right)\theta(x) = -\left(\sum_{k=1}^n \frac{(m_{ij})_k}{h}\right)\frac{\mathrm{d}y}{\mathrm{d}x} \tag{6.30}$$

$$p_m(x) = -\frac{\mathrm{d}V_m(x)}{\mathrm{d}x} = \frac{\mathrm{d}m(x)}{\mathrm{d}x} = \left(\sum_{k=1}^n \frac{(m_{ij})_k}{h}\right)\frac{\mathrm{d}^2 y}{\mathrm{d}x^2} \tag{6.31}$$

式(6.30)和式(6.31)中的剪力及荷载称为"等代剪力"和"等代荷载"，其物理意义为刚接连

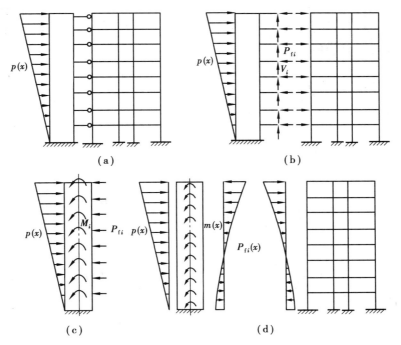

（a）　　　　　　　　　　　（b）

（c）　　　　　　　　　　　（d）

图 6.21　刚接体系协同工作原理

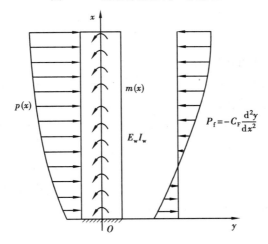

图 6.22　刚接体系总剪力墙受力分析

梁的约束弯矩作用所分担的剪力和荷载。

（2）微分方程

剪力墙的变形、内力和荷载间的关系为：

$$E_w I_w \frac{\mathrm{d}^2 y}{\mathrm{d}x^2} = M_w \tag{6.32}$$

$$E_w I_w \frac{\mathrm{d}^3 y}{\mathrm{d}x^3} = \frac{\mathrm{d}M_w}{\mathrm{d}x} = -V_w - V_m = -V_w + m \tag{6.33}$$

$$E_w I_w \frac{d^4 y}{dx^4} = -\frac{dV_w}{dx} + \frac{dm}{dx} = p_w + p_m(x) = p(x) - p_f(x) + \sum \frac{m_{ij}}{h}\frac{d^2 y}{dx^2} \quad (6.34)$$

其中：$p_m(x)$ 按式(6.31)计算。

$$p_f(x) = -\frac{dV_f(x)}{dx} = -C_F \frac{d^2 y}{dx^2} \quad (6.35)$$

将 $p_f(x)$ 代入式(6.34)，整理后得：

$$\frac{d^4 y}{dx^4} - \frac{C_F + \sum \dfrac{m_{ij}}{h}}{E_w I_w}\frac{d^2 y}{dx^2} = \frac{p(x)}{E_w I_w} \quad (6.36)$$

引入符号
$$\xi = \frac{x}{H} \qquad \lambda^2 = \frac{\left[C_F + \sum \dfrac{m_{ij}}{h}\right] H^2}{E_w I_w}$$

$$\lambda = H \sqrt{\frac{C_F + \sum \dfrac{m_{ij}}{h}}{E_w I_w}} = H \sqrt{\frac{C_F + C_b}{E_w I_w}} = H \sqrt{\frac{C_m}{E_w I_w}}$$

其中：
$$C_m = C_F + C_b = C_F + \sum \frac{m_{ij}}{h}$$

$$C_b = \sum \frac{m_{ij}}{h}$$

得：
$$\frac{d^4 y}{d\xi^4} - \lambda^2 \frac{d^2 y}{d\xi^2} = \frac{p(\xi) H^4}{E_w I_w} \quad (6.37)$$

2）微分方程的解及结构的内力和位移计算

刚接体系与铰接体系的微分方程完全相同，铰接体系中所有微分方程的解对刚接体系都适用，所有曲线也可以应用。但要注意以下两点区别：

①结构的刚度特征值 λ 不同：考虑了刚接连梁约束弯矩 C_b 的影响。

②剪力墙、框架剪力计算不同：由图表6.3、图表6.6、图表6.9查出的剪力墙剪力系数计算出的 V_w 是铰接体系总剪力墙的剪力，而不是刚接体系总剪力墙的剪力。

在刚接体系中，把由 y 微分三次得到的剪力记为 V'_w（图表中查得的结果是按此关系得到的），再考虑连梁约束弯矩的影响，由剪力墙变形、内力关系有：

$$E_w I_w \frac{d^3 y}{dx^3} = -V'_w = -V_w + m \quad (6.38)$$

其中 V'_w 由查图表求出。

$$m = -V_m = \frac{dM_m}{d\xi} = \frac{1}{H}\sum \frac{m_{ij}}{h}\frac{dy}{d\xi} \quad (6.39)$$

则总剪力墙的剪力：
$$V_w = V'_w + m$$

由平衡条件可知，任意高度处(ξ处)总剪力墙剪力与总框架剪力之和应与外荷载产生的总剪力相等，即

$$V_p = V_w + V_f = (V'_w + m) + V_f$$
$$= V'_w + (m + V_f) = V'_w + V'_f$$

则
$$V'_f = V_p - V'_w \quad (\text{其中 } V'_f = m + V_f)$$

V'_f 称为框架广义剪力,它考虑了刚接连梁约束弯矩的影响。

$$V'_w = V_w - m; V'_f = V_f + m$$

式中　m——梁约束弯矩的影响。

3)刚接体系剪力墙和框架剪力及连梁约束弯矩的计算步骤

①由刚接体系的 λ 值及计算截面的 ξ 值,查图表6.3、图表6.6、图表6.9 得墙的剪力系数,计算出墙的广义剪力 V'_w。

$$V'_w = \left(\frac{V'_w}{V_0}\right) V_0$$

②计算总框架的广义剪力 V'_f:

$$V'_f = V_p - V'_w$$

③将 V'_f 按框架抗剪刚度和连梁刚度比例分配,求出框架的总剪力 V_f 和梁端的总约束弯矩 m。

$$V_f = \frac{C_F}{C_m} V'_f \quad m = \frac{\sum \dfrac{m_{ij}}{h}}{C_m} V'_f$$

其中:

$$C_m = C_F + \sum \frac{m_{ij}}{h}$$

④计算墙的剪力:

$$V_w = V'_w + m \text{ 或 } V_w = V_p - V_f$$

刚接体系总剪力墙的弯矩和位移的计算与铰接体系的计算方法相同。

4)框架-剪力墙结构各剪力墙、框架和连梁的内力计算

由总剪力墙、总框架和总连梁内力,求出各墙肢、各框架柱及各连梁的内力。

(1)剪力墙内力

一般取楼板标高处的 M,V 作为设计内力,求出各楼板标高 ξ(第 j 层)处的总弯矩 M_{wj}、剪力 V_{wj} 后,按各片墙的等效刚度进行分配。

第 j 层第 i 片墙的内力为:

$$M_{wji} = \frac{E_i I_{eqi}}{\sum\limits_{i=1}^{m} E_i I_{eqi}} M_{wj} \quad V_{wji} = \frac{E_i I_{eqi}}{\sum\limits_{i=1}^{m} E_i I_{eqi}} V_{wj}$$

(2)各框架梁、柱内力

原则上应当取各柱反弯点位置的坐标计算 V_f,实际计算中,可近似求每层柱中点处的剪力;再按各楼板坐标 ξ 计算 V 后,可得到楼板标高处的 V_f。用各楼层上、下两层楼板标高处的 V_f,取平均值作为该层柱中点的剪力,即

$$V_f = \frac{1}{2}(V_{f(j-1)} + V_{fj}) \tag{6.40}$$

在求得框架总剪力 V_f 后,按各柱 D 值的比例把 V_f 分配给各柱,第 j 层第 i 根柱的剪力为:

$$V_{c,ji} = \frac{D_{ji}}{\sum\limits_{i=1}^{m} D_{ji}} V_{fj} = \frac{D_{ji}}{\sum\limits_{i=1}^{m} D_{ji}} \cdot \frac{V_{f(j-1)} + V_{fj}}{2} \tag{6.41}$$

求得每个柱的剪力后,用 D 值法计算各杆件的内力。

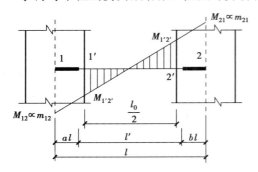

图 6.23 带刚域梁的墙边弯矩

（3）刚接连梁墙边弯矩和剪力

如图 6.23 所示,每根连梁的线约束弯矩——总线约束弯矩 m,按每根连梁的线约束弯矩系数 m_{ij} 比例分配给每根连梁:

$$\overline{m}_{ij} = \frac{m_{ij}}{\sum m_{ij}} m$$

每根梁端的集中弯矩为:

$$M_{ij} = \overline{m}_{ij} h = \frac{m_{ij}}{\sum m_{ij}} mh$$

当层高变化时, h 取上下层层高的平均值。

先求出连梁的剪力,再求出墙边的弯矩和剪力。

连梁的剪力为:
$$V_b = \frac{M_{12} + M_{21}}{l}$$

墙边弯矩（假设连梁的反弯点在跨中点）: $M_{1'2'} = M_{2'1'} = V_b \dfrac{l_n}{2}$

式中 l_n ——连梁净跨。

6.3 框架-剪力墙的受力特征及计算方法应用条件

▶ 6.3.1 框架-剪力墙的受力特征

1）框架-剪力墙结构的侧向位移的特征

框架-剪力墙结构的侧向位移形状与结构刚度特征值 λ 有很大关系,如图 6.24 所示。

①当 λ 很小（如 $\lambda \leq 1$）时,结构侧向位移呈弯曲型,其侧移曲线像独立的悬臂梁一样;

②当 λ 较大（如 $\lambda \geq 6$）时,结构侧向位移呈剪切型,其结构变形形状类似于框架;

③当 $\lambda = 1 \sim 6$ 时,结构侧向位移呈弯剪型,其结构变形形状界于弯曲和剪切变形之间,下部略带弯曲型,上部略带剪切型。

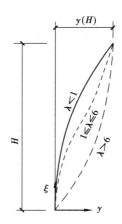

图 6.24 框架-剪力墙结构的侧向位移

2）荷载与剪力的分配

（1）剪力分配

以均布荷载为例说明其剪力分配,如图 6.25 所示。

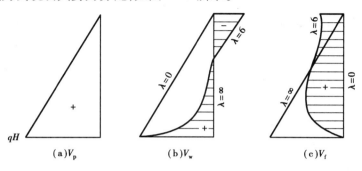

图 6.25　框架-剪力墙结构剪力分配

①当 λ 很小时,剪力墙几乎承担总剪力的全部;

②当 λ 较大时,剪力墙承担的剪力就减小了;

③当 λ 很大时,则框架几乎承担全部剪力。

框架和剪力墙顶部剪力不为零(两者之和为零),这是因为两者相互间在顶部有集中力作用的缘故。

框架的剪力最大值在结构的中部($\xi = 0.3 \sim 0.6$),且最大值位置随结构刚度特征 λ 的增大而向下移动。框架底部剪力为零,全部剪力均由剪力墙承担。

（2）水平荷载分配

以均布荷载为例说明其荷载分配,如图 6.26 所示。

框架承受的荷载(即框架给剪力墙的弹性反力)在上部为正,在下部出现负值,这是因为框架和剪力墙单独承受荷载时,其变形曲线不同。

框架和剪力墙相互间在顶部有集中力作用。

从上述框架-剪力墙的受力特征分析可知,按框架设计的结构,当增加少量剪力墙后,必须重新按框架-剪力墙结构核算,否则不能保证安全。

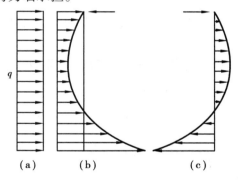

图 6.26　框架-剪力墙结构荷载分配

▶ **6.3.2　计算方法应用条件**

本章计算方法的应用条件有三个:

①各层刚度变化不大(用沿高度加权平均的方法,按平均刚度计算);

②剪力墙的 $h_w/H \leqslant 1/4$,连梁的 $h_b/l_b \leqslant 1/4$(剪切变形的影响不大);

③框架的 $H/B < 4$(柱子轴向变形的影响不大)。

6.4 截面设计及构造要求

框架-剪力墙结构中的框架部分和剪力墙部分的截面设计及构造要求应分别满足第4章及第5章的要求。

▶ 6.4.1 框架总剪力的调整

在进行截面设计之前,水平力作用下框架-剪力墙结构中框架的内力需要调整,原因有以下两个方面:

①近似计算方法中采用了楼板平面内刚度无限大的假定,即楼板在自身平面内是不变形的。但是在框架-剪力墙结构中,作为主要抗侧力构件的剪力墙,其间距一般比较大,实际上楼板会变形,其结果是框架部分的水平位移大于剪力墙的水平位移,这样框架实际承受的内力一般要比弹性计算值大。

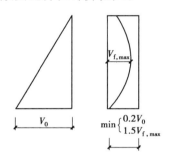

图 6.27 框架-剪力墙结构剪力调整

②在地震作用下,剪力墙刚度大,承受大部分水平力,因而剪力墙会首先开裂,出现塑性变形而刚度降低,从而使一部分地震力向框架转移,此时框架受到的地震作用会显著增加。

抗震设计时,框架-剪力墙结构对应于地震作用标准值的各层框架承担的总剪力 V_f 应符合下列规定(图6.27):

对 $V_f \geqslant 0.2V_0$ 的楼层,不调整。
采用。
对 $V_f < 0.2V_0$ 的楼层,按式(6.42)中的较小值采用。

$$\left. \begin{array}{l} V_f = 1.5V_{f,max} \\ V_f = 0.2V_0 \end{array} \right\} \tag{6.42}$$

式中 V_0——对框架柱数量从下至上基本不变的结构,应取对应于地震作用标准值的结构底层总剪力;对框架柱数量从下至上分段有规律变化的结构,应取每段底层结构对应于地震作用标准值的总剪力。

V_f——对应于地震作用标准值且未经调整的各层(或某一段内各层)框架承担的总剪力。

$V_{f,max}$——对框架柱数量从下至上基本不变的结构,应取对应于地震作用标准值且未经调整的各层框架承担的总剪力中的最大值;对框架柱数量从下至上分段有规律变化的结构,应取每段中对应于地震作用标准值且未经调整的各层框架承担的总剪力中的最大值。

各层框架所承担的地震总剪力 V_f 调整后,应按调整前、后总剪力的比值调整每根框架柱和与之相连框架梁的剪力及端部弯矩标准值,框架柱的轴力标准值可不予调整。

应注意,上述调整方法是针对框架柱数量从下至上基本不变或分段有规律变化的规则结构,且只是对地震作用下的内力调整,应取调整后的值与其他荷载下的内力进行组合。而对剪力墙,仍然以弹性计算内力作为设计内力。

【**例6.2**】 有一规则钢筋混凝土框架-剪力墙结构,在地震作用下结构的底部总剪力为 4 300 kN,各层框架部分所承担总剪力中的最大值为 390 kN。该结构某层的总剪力为 2 700 kN,其中同层框架部分所承担总剪力为 280 kN。试问该层框架部分总剪力应取何值进行荷载效应组合?

【**解**】 根据题意可知 $V_0 = 4\ 300$ kN,$V_{f,max} = 390$ kN,$V_i = 2\ 700$ kN,$V_{fi} = 280$ kN

因:$V_{fi} = 280$ kN $< 0.2V_0 = 0.2 \times 4\ 300$ kN $= 860$ kN

故该层框架总剪力 V_{fi} 需进行调整。

$$0.2V_Q = 860\ kN$$

$$1.5V_{f,max} = 1.5 \times 390\ kN = 585\ kN$$

$$V_{fi} = \min(0.2V_0, 1.5V_{f,max}) = 585\ kN$$

故该层框架部分总剪力应取 585 kN 进行荷载效应组合。

► 6.4.2 构造要求

(1)混凝土强度等级

为了便于施工,同一楼层的框架和剪力墙宜采用相同的混凝土强度等级。

剪力墙是抵御地震的第一道防线,通常要承受较多的水平力,因此,为了保证剪力墙的承载能力和变形能力,剪力墙的混凝土强度等级不应低于 C20。当剪力墙形成筒体结构时,其混凝土强度等级不应低于 C30。

(2)截面尺寸要求

框架梁、柱截面及剪力墙截面尺寸分别应符合框架结构和剪力墙结构的有关规定。

带边框的剪力墙抗震设计时,一、二级剪力墙的底部加强部位均不应小于 200 mm,其他情况下不应小于 160 mm。

(3)配筋要求

框架-剪力墙结构中剪力墙竖向和水平分布钢筋的配筋率,抗震设计时均不应小于 0.25%;非抗震设计时均不应小于 0.20%,并应至少双排布置。各排分布钢筋之间应设置拉筋,拉筋直径不应小于 6 mm,间距不应大于 600 mm。

(4)带边框剪力墙的构造

①带边框剪力墙的截面厚度应符合《高层规程》规定的墙体稳定计算要求;抗震设计时,一、二级剪力墙的底部加强部位均不应小于 200 mm,其他情况下不应小于 160 mm。

②剪力墙的水平钢筋应全部锚入边框架柱内,锚固长度不应小于 l_a(非抗震设计)或 l_{aE}(抗震设计)。

③与剪力墙重合的框架梁可保留,亦可做成宽度与墙厚相同的暗梁,暗梁截面高度可取墙厚的 2 倍或与该榀框架梁截面等高,暗梁的配筋可按构造配置且应符合一般框架梁相应抗震等级的最小配筋要求。

④剪力墙截面宜按工字形设计,其端部的纵向钢筋应配置在边框柱截面内。

⑤边框柱截面宜与该榀框架其他柱的截面相同,边框柱应符合框架柱的构造配筋规定;

剪力墙底部加强部位边框柱的箍筋宜沿全高加密;当带边框剪力墙上的洞口紧邻边框柱时,边框柱的箍筋宜沿全高加密。

6.5 框架-剪力墙结构设计实例

▶ 6.5.1 已知条件

某 8 层框架-剪力墙结构的公寓建筑,其结构平面布置如图 6.28 所示。该建筑底层标高为 4.5 m,其他各层为 3.0 m。底层混凝土强度等级为 C35,2 ~ 8 层混凝土强度等级为 C30。竖向荷载统计见表 6.5,基本风压 $w_0 = 0.4$ kN/m²,设防烈度为 7 度,请计算在风荷载及横向水平地震作用下结构的内力和位移。

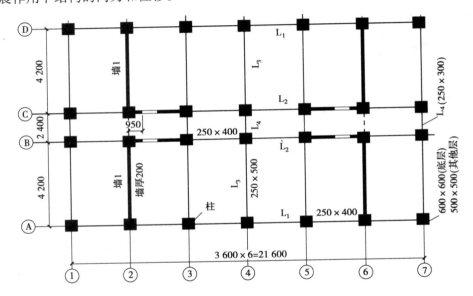

图 6.28 例题 6.3 图

表 6.5 竖向荷载统计表

楼 层	恒荷载/kN	活荷载/kN	(恒荷载 +0.5 活荷载)/kN
楼梯间屋顶	259.2	54.3	286.3
8	3 663.2	583.2	3 954.8
7	2 908.6	583.2	3 200.2
6	2 908.6	583.2	3 200.2
5	2 908.6	583.2	3 200.2
4	2 908.6	583.2	3 200.2
3	2 908.6	583.2	3 200.2

续表

楼 层	恒荷载/kN	活荷载/kN	(恒荷载 +0.5 活荷载)/kN
2	2 908.6	583.2	3 200.2
1	3 505.5	699.8	3 855.4
$\sum$	24 079.5	4 036.5	27 297.8

► 6.5.2 框架梁、柱、剪力墙刚度及连梁约束刚度计算

底层混凝土强度等级为 C35, $E = 3.15 \times 10^7$ kN/m²; 2~8 层混凝土强度等级为 C30, $E = 3.0 \times 10^7$ kN/m。

(1) 梁线刚度计算

梁线刚度计算见表 6.6。

表 6.6 梁线刚度计算表

跨度/m		截面/(m×m)	$I_0 = \dfrac{1}{12}b_b h_b^3$ /m⁴	边 跨		中 跨	
				$I = 1.5I_0$	$i = \dfrac{EI_b}{l_b}$ /(10^4 kN·m)	$I = 2.0I_0$	$i = \dfrac{EI_b}{l_b}$ /(10^4 kN·m)
2.4	底层	0.25×0.30	0.000 562	0.000 844	1.11	0.001 12	1.48
	2~8层				1.05		1.41
4.2	底层	0.25×0.50	0.002 604	0.003 906	2.93	0.005 208	3.91
	2~8层				2.79		3.72

(2) 柱线刚度计算

柱线刚度计算见表 6.7。

表 6.7 柱线刚度计算表

层高/m	截面/(m×m)	$I_0 = \dfrac{1}{12}b_c h_c^3$/m⁴	$i = \dfrac{EI_c}{h}$/(10^4 kN·m)
3.0(2~8层)	0.5×0.5	0.005 208	5.208
5.45(底层)	0.6×0.6	0.010 8	6.242

(3) 框架柱抗推刚度计算

框架柱抗推刚度采用 D 值法计算,每层边框架的边柱和中柱各有 4 根,每层中间框架的边柱和中柱各有 6 根。框架柱抗推刚度计算见表 6.8、表 6.9。

表 6.8   边框架柱抗推刚度计算表

层 高	计算公式	边 柱	中 柱
3 ~ 8 层 $h = 3$ m	$k = \dfrac{\sum i_{\mathrm{b}}}{2i_{\mathrm{c}}}$	$\dfrac{2 \times 2.79}{2 \times 5.208} = 0.536$	$\dfrac{2 \times (2.79 + 1.05)}{2 \times 5.208} = 0.737$
	$\alpha = \dfrac{k}{2+k}$	$\dfrac{0.536}{2+0.536} = 0.211$	$\dfrac{0.737}{2+0.737} = 0.269$
	$D = \alpha\dfrac{12i_{\mathrm{c}}}{h^2}$ $/(10^4 \ \mathrm{kN \cdot m^{-1}})$	$0.211 \times \dfrac{12 \times 5.208}{3.0^2} = 1.468$	$0.269 \times \dfrac{12 \times 5.208}{3.0^2} = 1.870$
2 层 $h = 3$ m	$k = \dfrac{\sum i_{\mathrm{b}}}{2i_{\mathrm{c}}}$	$\dfrac{2.79 + 2.93}{2 \times 5.208} = 0.549$	$\dfrac{2.79 + 2.93 + 1.05 + 1.11}{2 \times 5.208} = 0.756$
	$\alpha = \dfrac{k}{2+k}$	$\dfrac{0.549}{2+0.549} = 0.215$	$\dfrac{0.756}{2+0.756} = 0.274$
	$D = \alpha\dfrac{12i_{\mathrm{c}}}{h^2}$ $/(10^4 \ \mathrm{kN \cdot m^{-1}})$	$0.215 \times \dfrac{12 \times 5.208}{3.0^2} = 1.493$	$0.274 \times \dfrac{12 \times 5.208}{3.0^2} = 1.905$
底层 $h = 5.45$ m	$k = \dfrac{\sum i_{\mathrm{b}}}{i_{\mathrm{c}}}$	$\dfrac{2.93}{6.242} = 0.469$	$\dfrac{2.93 + 1.11}{6.242} = 0.647$
	$\alpha = \dfrac{0.5 + k}{2+k}$	$\dfrac{0.5 + 0.469}{2+0.469} = 0.392$	$\dfrac{0.5 + 0.647}{2+0.647} = 0.433$
	$D = \alpha\dfrac{12i_{\mathrm{c}}}{h^2}$ $/(10^4 \ \mathrm{kN \cdot m^{-1}})$	$0.392 \times \dfrac{12 \times 6.242}{5.45^2} = 0.990$	$0.433 \times \dfrac{12 \times 6.242}{5.45^2} = 1.093$

表 6.9   中间框架柱抗推刚度计算表

层 高	计算公式	边 柱	中 柱
3 ~ 8 层 $h = 3$ m	$k = \dfrac{\sum i_{\mathrm{b}}}{2i_{\mathrm{c}}}$	$\dfrac{2 \times 3.72}{2 \times 5.208} = 0.714$	$\dfrac{2 \times (3.72 + 1.41)}{2 \times 5.208} = 0.985$
	$\alpha = \dfrac{k}{2+k}$	$\dfrac{0.714}{2+0.714} = 0.263$	$\dfrac{0.985}{2+0.985} = 0.330$
	$D = \alpha\dfrac{12i_{\mathrm{c}}}{h^2}$ $/(10^4 \ \mathrm{kN \cdot m^{-1}})$	$0.263 \times \dfrac{12 \times 5.208}{3.0^2} = 1.827$	$0.330 \times \dfrac{12 \times 5.208}{3.0^2} = 2.291$

层 高	计算公式	边 柱	中 柱
2层 $h = 3$ m	$k = \dfrac{\sum i_b}{2i_c}$	$\dfrac{3.72 + 3.91}{2 \times 5.208} = 0.732$	$\dfrac{3.72 + 3.91 + 1.41 + 1.48}{2 \times 5.208} = 1.010$
	$\alpha = \dfrac{k}{2 + k}$	$\dfrac{0.732}{2 + 0.732} = 0.268$	$\dfrac{1.010}{2 + 1.010} = 0.336$
	$D = \alpha \dfrac{12i_c}{h^2}$ $/(10^4 \text{ kN} \cdot \text{m}^{-1})$	$0.268 \times \dfrac{12 \times 5.208}{3.0^2} = 1.861$	$0.336 \times \dfrac{12 \times 5.208}{3.0^2} = 2.330$
底层 $h = 5.45$ m	$k = \dfrac{\sum i_b}{i_c}$	$\dfrac{3.91}{6.242} = 0.626$	$\dfrac{3.91 + 1.48}{6.242} = 0.864$
	$\alpha = \dfrac{0.5 + k}{2 + k}$	$\dfrac{0.5 + 0.626}{2 + 0.626} = 0.429$	$\dfrac{0.5 + 0.864}{2 + 0.864} = 0.476$
	$D = \alpha \dfrac{12i_c}{h^2}$ $/(10^4 \text{ kN} \cdot \text{m}^{-1})$	$0.429 \times \dfrac{12 \times 6.242}{5.45^2} = 1.081$	$0.476 \times \dfrac{12 \times 6.242}{5.45^2} = 1.201$

3~8层每层框架柱的总抗推刚度:

$$\sum D = \left[(1.468 + 1.870) \times 4 + (1.827 + 2.291) \times 6 \right] \times 10^4 \text{ kN/m} = 3.806 \times 10^5 \text{ kN/m}$$

2层框架柱的总抗推刚度:

$$\sum D = \left[(1.493 + 1.905) \times 4 + (1.861 + 2.330) \times 6 \right] \times 10^4 \text{ kN/m} = 3.874 \times 10^5 \text{ kN/m}$$

底层柱的总抗推刚度:

$$\sum D = \left[(1.990 + 1.093) \times 4 + (1.081 + 1.201) \times 6 \right] \times 10^4 \text{ kN/m} = 2.602 \times 10^5 \text{ kN/m}$$

框架柱的平均总抗推刚度:

$$C_F = \frac{\sum_{i=1}^{8} D_i h_i^2}{H} = \frac{3.806 \times 3^2 \times 6 + 3.874 \times 3^2 + 2.602 \times 5.45^2}{3 \times 6 + 3 + 5.45} \times 10^5 \text{ kN} = 1.201 \times 10^6 \text{ kN}$$

(4)剪力墙刚度计算

每层有4片剪力墙。

2~8层:$h = 3$ m,混凝土强度等级为C30,$E = 3.0 \times 10^7$ kN/m²。

底层:$h = 5.45$ m,混凝土强度等级为C35,$E = 3.15 \times 10^7$ kN/m²。

墙1(图6.29):

截面形心:

$$\frac{95 \times 20 \times 190}{95 \times 20 + 400 \times 20} = 36$$

截面惯性矩:

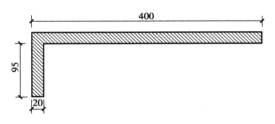

图 6.29 剪力墙计算简图

$$I_w = \left(\frac{1}{12} \times 95 \times 20^3 + 95 \times 20 \times 154^2 + \frac{1}{12} \times 20 \times 400^3 + 20 \times 400 \times 36^2\right) cm^4$$

$$= 1.62 \times 10^8 \ m^4$$

2～8 层每片墙的刚度：$EI_{wi} = 3.0 \times 10^7 \times 1.62 \ kN \cdot m^2 = 4.86 \times 10^7 \ kN \cdot m^2$

底层每片墙的刚度：$EI_{wi} = 3.15 \times 10^7 \times 1.62 \ kN \cdot m^2 = 5.103 \times 10^7 \ kN \cdot m^2$

总剪力墙的平均刚度：

$$EI_w = \frac{4.86 \times 4 \times 3 \times 7 + 5.103 \times 4 \times 5.45}{3 \times 7 + 5.45} \times 10^7 \ kN \cdot m^2 = 19.64 \times 10^7 \ kN \cdot m^2$$

（5）连梁约束刚度计算

每层有 2 根 A 类连梁与剪力墙连接。

每根连梁截面：$0.25 \ m \times 0.3 \ m$。

不考虑梁的剪切变形的影响：$\beta = 0$

$$al = bl = \frac{4.2 + 0.5}{2} m - \frac{1}{4} \times 0.30 \ m = 2.275 \ m$$

$$l = (2.1 + 2.1 + 2.4) m = 6.6 \ m$$

$$a = b = (al)/l = 2.275 \div 6.6 = 0.345$$

2～8 层每层每根连梁刚度：

$$EI_b = 2EI_0 = 2 \times 3.0 \times 10^7 \times \frac{0.25 \times 0.3^3}{12} kN \cdot m^2 = 3.375 \times 10^4 \ kN \cdot m^2$$

2～8 层每层每根连梁的约束弯矩：

$$m_{12} = m_{21} = \frac{6EI_b(1 + a - b)}{l(1 + \beta)(1 - a - b)^3} = \frac{6EI_b}{l(1 - a - b)^3}$$

$$= \frac{6 \times 3.375 \times 10^4}{6.6 \times (1 - 0.345 - 0.345)^3} kN \cdot m = 9.897 \times 10^4 \ kN \cdot m$$

底层每根连梁刚度：

$$EI_b = 2EI_0 = 2 \times 3.15 \times 10^7 \times \frac{0.25 \times 0.3^3}{12} kN \cdot m^2 = 3.544 \times 10^4 \ kN \cdot m^2$$

底层每根连梁的约束弯矩：

$$m_{12} = m_{21} = \frac{6EI_b(1 + a - b)}{l(1 + \beta)(1 - a - b)^3} = \frac{6EI_b}{l(1 - a - b)^3}$$

$$= \frac{6 \times 3.544 \times 10^4}{6.6 \times (1 - 0.345 - 0.345)^3} kN \cdot m = 10.393 \times 10^4 \ kN \cdot m$$

连梁沿高度均布的约束刚度：

$$C_{bi} = \frac{\sum m_{ij}}{\sum h} = \frac{7 \times (9.897 + 9.897) \times 10^4 + (10.393 + 10.393) \times 10^4}{3 \times 7 + 5.45} kN = 6.024 \times 10^4 \ kN$$

总连梁的平均约束刚度：

$$C_b = \sum C_{bi} = 2 \times 6.204 \times 10^4 \ kN = 1.205 \times 10^5 \ kN$$

► 6.5.3 水平荷载计算

（1）风荷载计算

作用在楼层处集中风荷载标准值为（见表 6.10）：

$$w_k = \beta_z \mu_s \mu_z w_0 (h_i + h_j) B/2$$

式中　β_z——风振系数，取 $\beta_z = 1$；

　　　μ_s——风荷载体型系数，根据建筑物的体型查得 $\mu_s = 1.3$；

　　　μ_z——风压高度变化系数；

　　　w_0——基本风压，取 $w_0 = 0.4 \ kN/m^2$；

　　　h_j——下层柱高；

　　　h_i——上层柱高，对顶层为女儿墙高度的 2 倍；

　　　B——迎风面的宽度，取 $B = 21.6 \ m$。

表 6.10　集中风荷载标准值及产生的倾覆力矩

楼层	离地高度 z_i/m	H_i/m	μ_s	μ_z	w_0	h_i/m	h_j/m	B/m	w_k/kN	$M_i = w_k H_i$ $/(kN \cdot m)$
8	25.50	26.45	1.30	1.34	0.40	3.00	2.40	21.6	40.64	1 074.93
7	22.50	23.45	1.30	1.29	0.40	3.00	3.00	21.6	43.47	1 019.37
6	19.50	20.45	1.30	1.24	0.40	3.00	3.00	21.6	41.78	854.40
5	16.50	17.45	1.30	1.17	0.40	3.00	3.00	21.6	39.42	687.88
4	13.50	14.45	1.30	1.10	0.40	3.00	3.00	21.6	37.07	535.66
3	10.50	11.45	1.30	1.01	0.40	3.00	3.00	21.6	34.03	389.64
2	7.50	8.45	1.30	1.00	0.40	3.00	3.00	21.6	33.70	284.77
1	4.50	5.45	1.30	1.00	0.40	4.50	3.00	21.6	42.12	229.55
M_0										5 076.20

将楼层集中力按基底弯矩相等的原则折算成倒三角形荷载：

$$M_0 = \frac{1}{2} qH \times \frac{2}{3} H = \frac{1}{3} qH^2$$

$$q = \frac{3M_0}{H^2} = \frac{3 \times 5076.20}{26.45^2} \ kN/m = 21.77 \ kN/m$$

$$V_0 = \frac{1}{2} qH = \frac{1}{2} \times 21.77 \times 26.45 \ kN = 287.91 \ kN$$

（2）地震作用计算

在采用微分方程建立自由振动方程解无限自由度体系连续结构的基础上，求出结构动力特性，框架-剪力墙结构第1,2,3振型的自振周期可按下式计算：

$$T_j = \psi_T \varphi_j H^2 \sqrt{\frac{G}{HgEI_w}} \quad (j = 1,2,3)$$

式中　T_j——结构自振周期；

　　　φ_j——由图6.30查出的框架-剪力墙结构自振周期系数；

　　　ψ_T——考虑非承重墙刚度对结构自振周期影响的折减系数，框架结构可取 0.6 ~ 0.7，框架-剪力墙结构可取 0.7 ~ 0.8，剪力墙结构可取 0.9 ~ 1.0。

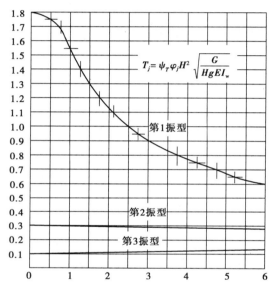

图6.30　框架-剪力墙结构自振周期系数

结构基本自振周期：

$$T_1 = \psi_T \varphi_1 H^2 \sqrt{\frac{G}{HgEI_w}}$$

框架-剪力墙结构的刚度特征值：

$$\lambda = H\sqrt{\frac{C_F + C_b}{EI_w}} = 26.45 \times \sqrt{\frac{(12.01 + 1.205) \times 10^5}{19.64 \times 10^7}} = 2.170$$

查表得 $\psi_T = 0.8, \varphi_1 = 1.1$。故

$$T_1 = \psi_T \varphi_1 H^2 \sqrt{\frac{G}{HgEI_w}} = 0.8 \times 1.1 \times 26.45^2 \times \sqrt{\frac{27\,297.8}{26.45 \times 9.8 \times 19.64 \times 10^7}} \text{ s} = 0.451 \text{ s}$$

该场地土为Ⅱ类，地震设计分组为第一组，场地特征周期 $T_g = 0.35$ s，$\alpha = 0.08$，$T_g < T_1 = 0.451$ s < 3.0 s。故

$$\alpha = \left(\frac{T_g}{T}\right)^{0.9} \times \alpha_{max} = \left(\frac{0.35}{0.451}\right)^{0.9} \times 0.08 = 0.063\,7$$

$$G_{eq} = 0.85G_E = 0.85 \times 27\,297.8 \text{ kN} = 23\,203.13 \text{ kN}$$

主体结构底部剪力标准值为：$F_{Ek} = \alpha G_{eq} = 0.063\ 7 \times 23\ 203.13\ \text{kN} = 1\ 478\ \text{kN}$

各楼层质点的水平地震作用计算：

$T_g = 0.35\ \text{s}, T_1 = 0.451\ \text{s} < 1.4\ T_g = 0.49\ \text{s}$，故顶部附加地震作用系数 $\delta_n = 0$。

$$F_i = \frac{G_i H_i}{\sum G_j H_j} F_{Ek} = 1\ 478\ \frac{G_i H_i}{\sum G_j H_j}$$

各楼层质点的水平地震作用计算见表 6.11。

表 6.11　各楼层质点的水平地震作用

楼　层	H_i /m	G_i /kN	$G_i H_i$ /(kN·m)	$\dfrac{G_i H_i}{\sum G_j H_j}$	F_i /kN	V_i /kN	$F_i H_i$ /(kN·m)
楼梯间	29.15	286.3	8 345.6	0.014	20.69	20.69	603.17
8	26.45	3 954.8	104 604.46	0.238	351.76	372.45	9 304.05
7	23.45	3 200.2	75 044.69	0.170	251.26	623.71	5 892.05
6	20.45	3 200.2	65 444.09	0.144	212.83	836.54	4 352.41
5	17.45	3 200.2	55 843.49	0.127	187.71	1 024.25	3 275.47
4	14.45	3 200.2	46 242.89	0.105	155.19	1 179.44	2 242.50
3	11.45	3 200.2	36 642.29	0.083	122.67	1 302.11	1 404.62
2	8.45	3 200.2	27 041.69	0.061	90.16	1 392.27	761.84
1	5.45	3 855.4	21 011.93	0.048	70.95	1 463.22	386.65
$\sum$		27 297.8	440 221.13	1	1 463.22		28 222.76

将楼层集中力按基底弯矩相等的原则折算成三角形荷载：

$$M_0 = \frac{1}{2}qH \times \frac{2}{3}H = \frac{1}{3}qH^2$$

$$q = \frac{3M_0}{H^2} = \frac{3 \times 28\ 222.76}{26.45^2}\text{kN/m} = 121.02\ \text{kN/m}$$

$$V_0 = \frac{1}{2}qH = \frac{1}{2} \times 121.02 \times 26.45 = 1\ 600.49\ \text{kN}$$

► **6.5.4　风荷载作用下结构协同工作及水平位移计算**

（1）由 λ 值及荷载类型计算

当考虑连梁约束刚度 C_b 的影响时，计算结构内力、位移所用的 λ 值与计算结构周期时不同，因考虑连梁塑性调幅，连梁约束刚度 C_b 乘以 0.55 折减系数，重新计算值。塑性调幅后连梁约束刚度为：

$$\lambda = H\sqrt{\frac{C_F + C_b}{EI_w}} = 26.45 \times \sqrt{\frac{(12.01 + 0.55 \times 1.205) \times 10^5}{19.64 \times 10^7}} = 2.125$$

总框架承担的剪力：

$$V_f = \frac{C_F}{C_F + C_b}\overline{V}_f = \frac{12.01}{12.01 + 0.55 \times 1.205}\overline{V}_f = 0.948\overline{V}_f$$

总连梁的线约束弯矩:

$$m = \frac{C_b}{C_F + C_b}\overline{V}_f = \frac{0.55 \times 1.205}{12.01 + 0.55 \times 1.205}\overline{V}_f = 0.052\overline{V}_f$$

总剪力墙剪力:$V_w = V'_w + m$

利用倒三角形分布荷载作用下的图表 6.5、图表 6.6 计算的内力列于表 6.12 中。

也可利用下式计算:

$$\frac{M_w}{M_0} = \frac{3}{\lambda^2}\left[\left(1 + \frac{\lambda \, \text{sh} \, \lambda}{2} - \frac{\text{sh} \, \lambda}{\lambda}\right)\frac{\text{ch} \, \lambda \xi}{\text{ch} \, \lambda} - \left(\frac{\lambda}{2} - \frac{1}{\lambda}\right)\text{sh} \, \lambda \xi - \xi\right]$$

$$\frac{V'_w}{V_0} = \frac{2}{\lambda^2}\left[\left(1 + \frac{\lambda \, \text{sh} \, \lambda}{2} - \frac{\text{sh} \, \lambda}{\lambda}\right)\frac{\lambda \, \text{sh} \, \lambda \xi}{\text{ch} \, \lambda} - \left(\frac{\lambda}{2} - \frac{1}{\lambda}\right)\lambda \, \text{ch} \, \lambda \xi - 1\right]$$

$$\frac{\overline{V}_w}{V_0} = (1 - \xi^2) - \frac{V'_w}{V_0}$$

(2)结构总内力计算

各层剪力墙底截面内力 M_w,V_w,见表 6.12 的计算结果。其结构总内力计算汇总见表 6.13。

表 6.12　各层剪力墙底截面内力计算表

楼层	高度 H/m	$\xi = x/H$	M_w/M_0	M_w	V'_w/V_0	V'_w	$\overline{V}_f/V_0$	$\overline{V}_f$	V_f	$m(\xi)$	V_w
		$\lambda = 2.215$		$M_0 = 5\,076.20$ kN·m		$V_0 = 287.91$ kN		$q = 21.77$ kN/m			
8	26.45	1.000	0.000	0.000	−0.326	−93.86	0.326	93.86	88.98	4.88	−88.98
7	23.45	0.887	−0.039	−197.97	−0.145	−41.75	0.359	103.36	97.98	5.37	−36.37
6	20.45	0.773	−0.053	−269.04	−0.030	−8.64	0.432	124.38	117.91	6.47	−2.17
5	17.45	0.660	−0.051	−258.89	0.052	14.97	0.513	147.70	140.02	7.68	22.65
4	14.45	0.546	−0.036	−182.74	0.120	34.55	0.581	167.28	158.58	8.70	43.25
3	11.45	0.433	−0.010	−50.76	0.195	56.14	0.618	177.93	168.68	9.25	65.39
2	8.45	0.319	0.031	157.36	0.294	84.65	0.603	173.61	164.58	9.03	93.67
1	5.45	0.206	0.093	472.09	0.446	128.41	0.512	147.41	139.74	7.67	136.07
0	0	0.000	0.304	1\,543.16	1.000	287.91	0.000	0.000	0.000	0.000	287.91

表 6.13　结构总内力计算汇总表

楼层	总剪力墙		总框架	总连梁
	$M_w/(\text{kN·m})$	V_w/kN	V_f/kN	$M_{bj}/(\text{kN·m})$
8	0.00	−88.98	88.98	14.64
7	−197.97	−36.37	97.98	16.12
6	−269.04	−2.17	117.91	19.40

续表

楼 层	总剪力墙		总框架	总连梁
	$M_w/(kN \cdot m)$	V_w/kN	V_f/kN	$M_{bj}/(kN \cdot m)$
5	−258.89	22.65	140.02	23.04
4	−182.74	43.25	158.58	26.10
3	−50.76	65.39	168.68	27.76
2	157.36	93.67	164.58	27.08
1	472.09	136.07	139.74	28.74
0	1 543.16	287.91	0.00	0.00

各层总框架柱剪力应由上、下层处 V_f 值近似计算: $V_{fi} = (V_{f(i-1)} + V_f)/2$

各层连梁总约束弯矩: $M_{bj} = \dfrac{m(\xi)(h_i + h_{i-1})}{2}$

(3)结构位移计算

$$f_H = \frac{11qH^4}{120EI_w} = 4.973 \text{ mm}$$

结构位移计算结果见表6.14。

表6.14 风荷载作用下结构位移计算表

楼 层	H_i/m	$\xi = x/H$	$Y(\xi)/f_H$	$Y(\xi)/mm$	$\Delta y_i/mm$
8	26.45	1.000	0.375	1.865	0.154
7	23.45	0.887	0.344	1.711	0.259
6	20.45	0.773	0.292	1.452	0.368
5	17.45	0.660	0.218	1.084	0.134
4	14.45	0.546	0.191	0.950	0.194
3	11.45	0.433	0.152	0.756	0.343
2	8.45	0.319	0.083	0.413	0.134
1	5.45	0.206	0.056	0.278	0.273

倒三角形荷载作用下位移也可用下式计算:

$$\frac{Y(\xi)}{f_H} = \frac{120}{11\lambda^2}\left[\left(1 + \frac{\lambda \text{ sh } \lambda}{2} - \frac{\text{sh } \lambda}{\lambda}\right)\frac{\text{ch } \lambda\xi - 1}{\lambda^2 \text{ch } \lambda} + \left(\frac{1}{2} - \frac{1}{\lambda^2}\right)\left(\xi - \frac{\text{sh } \lambda}{\lambda}\right) - \frac{\xi^3}{6}\right]$$

层间最大相对位移 $\left[\dfrac{\Delta y_i}{h_i}\right] = \dfrac{0.368}{3\,000} = \dfrac{1}{8\,152} < \dfrac{1}{800}$,满足要求。

► **6.5.5 横向水平地震作用下结构协同工作及水平位移计算**

(1)λ 值及荷载类型计算

当考虑连梁约束刚度 C_b 影响时,计算结构内力、位移所用的 λ 值与计算结构周期时不

同,因考虑连梁塑性调幅,连梁约束刚度 C_b 乘以 0.55 折减系数,重新计算 λ 值。塑性调幅后连梁约束刚度为:

$$\lambda = H\sqrt{\frac{C_F + C_b}{EI_w}} = 26.45 \times \sqrt{\frac{(12.01 + 0.55 \times 1.205) \times 10^5}{19.64 \times 10^7}} = 2.125$$

总框架承担的剪力:

$$V_f = \frac{C_F}{C_F + C_b}\overline{V}_f = \frac{12.01}{12.01 + 0.55 \times 1.205}\overline{V}_f = 0.948\,\overline{V}_f$$

总连梁的线约束弯矩:

$$m = \frac{C_b}{C_F + C_b}\overline{V}_f = \frac{0.55 \times 1.205}{12.01 + 0.55 \times 1.205}\overline{V}_f = 0.052\,\overline{V}_f$$

总剪力墙剪力: $V_w = V'_w + m$

利用倒三角形分布荷载作用下的图表 6.5、图表 6.6 计算的内力列于表 6.15 中。

也可利用下式计算:

$$\frac{M_w}{M_0} = \frac{3}{\lambda^2}\left[\left(1 + \frac{\lambda\,\text{sh}\,\lambda}{2} - \frac{\text{sh}\,\lambda}{\lambda}\right)\frac{\text{ch}\,\lambda\xi}{\text{ch}\,\lambda} - \left(\frac{\lambda}{2} - \frac{1}{\lambda}\right)\text{sh}\,\lambda\xi - \xi\right]$$

$$\frac{V'_w}{V_0} = \frac{2}{\lambda^2}\left[\left(1 + \frac{\lambda\,\text{sh}\,\lambda}{2} - \frac{\text{sh}\,\lambda}{\lambda}\right)\frac{\lambda\,\text{sh}\,\lambda\xi}{\text{ch}\,\lambda} - \left(\frac{\lambda}{2} - \frac{1}{\lambda}\right)\lambda\,\text{ch}\,\lambda\xi - 1\right]$$

$$\frac{\overline{V}_w}{V_0} = (1 - \xi^2) - \frac{V'_w}{V_0}$$

(2)结构总内力计算

各层剪力墙底截面内力 M_w,V_w,见表 6.15 的计算结果。其结构总内力计算汇总见表 6.16。

表 6.15　各层剪力墙底截面内力计算表

| 楼层 | 高度 h/m | $\lambda = 2.215$　$M_0 = 28\,222.76\ \text{kN·m}$　$V_0 = 1\,600.49\ \text{kN}$　$q = 121.02\ \text{kN/m}$ | | | | | | | | |
		$\xi = x/H$	M_w/M_0	M_w	V'_w/V_0	V'_w	$\overline{V}_f/V_0$	$\overline{V}_f$	V_f	$m(\xi)$	V_w
8	26.45	1.000	0.000	0.000	−0.326	−521.76	0.326	521.76	494.63	27.13	−494.63
7	23.45	0.887	−0.039	−1 100.69	−0.145	−232.07	0.359	574.58	544.70	29.88	−202.19
6	20.45	0.773	−0.053	−1 495.81	−0.030	−48.01	0.432	691.41	655.46	35.95	−12.06
5	17.45	0.660	−0.051	−1 439.36	0.052	83.22	0.513	821.05	778.36	42.69	125.91
4	14.45	0.546	−0.036	−1 016.02	0.120	192.06	0.581	929.88	881.53	48.35	240.41
3	11.45	0.433	−0.010	−282.23	0.195	312.10	0.618	989.10	937.67	51.43	363.53
2	8.45	0.319	0.031	874.91	0.294	470.54	0.603	965.10	914.92	50.19	520.73
1	5.45	0.206	0.093	2 624.72	0.446	713.82	0.512	819.45	776.84	42.61	756.43
0	0	0.000	0.304	8 579.72	1.000	1 600.49	0.000	0.000	0.000	0.000	1 600.49

各层总框架柱剪力应由上、下层处 V_f 值近似计算: $V_{fi} = (V_{f(i-1)} + V_f)/2$

各层连梁总约束弯矩: $M_{bj} = \dfrac{m(\xi)(h_i + h_{i-1})}{2}$

表 6.16　结构总内力计算汇总表

楼　层	总剪力墙		总框架	总连梁
	$M_w/(\text{kN·m})$	V_w/kN	V_f/kN	$M_{bj}/(\text{kN·m})$
8	0.000	−494.63	494.63	81.39
7	−1 100.69	−202.19	544.70	89.64
6	−1 495.81	−12.06	655.46	107.85
5	−1 439.36	125.91	778.36	128.07
4	−1 016.02	240.41	881.53	145.05
3	−282.23	363.53	937.67	154.29
2	874.91	520.73	914.92	150.57
1	2 624.72	756.43	776.84	127.83
0	8 579.72	1 600.49		

（3）结构位移计算

结构位移计算结果见表 6.17。

表 6.17　横向水平地震作用下结构位移计算表

楼　层	H_i/m	$\xi = x/H$	$Y(\xi)/f_H$	$Y(\xi)/\text{mm}$	$\Delta y_i/\text{mm}$
8	26.45	1.000	0.375	12.197	1.009
7	23.45	0.887	0.344	11.188	1.691
6	20.45	0.773	0.292	9.497	2.406
5	17.45	0.660	0.218	7.091	0.879
4	14.45	0.546	0.191	6.212	1.268
3	11.45	0.433	0.152	4.944	2.245
2	8.45	0.319	0.083	2.699	0.878
1	5.45	0.206	0.056	1.821	1.821

倒三角形荷载作用下位移也可用下式计算:

$$\frac{Y(\xi)}{f_H} = \frac{120}{11\lambda^2}\left[\left(1 + \frac{\lambda \, \text{sh} \, \lambda}{2} - \frac{\text{sh} \, \lambda}{\lambda}\right)\frac{\text{ch} \, \lambda\xi - 1}{\lambda^2 \text{ch} \, \lambda} + \left(\frac{1}{2} - \frac{1}{\lambda^2}\right)\left(\xi - \frac{\text{sh} \, \lambda}{\lambda}\right) - \frac{\xi^3}{6}\right]$$

层间最大相对位移 $\left[\dfrac{\Delta y_i}{h_i}\right] = \dfrac{2.406}{3\,000} = \dfrac{1}{1\,247} < \dfrac{1}{800}$,满足要求。

总框架剪力的调整:对总框架剪力 $V_f < 0.2V_0$ 的楼层,楼层 V_{fi} 取 $1.5V_{f,max}$ 和 $0.2V_0$ 中较小值。各层框架总剪力调整后,按调整前后的比例放大各柱和梁的剪力及端部弯矩,柱轴力不放大。

总剪力墙在结构底部承担地震弯矩：$\dfrac{8\,579.72}{28\,222.76}\times100\%=30\%<50\%$。

因此,框架抗震等级为三级,剪力墙抗震等级为二级。

总剪力墙的内力在各片剪力墙中的分配按墙的等效抗弯刚度来分配,总框架的内力在各榀框架之间的分配按框架柱的抗侧移刚度分配,限于篇幅,不再进行各抗侧力构件的内力计算,可参考第4章和第5章中的相关内容。

思考题

6.1 框架-剪力墙结构协同工作计算的目的是什么？总剪力在各榀抗侧力结构间的分配与纯框架结构及纯剪力墙结构有什么根本区别？

6.2 框架-剪力墙结构在侧向力作用下的水平位移曲线有什么特点？

6.3 结合框架-剪力墙结构的特点,说说框架-剪力墙的结构布置应注意哪几个方面的问题？

6.4 合理确定剪力墙的数量应兼顾哪两方面的要求？具体设计时可参考哪些指标来确定剪力墙的合理数量？

6.5 剪力墙位置的布置应遵循哪些原则？为什么？

6.6 框架-剪力墙结构中框架、剪力墙的设置有哪些要求？

6.7 框架-剪力墙结构在水平荷载作用下内力近似计算方法作了哪些假定？其近似计算方法应满足哪些应用条件？

6.8 框架-剪力墙结构中总连梁的刚度考虑何类梁对墙产生的约束作用？

6.9 框架-剪力墙结构中水平总剪力在各抗侧力结构间是怎样分配的？D值与C_{F}值的物理意义有什么不同？它们之间有什么关系？

6.10 怎样利用微分方程的边界条件确定铰接体系和刚接体系的微分方程的解？

6.11 怎样区别铰接体系和刚接体系？它们在计算内容和步骤上有何异同？

6.12 简述刚接体系剪力墙和框架剪力及连梁约束弯矩的计算步骤。

6.13 怎样计算框架-剪力墙结构各剪力墙、框架和连梁的内力？

6.14 当框架或剪力墙沿高度方向刚度变化时,怎样计算 λ 值？

6.15 何谓刚度特征值 λ？它对内力分配及侧移变形有什么影响？

6.16 怎样进行框架-剪力墙结构中的框架和剪力墙的截面设计？其构造要求有哪些？

6.17 水平力作用下框架-剪力墙结构中框架内力为什么需要作调整？怎样调整？

习 题

6.1 某14层框架-剪力墙结构为规则建筑,已知在水平地震作用下结构的总基底剪力 $V_0=12\,000$ kN,框架的总剪力最大值在第5层,$V_{\mathrm{f,max}}=1\,800$ kN,经计算得该层某一根柱在水平地震作用下的内力标准值为:上端弯矩 $M_\text{上} = \pm 120$ kN·m,下端弯矩 $M_\text{下} = \pm 280$ kN·m;剪力 $V = 70$ kN;轴力 $N_{\max} = 400$ kN。计算该柱应采用的内力值为下列( )。

A. $M_\text{上} = \pm 160$ kN·m, $M_\text{下} = \pm 373$ kN·m, $V = 93$ kN, $N_{\max} = 400$ kN

B. $M_\text{上} = \pm 160$ kN·m, $M_\text{下} = \pm 373$ kN·m, $V = 93$ kN, $N_{\max} = 533$ kN

C. $M_\text{上} = \pm 180$ kN·m, $M_\text{下} = \pm 390$ kN·m, $V = 110$ kN, $N_{\max} = 400$ kN

D. $M_\text{上} = \pm 180$ kN·m, $M_\text{下} = \pm 390$ kN·m, $V = 110$ kN, $N_{\max} = 600$ kN

6.2 某高层现浇框架-剪力墙结构,抗震设防烈度 8 度,高度 61 m,丙类建筑,Ⅰ 类场地,设计地震分组为一组。在重力荷载(包括恒活载及活荷载)代表值、风荷载标准值及水平地震作用标准值作用下,第三层框架边柱的轴压力标准值分别为:重力荷载效应 $N_\text{G} = 5\,920$ kN,风荷载效应 $N_\text{w} = 100$ kN,水平地震作用效应 $N_\text{Eh} = 380$ kN,柱截面为 700 mm × 700 mm,混凝土强度等级为 C40,$f_\text{c} = 19.1$ MPa。下列为该柱轴压比验算结果,( )项是正确的。

A. $\mu_\text{N} = 0.815 < 0.85$,满足二级要求

B. $\mu_\text{N} = 0.815 < 0.95$,满足三级要求

C. $\mu_\text{N} = 0.829 < 0.90$,满足三级要求

D. $\mu_\text{N} = 0.673 < 0.75$,满足一级要求

7

筒体结构设计简介

〖**本章学习要点**〗

了解筒体结构的类型、受力特点及基本的布置要求；

理解掌握"剪力滞后效应"的概念；

了解筒体结构的近似计算方法及截面设计要点、构造要求；

了解带转换层高层建筑结构的特点、应用及转换层的结构布置要点。

7.1　筒体结构概念设计

将剪力墙布置成封闭的筒状，就形成空间薄壁筒体。在结构上，筒体结构可提高材料利用率；在建筑布置上，往往利用筒体作电梯间、楼梯间和竖向管道的通道。在水平荷载作用下，筒体可看成固定于基础上的箱形悬臂构件，其承载能力、侧向刚度和抗扭能力都较单片剪力墙大大提高。

组成筒体的基本形式有实腹筒、框筒及桁架筒三种，如图 7.1 所示。

实腹筒就是用剪力墙围成的筒体。

在实腹筒的墙体上开出许多规则排列的窗洞所形成的开孔筒体称为框筒，它实际上是由密排柱和刚度很大的窗裙梁形成的密柱深梁框架围成的筒体。

如果筒体的四壁由竖杆和斜杆形成的桁架组成，则称为桁架筒。

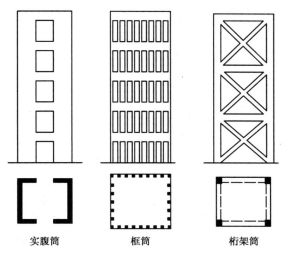

图 7.1　筒体结构的基本形式

实腹筒　　　框筒　　　桁架筒

▶ 7.1.1　筒体结构的类型

根据框架与剪力墙的组合情况,筒体结构可分为以下类型(图7.2):

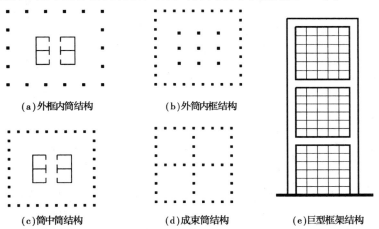

(a)外框内筒结构　　　(b)外筒内框结构

(c)筒中筒结构　　　(d)成束筒结构　　　(e)巨型框架结构

图 7.2　筒体结构的类型

(1)外框内筒结构

内部设置实腹筒体(电梯井、楼梯间等),外围布置稀柱框架。典型形式为框架-核心筒结构、框架-筒体结构。

(2)外筒内框结构

内部为普通框架,外围为框架筒。

(3)筒中筒结构

筒中筒结构是上述筒体单元的组合,通常由实腹筒作内部核心筒,框筒或桁架筒作外筒,两个筒共同抵抗水平力作用。

(4)多筒结构体系

多筒结构一般有成束筒和巨型框架两种形式。

①成束筒结构：两个以上框筒（或其他筒体）排列在一起成束状，称为成束筒。

②巨型框架结构：利用筒体作为柱子，在各筒体之间每隔数层用巨型梁相连，筒体和巨型梁即形成巨型框架。

▶ 7.1.2 筒体结构的受力特点

筒体结构的显著特点是空间作用显著，理论计算分析复杂。筒体结构一般比单片平面结构具有更大的抗侧刚度和承载力，并具有很好的抗扭刚度。在水平力作用下，筒体可看成固定于基础上的箱形悬臂构件，呈空间整截面工作状态。

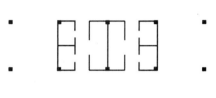

图 7.3 框架-核心筒结构的典型平面

（1）框架-核心筒结构的受力特点

框架-核心筒结构在水平荷载作用下，核心筒刚度大，是抗侧力主体，承担大部分剪力；而框架承担的剪力较小。外框架以剪切型变形为主，内筒以弯曲型变形为主，在楼盖的作用下，两者位移需协调，其侧移曲线呈弯剪型。

框架-核心筒结构的典型平面及实例如图7.3、图7.4 所示。

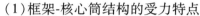

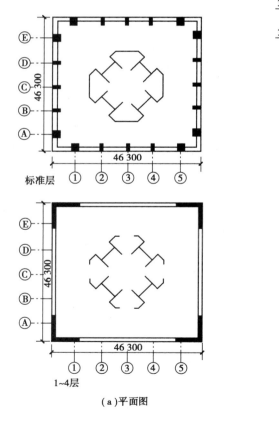

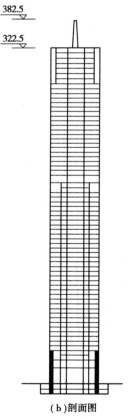

（a）平面图 （b）剖面图

图 7.4 框架-核心筒结构实例——广州中信广场

现代土木工程应用中,框架-核心筒结构多采用周边稀柱框架与核心筒构成,通常又称为筒体-稀柱框架结构。这种结构体系与建筑功能结合紧密,有以下三个显著的特点:

①充分利用建筑平面中的核心。高层建筑的竖向交通、消防疏散及设备管井一般有两个基本要求,即一是竖向连续,二是在平面中心。利用建筑核心构成结构核心筒,既有利于建筑防火分隔的要求,又有利于发挥核心筒承重、抗侧移的核心作用。

②周边稀柱框架的柱距一般为 8 ~ 12 m,一方面有利于室内对外景观视野的开阔,改善室内使用质量;另一方面有利于下部车库汽车停放和入口、商业裙房大空间的处理,同时可以避免刚度突变、竖向主体结构不连续、结构转换等对高层结构抗震不利的因素。

③室内使用空间灵活,周边稀柱与核心筒的距离一般为 8 ~ 12 m,这样的空间尺度既有利于建筑室内的灵活隔断使用,又能使室内有效使用空间进深不致过大,室内生活工作的人能与自然有直接的交融,提高建筑使用质量。

实际工程中的筒体-稀柱框架结构体系主要可以归纳为以下两大类:

第一类为铰接筒体-稀柱框架结构体系。这类体系构成的主要特点是楼屋面梁采用钢梁;它与核心筒、周边框架梁柱的连接一般均宜为铰接,即采用腹板连接板,螺栓连接辅以局部焊接,连接节点只能承受和传递楼面梁重力荷载下自身梁端剪力,楼屋面梁仅承受重力荷载。这类体系的竖向构件中央核心筒与周边稀柱框架的结构构成又可分为以下三种:全钢结构,核心筒采用竖向放置的钢桁架或钢支撑,周边稀柱框架采用钢梁、钢柱刚性连续连接构成;钢-混凝土组合结构,中央核心筒壁的正应力集中部位和周边稀柱框架的框架柱采用型钢柱外包混凝土或钢板箱形截面、管形截面内填混凝土,框架梁或采用钢梁与钢柱焊接,或采用钢筋混凝土;中央核心筒壁和周边框架梁柱均采用现浇钢筋混凝土结构。

上述铰接筒体-稀柱框架结构施工机械装配化、工厂预制化程度高,施工速度快,在西方国家,由于工地劳动成本高,钢材混凝土价差小,所以应用广泛。

第二类为刚接筒体-稀柱框架结构体系。其主要特点是楼屋面梁采用现浇钢筋混凝土。它与楼面板、中央核心筒、周边稀柱框架的混凝土一起现场浇筑。楼屋面梁与中央核心筒和周边稀柱框架的连接一般应为连续性刚接,连接节点不仅能承受和传递楼屋面梁自身重力荷载下的梁端剪力和弯矩,而且还要协助参与重力荷载下整体结构竖向构件核心筒、框架柱轴向变形差异协调工作,承受并传递此二次应力产生的作用与楼屋面梁的梁端弯矩和剪力,同时还能承受和传递水平荷载下作用于楼屋面梁梁端的弯矩和剪力。此现浇钢筋混凝土楼屋面梁不仅参与整体结构承受重力荷载的作用,而且非常有效地参与整体结构的抗侧工作。这类体系的竖向构件中央核心筒与周边框架柱可采用现浇钢筋混凝土或钢筋高强混凝土,也可采用钢筋混凝土核心筒与型钢混凝土组合框架柱。

刚接筒体-稀柱框架结构的中央核心筒和周边稀柱框架,直接通过层层楼屋面梁刚性连接共同抗侧和协同承受重力荷载。在整个结构的抗侧工作中,由于楼屋面梁层层直接将中央核心筒和框架边柱相连,层层楼屋面梁的抗弯刚度都发挥了作用,整个结构空间整体侧移工作的特性发挥极佳,周边稀柱框架不但没有剪力滞后效应,反而"剪力提前"——水平荷载方向上,与楼屋面梁直接相连的框架边柱轴力、剪力反而比角柱大,整个周边框架受力比较均匀合理。但是,对于一般的刚接筒体-稀柱框架高层结构来说,中央核心筒往往还起着主要的抗侧作用,它通常要承受 60% 以上的总倾覆力矩和全部基底剪力,从中央核心筒承载能力和整

体结构抗震延性考虑,通常要求重力荷载下中央核心筒压应力水平比框架柱压应力水平低一些。这时,刚接的楼屋面梁必将参与协调中央核心筒和周边框架柱轴向变形的差异,从而使自身在重力荷载下即处于较高的内应力状态。可见,此类结构设计需要解决的重要课题是如何进一步发挥周边框架柱的整体抗侧作用,以减少重要核心筒承受的倾覆力矩;同时,设法缩小中央核心筒与周边框架柱重力荷载下压应力水平的差异,改善楼屋面梁重力荷载下的工作状态。

筒体-稀柱框架结构目前很重要的发展趋势是增设刚性加强层——利用设备层、避难层设置刚度较大的从中央核心筒外伸的刚臂桁架、刚臂梁,直接与周边框架柱相连,以进一步发挥周边框架柱的整体抗侧作用,提高整体结构的抗侧刚度。这种结构对铰接筒体-稀柱框架结构尤为合适,它可大大减缓结构抗侧力剪力滞后效应和角柱应力集中。对刚接筒体-稀柱框架结构体系,这种结构也有减缓楼屋面梁高应力的效果。因为框架边柱抗侧力、抗倾覆吸收的轴力加大,需要框架边柱加大断面以满足组合设计内力对应的承载力需要,这就使框架边柱截面适当加大,其重力荷载下压应力水平有所降低;同时,中央核心筒抗侧力承受的整体倾覆弯矩有所减少,有利于适当提高中央核心筒重力荷载压应力水平。这样,重力荷载下中央核心筒与周边框架柱的压应力水平趋向接近,它们的轴向变形差异趋向减小,楼屋面梁为协调此差异变形而承受的内力也将减小。

(2)外筒内框结构的受力特点

外筒内框结构的外围筒体常常采用密柱框架形成的筒(框筒),其柱距一般为 1.5~3 m,梁高一般为层高减去窗洞高,即所谓裙梁。框筒结构典型平面如图7.5所示。

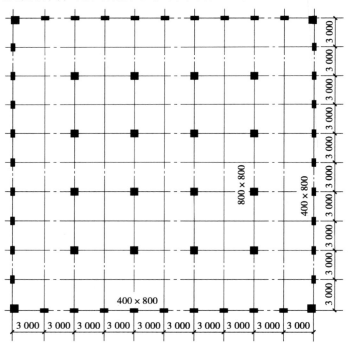

图 7.5 框筒结构典型平面图

框筒结构的外围四榀框架位于结构周边,其抗侧、抗扭刚度及承载力都较普通框架要大很多,因此适用高度比普通框架要高很多。

框筒结构作为一个整体空间结构,它的密柱深梁使其在水平荷载作用下的结构空间受力特性得以比较充分地发挥,整个结构类似一个竖向放置的筒体,它的腹板框架、翼缘框架如图7.6所示。因此,在水平荷载作用下,不仅平行于水平力方向上的腹板框架起作用,而且垂直于水平力方向上的翼缘框架也共同受力,整个框筒结构可以简化为一个实腹筒来近似反应其受力变形的基本特征。但与理想实腹筒(在水平荷载作用下,正应力呈线形分布)相比,存在"剪力滞后"现象。工程实例和试验研究表明,由于裙梁的有限刚度及其变形,使无论腹板框架还是翼缘框架都不能达到全部有效参加抗侧工作。

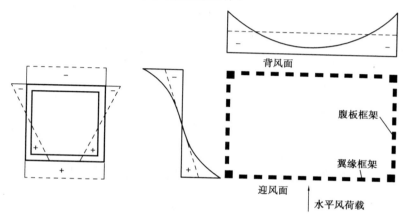

图7.6 框筒结构的剪力滞后现象

"剪力滞后"现象是指框筒在水平荷载作用下,产生整体弯曲时,翼缘框架各柱所受轴向力并不均匀,角柱轴力大于平均值,远离角柱的各柱轴力小于平均值,在腹板框架中,各柱轴力分布也不是直线分布,如图7.6所示。"剪力滞后"现象使得框筒中间的柱不能完全参与工作。因此,剪力滞后现象越严重,参与受力的翼缘框架柱越少,空间受力特性越弱。

(3)筒中筒结构的受力特点

筒中筒结构一般由外筒和内筒组成,外筒为框筒或桁架筒,两个筒共同抵抗水平力作用。钢筋混凝土结构的内筒一般为实腹筒,钢结构则采用内钢桁架筒或内钢框筒。

筒中筒结构的典型平面如图7.7所示,实例如图7.8所示。

筒中筒结构在水平荷载作用下,外框筒以剪切型变形为主,内筒以弯曲型变形为主,在楼盖的作用下,两者位移需协调,其侧移曲线为弯剪型。在下部,核心筒承担大部分剪力;在上部,剪力转移到外筒。筒中筒结构抗侧、抗扭刚度大,层间变形均匀。外筒主要抵抗倾覆力矩及扭矩,内筒主要抵抗水平剪力。在水平力作用下,外框筒也有剪力滞后现象。

(4)成束筒结构的受力特点

成束筒结构的典型实例:西尔斯大厦,详见第2章图2.14所示。

成束筒结构的腹板框架数量较多,使翼缘框架与腹板框架相交的角柱增加,大大减弱剪力滞后现象,充分发挥筒体结构的空间作用,如图7.9所示。

成束筒结构可以组成较复杂的建筑平面形式。

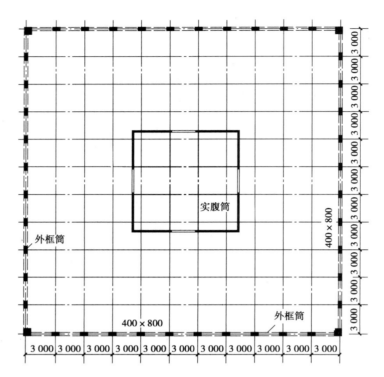

图 7.7　筒中筒结构典型平面图

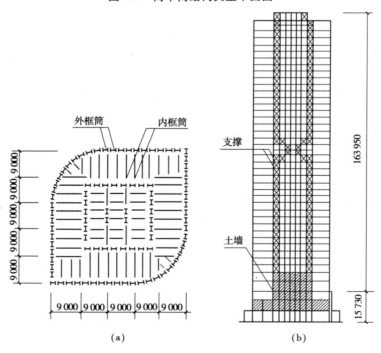

图 7.8　筒中筒结构实例——北京国贸中心

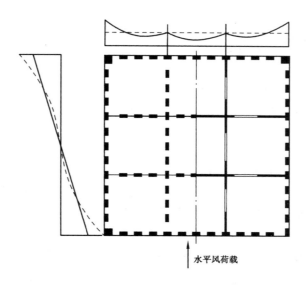

图 7.9 成束筒结构剪力滞后现象

（5）巨型框架结构的受力特点

巨型框架结构是利用筒体作为柱子,在各筒体之间每隔数层用巨型梁相连,筒体和巨型梁即形成巨型框架(称为主框架),数层间为普通框架(称为次框架)。巨型框架结构的典型实例如图 7.10 所示。

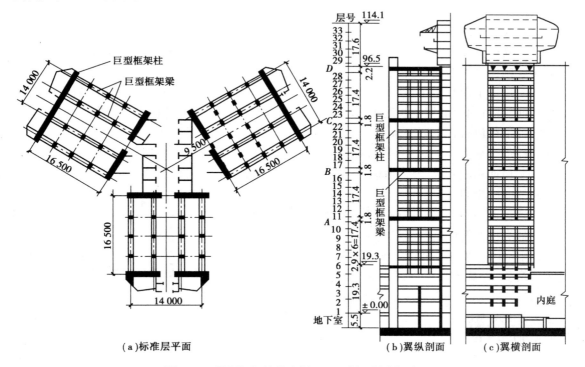

图 7.10 巨型框架结构实例——深圳亚洲大酒店

巨型框架结构的受力特点是:水平荷载主要由巨型框架承担或由巨型框架和核心筒共同承担;次框架仅承受竖向荷载,并传至巨型框架上,再由巨型框架柱传至基础。

▶ 7.1.3 筒体结构的布置要求

1)一般规定

①筒中筒结构的高度不宜低于80 m,高宽比不应小于3。对高度不超过60 m 的框架-核心筒结构,可按框架-剪力墙结构设计。

②核心筒或内筒的外墙与外框柱间的中距,非抗震设计时不宜大于15 m,抗震设计时不宜大于12 m,否则宜采取增设内柱等措施。

③核心筒或内筒的外墙不宜在水平方向连续开洞,洞间墙肢的截面高度不宜小于1.2 m。当洞间墙肢的截面高度与厚度之比小于4 时,宜按框架柱进行截面设计。

④楼盖主梁不宜搁置在核心筒或内筒的连梁上。

2)框架-核心筒结构

①核心筒宜贯通建筑物的全高。核心筒的宽度不宜小于筒体总高度的1/12,当筒体结构设置角筒、剪力墙或增强结构整体刚度构件时,核心筒的宽度可适当减小。

②框架-核心筒结构的周边柱间必须设置框架梁。

③当内筒偏置、长宽比大于2 时,宜采用框架-双筒结构。

3)筒中筒结构

①筒中筒结构的平面外形宜选用圆形、正多边形、椭圆形或矩形等,内筒宜居中。

②矩形平面的长宽比不宜大于2。

③内筒的宽度可为高度的1/12～1/15,如有另外的角筒或剪力墙时,内筒平面尺寸可适当减小。内筒宜贯通建筑物全高,竖向刚度宜均匀变化。

④三角形平面宜切角,外筒的切角长度不宜小于相应边长的1/8,其角部可设置刚度较大的角柱或角筒;内筒的切角长度不宜小于相应边长的1/10,切角处的筒壁宜适当加厚。

⑤外框筒应符合下列要求:

a.柱距不宜大于4 m,框筒柱的截面长边应沿筒壁方向布置,必要时可采用T 形截面;

b.洞口面积不宜大于墙面面积的60%,洞口高宽比与层高和柱距之比值相近;

c.外框筒梁的截面高度可取柱净高的1/4;

d.角柱截面面积可取中柱的1～2 倍。

其他类型的筒体结构可参照上述规定使用。

【例7.1】 某高层矩形平面的钢筋混凝土筒中筒(内筒为实腹筒,外筒为框筒)结构,高度 $H = 100$ m,长边 $L = 36$ m,短边 $B = 20$ m,抗震设防烈度为8 度,下列哪个内筒尺寸为最优方案?

A. 10 m ×12 m   B. 11 m ×9 m

C. 11 m ×11 m   D. 12 m ×10 m

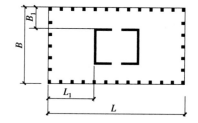

图7.11 例7.1图示

【解】 由《高层规程》9.1.5条可知:核心筒或内筒的外墙与外框柱间的中距,非抗震设计时不宜大于 15 m,抗震设计时不宜大于 12 m。

内筒与框筒柱间的距离 L_1,B_1 分别为(图 7.11):

A.13 m,4 m   B.12.5 m,5.5 m   C.12.5 m,4.5 m   D.12 m,5 m

故 D 方案最优。

7.2   筒体结构设计简介

筒体结构是复杂的三维空间结构,它由空间杆件和薄壁杆件组成,精确的空间计算工作量很大,因此必须借助计算机才能完成。实际工程中,在施工图设计阶段也必须按照空间结构分析方法确定筒体结构的内力和位移。而在方案设计或初步设计阶段进行估算,选择构件截面尺寸时,掌握较为简单的近似计算方法是很有益的。对于矩形或其他规则筒体结构,可采用下列近似分析方法进行结构分析。

▶ 7.2.1   筒体结构的近似计算方法

1)水平力在框架和剪力墙筒体之间的分配

一般的近似分析方法只能将框架(框筒)和剪力墙薄壁筒体分别进行计算,因此应先将水平力在内外筒之间进行分配。

框架-筒体结构的工作性质类似于框架-剪力墙结构,而筒中筒结构,在进行水平力分配时,可将框筒作为一般框架处理。因此,水平力在框架(框筒)和剪力墙筒体之间的分配,可按框架-剪力墙结构进行。

在进行内、外筒(框架)之间水平力分配时,首先将结构在荷载作用主轴方向划分为若干榀框架或若干片剪力墙。将剪力墙筒体划分为平面剪力墙时,可以考虑垂直方向墙体作为翼缘参与工作,每侧翼缘的有效宽度取下列三种情况中的最小值:墙体厚度的 6 倍;墙体轴线至翼缘墙体洞口边的距离;剪力墙总高度的 1/10。

再将框架合并为总框架,将平面剪力墙合并为总剪力墙,总框架和总剪力墙之间采用铰接连杆连接,不考虑连梁的约束作用(图 7.12),这样可按第 6 章介绍的铰接体系进行内力分析。

外框架可按 D 值法进行内力计算;外框筒由于显著的空间作用特点,宜采用其他有效的简化方法进行计算,如估算框筒梁柱截面的等效槽形截面法、等代角柱法、展开平面框架法等。

2)估算框筒梁柱截面的等效槽形截面法

外框筒的水平力确定后,可近似采用材料力学方法估算梁柱的截面尺寸。

(1)等效槽形截面

由于存在剪力滞后现象,矩形框筒的翼缘框架中,其角柱轴力较大,而中间部位的柱的轴力较小,所以可以忽略翼缘框架中部的柱子的作用,将矩形框筒简化为如图 7.13 所示的双槽形截面。

采用平截面假定和材料力学方法可计算如图 7.13 所示的双槽形截面的内力。

等效槽形截面翼缘的有效宽度可取以下三个数值中的最小值:腹板框架全宽 B 的 1/2;翼

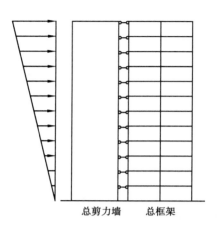

图 7.12 框架-筒体结构计算简图

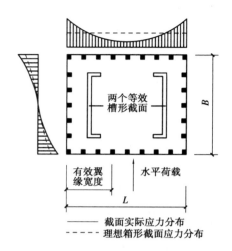

图 7.13 矩形框筒的等效槽形截面

缘框架全宽 L 的 $1/3$；框筒总高度 H 的 $1/10$。

（2）整体弯曲内力

将双槽形截面作为整体截面，按材料力学平截面假定，其组合截面的惯性矩 I 为：

$$I = \sum_{i=1}^{n} I_{ci} + \sum_{i=1}^{n} A_{ci} r_i^2 \qquad (7.1)$$

式中 I_{ci}，A_{ci}——槽形截面各柱的惯性矩和截面面积；

r_i——柱中心至槽形截面形心的距离。

则框筒柱的轴力为：

$$N_{ci} = \frac{M r_i A_{ci}}{I} \qquad (7.2)$$

梁的剪力为：

$$V_{bi} = \frac{V S_i h}{I} \qquad (7.3)$$

框筒梁的弯矩为：

$$M_{bi} = \frac{l_{0i}}{2} V_{bi} \qquad (7.4)$$

式中 M，V——框筒结构承受的楼层弯矩和楼层剪力；

S_i——梁至双槽形截面边缘间各柱截面面积对槽形截面形心的面积矩；

h——框筒结构楼层高度；

l_{0i}——框筒梁的净跨度。

（3）局部弯曲内力

框筒各柱受到剪力作用，而剪力作用会使柱产生局部弯矩。

框筒柱的剪力为：

$$V_{ci} = \frac{D_i}{\sum D_i} V$$

框筒柱的弯矩为：

$$M_{ci} = V_{ci} y \approx V_{ci} \frac{h}{2}$$

式中 D_i——框筒柱的侧向刚度；

y——框筒柱的反弯点高度。

▶ **7.2.2 简体结构截面设计及构造要求**

简体结构截面设计及构造要求应遵循第 4~6 章中框架和剪力墙的设计要求。同时《高层规程》只针对框架-核心筒结构和筒中筒结构的设计作了具体规定,其他类型的简体结构可参照使用。

(1)简体结构截面设计

简体结构截面设计的一般规定:

①核心筒或内筒中剪力墙截面形状宜简单。截面形状复杂的墙体可按应力进行截面设计校核。

②简体墙的加强部位、边缘构件的设置及配筋设计,应符合剪力墙结构设计的有关规定。

③抗震设计时,框架-核心筒结构的核心筒和筒中筒结构内筒应按剪力墙结构设计的有关规定设置边缘构件,其加强部位在重力荷载作用下的墙体轴压比限值应符合剪力墙结构设计的有关规定。

④抗震设计时,框筒柱和框架柱的轴压比限值可采用框架-剪力墙结构的规定。

⑤框架-核心筒结构的核心筒连梁、筒中筒结构的外框筒梁和内筒连梁,截面尺寸应符合下式要求:

持久、短暂设计状况:

$$V_b \leqslant 0.25\beta_c f_c b_b h_{b0}$$

地震设计状况:

$$V_b \leqslant \frac{1}{\gamma_{RE}} 0.20\beta_c f_c b_b h_{b0} \quad (\text{高跨比} > 2.5 \text{ 时})$$

$$V_b \leqslant \frac{1}{\gamma_{RE}} 0.15\beta_c f_c b_b h_{b0} \quad (\text{高跨比} \leqslant 2.5 \text{ 时})$$

式中 V_b——核心筒连梁、外框筒梁或内筒连梁剪力设计值;

b_b——核心筒连梁、外框筒梁或内筒连梁截面宽度;

h_{b0}——核心筒连梁、外框筒梁或内筒连梁截面的有效高度。

(2)简体结构构造要求

①简体结构的混凝土强度等级不宜低于 C30。

②简体结构的楼面外角宜设置双层双向钢筋(图 7.14),单层单向配筋率不宜小于0.3%,钢筋直径不应小于 8 mm,钢筋间距不应大于 150 mm。

③框架-核心筒结构的核心筒外墙的截面厚度不应小于层高的 1/20 和 200 mm,对一、二级抗震设计的底部加强部位不宜小于层高的 1/16 和 200 mm。

④框架-核心筒结构的简体墙的水平、竖向配筋不应少于 2 排。

⑤抗震设计时,框架-核心筒结构的核心筒连梁,宜通过配置交叉暗撑、设水平缝或减小梁

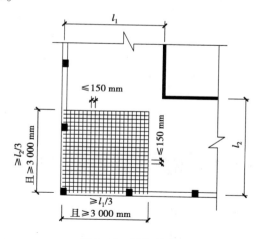

图 7.14 板角配筋

截面的高宽比等措施来提高连梁的延性。

⑥核心筒连梁、外框筒梁及内筒连梁的构造配筋应符合下列要求：

a. 非抗震设计时，箍筋直径不应小于 8 mm；抗震设计时，箍筋直径不应小于 10 mm。

b. 非抗震设计时，箍筋间距不应大于 150 mm；抗震设计时，箍筋间距沿梁长不变，不应大于 100 mm；当梁内设置交叉暗撑时，箍筋间距不应大于 200 mm。

c. 框筒梁上下纵向钢筋的直径均不应小于 16 mm，腰筋的直径均不应小于 10 mm，腰筋间距不应大于 200 mm。

⑦高跨比≤2 的核心筒连梁、外框筒梁及内筒连梁宜设置交叉暗撑；高跨比≤1 的核心筒连梁、外框筒梁及内筒连梁应设置交叉暗撑，且应符合下列要求：

a. 梁的截面宽度不宜小于 400 mm；

b. 全部剪力应由暗撑承担，每根暗撑应由 4 根纵向钢筋组成，纵向钢筋直径不应小于 14 mm，其总面积应按下式确定：

持久、短暂设计状况：
$$A_s \geqslant \frac{V_b}{2f_y \sin \alpha}$$

地震设计状况：
$$A_s \geqslant \frac{\gamma_{RE} V_b}{2f_y \sin \alpha}$$

式中　α——暗撑与水平线的夹角。

c. 两个方向斜撑的纵向钢筋均应采用矩形箍筋或螺旋箍筋绑成一体（图 7.15），箍筋直径均不应小于 8 mm，箍筋间距不应大于 150 mm 及梁截面宽度的一半；端部加密区的箍筋间距不应大于 100 mm，加密区长度不应小于 600 mm 及梁截面宽度的 2 倍。

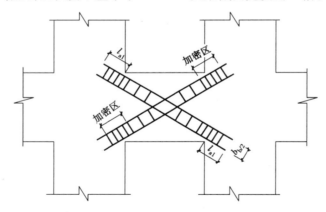

图 7.15　梁内交叉暗撑的配筋

7.3　带转换层高层建筑结构的概况

现代高层建筑向多功能和综合用途发展，一般要求建筑上部楼层布置住宅、旅馆，中间楼层多作为办公用房，下部楼层布置商场及娱乐场所。这样，从建筑功能来讲，要求上部空间小，下部空间大。而从结构合理布置的角度来看，一般高层建筑结构下部楼层受力大，要求结构刚度大,竖向受力构件(如墙、柱)较多;上部楼层受力较小,竖向受力构件可逐渐减少。因此,结构合理布置与建筑功能之间就产生矛盾。

为了满足建筑多功能要求,实现上部小空间、下部大空间,在下部楼层结构需要布置刚度较大、间距较密的剪力墙,在上部楼层则需要布置刚度较小的框架柱。为了实现这种布置,有部分竖向构件要支承在水平构件上,形成大跨度的水平转换构件(图7.16),通常转换构件占据一层或几层楼高。转换层就是指布置转换构件的楼层。设置了转换层的高层建筑结构就称为带转换层高层建筑结构。

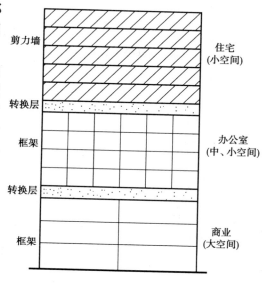

图7.16 建筑功能要求设置转换层

转换层的基本功能就是把上部小开间结构的竖向荷载传递到下部大开间的结构上。带转换层的高层建筑结构主要可归纳为以下三类:

(1)上层小柱距、下层大柱距的转换

转换层上、下的结构形式没有改变,只是通过转换层使下层柱距扩大,形成大柱网。这种转换主要应用在框筒、筒中筒和成束筒结构中,在建筑结构底部加大柱距,同时便于布置需要较大出入口的大门。

香港新鸿基中心采用的是改变柱网的转换层形式。该大楼采用筒中筒结构,1~4层为商业用房,5层以上为办公楼,外框筒柱距为2.4 m,无法形成底部的较大出入口,故采用预应力大梁进行结构轴线转换,将转换层以下结构柱网扩大为16.8 m和12 m,如图7.17所示。

(2)上层剪力墙、下层柱的转换

在多功能的公共建筑(如上部楼层为住宅、旅馆,下部楼层为商场、超市等)中,常常采用上部为剪力墙、下部为框架柱支承的结构转换形式。这种转换主要应用在框架-剪力墙结构中。底部一层或数层取消部分剪力墙,形成大空间的结构,这种结构形式又称为底部大空间剪力墙结构,如图7.18所示。

(3)上下层结构体系和柱网轴线同时变化的转换

上下层结构体系和柱网轴线同时变化的转换,即上部楼层剪力墙结构通过转换层改变为框架的同时,柱网轴线与上部楼层的轴线也错开,形成上下结构不对齐的布置。这种转换形式,结构设计一般较困难。多采用箱形(交叉梁系)转换层或厚板转换层。

结构转换层的种类主要可以分为两类:一类是梁式转换,包括梁、桁架、空腹桁架、箱形结构、斜撑等;另一类是板式转换,一般是由一块整体整浇的厚平板组成。

梁式转换层结构受力、传力比较明确,且结构转换层还可提供一定的建筑、设备利用空间,是目前应用最广泛的转换结构。它的基本构成形式是,主转换梁或桁架支撑于下部主体结构的竖向构件(筒体、剪力墙、框架柱),次转换梁支承于主转换梁或下部主体结构的竖向构件,主次转换梁共同承受和支托上部结构的剪力墙、框架柱。实体转换梁,当转换层层高较高时,转换可通过吊顶处理和隐蔽;箱形转换梁,转换层高较小,转换梁梁高可跨层高形成箱形;

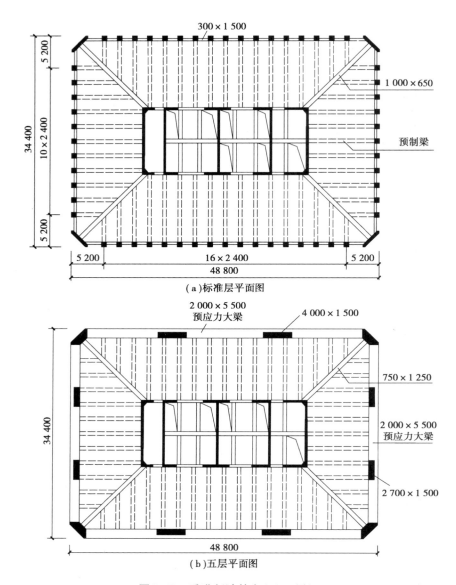

图 7.17　香港新鸿基中心(51 层)

桁架式转换梁或开洞转换梁可在转换层内单独构成,也可跨层高。

　　一般情况下,连续梁宜连续整浇嵌固于下部主体结构的竖向构件,以提高结构的整体性、刚度和连续性。应该指出的是,一般情况下,高层建筑主体结构的转换层是局部性的,竖向交通的电梯、楼梯、竖向设备管井本身要求有竖向连续性,因此,布置在其周边的筒体、剪力墙应该尽量设计成连续落地的主要竖向构件,以尽量减少主体结构的转换,利于结构的竖向刚度的连续和抗侧力。

　　板式转换结构受力、传力比较复杂,传力路线不够明确,一般只有在上下部结构明显不协调,无法采用梁式转换结构时才采用。此时,厚板内应力十分复杂,有些区域应力极小,不经济;厚板所占的空间,建筑、设备无法利用。

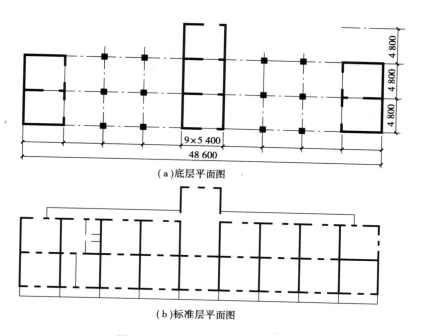

（a）底层平面图

（b）标准层平面图

图 7.18　底部大空间剪力墙结构

根据《高层规程》的规定,底部带转换层的高层建筑结构的布置应符合以下要求:

①落地剪力墙和筒体底部墙体应加厚。

②对于底层大空间剪力墙结构,转换层上部结构与下部结构的侧向刚度之比应符合下列要求:在非抗震设计时,γ 不应大于 2.5;在抗震设计时,γ 应尽量接近于 1,不应大于 2。

$$\gamma = \frac{G_{i+1}A_{i+1}/h_{i+1}}{G_iA_i/h_i} = \frac{G_{i+1}A_{i+1}h_i}{G_iA_ih_{i+1}}$$

式中　γ——结构上下层的刚度之比;

　　　G——混凝土剪切模量;

　　　A——混凝土受剪面积;

　　　h——层高。

③框支层周围楼板不应错层布置。

④落地剪力墙和筒体的洞口宜布置在墙体中部。

⑤框支剪力墙转换梁上一层墙体内不宜设边门洞,不宜在中柱上方设门洞。

⑥长矩形平面建筑中,落地剪力墙的间距 L 宜满足以下要求:

●非抗震设计时:$L \leqslant 3B$,且 $L \leqslant 36$ m。

●抗震设计时:底部为 1 ~ 2 层框支层时,$L \leqslant 2B$ 且 $L \leqslant 24$ m;底部为 3 层及以上框支层时,$L \leqslant 1.5B$ 且 $L \leqslant 20$ m。

其中:B 为楼盖结构的宽度。

⑦落地剪力墙与相邻框支柱的距离,1 ~ 2 层框支层时不宜大于 12 m,3 层及 3 层以上框支层时不宜大于 10 m。

思考题

7.1 带转换层高层建筑结构的特点有哪些？并简述转换层结构的布置要点。

7.2 筒体结构截面设计的一般规定有哪些？其构造要求如何？

7.3 简述估算框筒梁柱截面的等效槽形截面法的计算步骤。

7.4 水平力在框架(框筒)和剪力墙筒体之间是如何分配的？

7.5 筒体结构的布置要求有哪些？

7.6 什么是巨型框架结构？钢筋混凝土巨型框架结构的形式有哪几种？

7.7 桁架筒结构具有哪些优势？

7.8 什么是剪力滞后现象？如何减少剪力滞后对结构的影响？

7.9 什么是框筒？形成框筒应满足哪些条件？

7.10 筒体结构有哪些结构类型？在水平荷载作用下其受力及变形特点有哪些？

习　题

某高层矩形平面的钢筋混凝土筒中筒(内筒为实腹筒,外筒为框筒)结构,高度 $H = 100\ m$,长边 $L = 38\ m$,短边 $B = 30\ m$,抗震设防烈度为 8 度,下列哪个内筒尺寸为最优方案？

A. $13\ m \times 11\ m$　　B. $11\ m \times 9\ m$　　C. $14\ m \times 12\ m$　　D. $12\ m \times 10\ m$

附　表

附表 1　均布水平荷载下各层柱标准反弯点高度比 y_0

n	$\dfrac{K}{j}$	0.1	0.2	0.3	0.4	0.5	0.6	0.7	0.8	0.9	1.0	2.0	3.0	4.0	5.0
1	1	0.8	0.75	0.7	0.65	0.65	0.60	0.60	0.60	0.60	0.55	0.55	0.55	0.55	0.55
2	2	0.45	0.40	0.35	0.35	0.35	0.35	0.40	0.40	0.40	0.40	0.45	0.45	0.45	0.45
	1	0.95	0.80	0.75	0.70	0.65	0.65	0.65	0.60	0.60	0.60	0.55	0.55	0.55	0.50
3	3	0.15	0.20	0.20	0.25	0.30	0.30	0.30	0.35	0.35	0.35	0.40	0.45	0.45	0.45
	2	0.55	0.50	0.45	0.45	0.45	0.45	0.45	0.45	0.45	0.45	0.50	0.50	0.50	0.50
	1	1.00	0.85	0.8	0.75	0.70	0.70	0.65	0.65	0.60	0.55	0.55	0.55	0.55	0.55
4	4	-0.05	0.05	0.15	0.20	0.25	0.30	0.30	0.35	0.35	0.35	0.40	0.45	0.45	0.45
	3	0.25	0.30	0.30	0.35	0.35	0.40	0.40	0.40	0.40	0.45	0.45	0.50	0.50	0.50
	2	0.65	0.55	0.50	0.50	0.45	0.45	0.45	0.45	0.45	0.45	0.50	0.50	0.50	0.50
	1	1.10	0.90	0.80	0.75	0.70	0.70	0.55	0.65	0.55	0.60	0.55	0.55	0.55	0.55
5	5	-0.20	0.00	0.15	0.20	0.25	0.30	0.30	0.30	0.35	0.35	0.40	0.45	0.45	0.45
	4	0.10	0.20	0.25	0.30	0.35	0.35	0.40	0.40	0.40	0.40	0.45	0.45	0.50	0.50
	3	0.40	0.40	0.40	0.40	0.40	0.45	0.45	0.45	0.45	0.45	0.50	0.50	0.50	0.50
	2	0.65	0.55	0.50	0.50	0.50	0.50	0.50	0.50	0.50	0.50	0.50	0.50	0.50	0.50
	1	1.20	0.95	0.80	0.75	0.75	0.70	0.70	0.65	0.65	0.65	0.55	0.55	0.55	0.55

续表

n	j / K	0.1	0.2	0.3	0.4	0.5	0.6	0.7	0.8	0.9	1.0	2.0	3.0	4.0	5.0
6	6	−0.30	0.00	0.10	0.20	0.25	0.25	0.30	0.30	0.35	0.35	0.40	0.45	0.45	0.45
	5	0.00	0.20	0.25	0.30	0.35	0.35	0.40	0.40	0.40	0.40	0.45	0.45	0.50	0.50
	4	0.20	0.30	0.35	0.35	0.40	0.40	0.40	0.45	0.45	0.45	0.45	0.50	0.50	0.50
	3	0.40	0.40	0.40	0.45	0.45	0.45	0.45	0.45	0.45	0.45	0.50	0.50	0.50	0.50
	2	0.70	0.60	0.55	0.50	0.50	0.50	0.50	0.50	0.50	0.50	0.50	0.50	0.50	0.50
	1	1.20	0.95	0.85	0.80	0.75	0.70	0.70	0.65	0.65	0.65	0.55	0.55	0.55	0.55
7	7	−0.35	−0.05	0.10	0.20	0.20	0.25	0.30	0.30	0.35	0.35	0.40	0.45	0.45	0.45
	6	−0.10	0.15	0.25	0.30	0.35	0.35	0.35	0.40	0.40	0.40	0.45	0.45	0.50	0.50
	5	0.10	0.25	0.30	0.35	0.40	0.40	0.40	0.45	0.45	0.45	0.50	0.50	0.50	0.50
	4	0.30	0.35	0.40	0.40	0.40	0.45	0.45	0.45	0.45	0.45	0.50	0.50	0.50	0.50
	3	0.50	0.45	0.45	0.45	0.45	0.45	0.45	0.46	0.45	0.45	0.50	0.50	0.50	0.50
	2	0.75	0.60	0.55	0.50	0.50	0.50	0.50	0.50	0.50	0.50	0.50	0.50	0.50	0.50
	1	1.20	0.95	0.85	0.80	0.75	0.70	0.70	0.65	0.65	0.65	0.55	0.55	0.55	0.55
8	8	−0.35	−0.15	0.10	0.10	0.25	0.25	0.30	0.30	0.35	0.35	0.40	0.45	0.45	0.45
	7	0.10	0.15	0.25	0.30	0.35	0.35	0.40	0.40	0.40	0.40	0.45	0.50	0.50	0.50
	6	0.05	0.25	0.30	0.35	0.40	0.40	0.45	0.45	0.45	0.45	0.45	0.50	0.50	0.50
	5	0.20	0.30	0.35	0.40	0.40	0.45	0.45	0.45	0.45	0.45	0.50	0.50	0.50	0.50
	4	0.35	0.40	0.40	0.45	0.45	0.45	0.45	0.45	0.45	0.45	0.50	0.50	0.50	0.50
	3	0.50	0.45	0.45	0.45	0.45	0.45	0.45	0.45	0.50	0.50	0.50	0.50	0.50	0.50
	2	0.75	0.60	0.55	0.55	0.50	0.50	0.50	0.50	0.50	0.50	0.50	0.50	0.50	0.50
	1	1.20	1.00	0.85	0.80	0.75	0.70	0.70	0.65	0.65	0.65	0.55	0.55	0.55	0.55
9	9	−0.40	−0.05	0.10	0.20	0.25	0.25	0.30	0.30	0.35	0.35	0.45	0.45	0.45	0.45
	8	−0.15	0.15	0.25	0.30	0.35	0.35	0.35	0.40	0.40	0.40	0.45	0.45	0.50	0.50
	7	0.05	0.25	0.30	0.35	0.40	0.40	0.40	0.45	0.45	0.45	0.45	0.50	0.50	0.50
	6	0.15	0.30	0.35	0.40	0.45	0.45	0.45	0.45	0.45	0.50	0.50	0.50	0.50	0.50
	5	0.25	0.35	0.40	0.40	0.45	0.45	0.45	0.45	0.45	0.45	0.50	0.50	0.50	0.50
	4	0.40	0.40	0.40	0.45	0.45	0.45	0.45	0.45	0.45	0.45	0.50	0.50	0.50	0.50
	3	0.55	0.45	0.45	0.45	0.45	0.45	0.45	0.45	0.50	0.50	0.50	0.50	0.50	0.50
	2	0.80	0.65	0.55	0.55	0.50	0.50	0.50	0.50	0.50	0.50	0.50	0.50	0.50	0.50
	1	1.20	1.00	0.85	0.80	0.75	0.70	0.70	0.65	0.65	0.65	0.55	0.55	0.55	0.55

n	K \ j	0.1	0.2	0.3	0.4	0.5	0.6	0.7	0.8	0.9	1.0	2.0	3.0	4.0	5.0
10	10	-0.40	-0.05	0.10	0.20	0.25	0.30	0.30	0.30	0.30	0.35	0.40	0.45	0.45	0.45
	9	-0.15	0.15	0.25	0.30	0.35	0.35	0.40	0.40	0.40	0.40	0.45	0.45	0.50	0.50
	8	0.00	0.25	0.30	0.35	0.40	0.40	0.40	0.45	0.45	0.45	0.50	0.50	0.50	0.50
	7	0.10	0.30	0.35	0.40	0.40	0.40	0.45	0.45	0.45	0.45	0.50	0.50	0.50	0.50
	6	0.20	0.35	0.40	0.40	0.45	0.45	0.45	0.45	0.45	0.45	0.50	0.50	0.50	0.50
	5	0.30	0.40	0.40	0.45	0.45	0.45	0.45	0.45	0.45	0.50	0.50	0.50	0.50	0.50
	4	0.40	0.40	0.45	0.45	0.45	0.45	0.45	0.45	0.45	0.50	0.50	0.50	0.50	0.50
	3	0.55	0.50	0.45	0.45	0.45	0.50	0.50	0.50	0.50	0.50	0.50	0.50	0.50	0.50
	2	0.80	0.65	0.55	0.55	0.55	0.50	0.50	0.50	0.50	0.50	0.50	0.50	0.50	0.50
	1	1.30	1.00	0.85	0.80	0.75	0.70	0.70	0.65	0.65	0.65	0.60	0.55	0.55	0.55
11	11	-0.40	-0.05	0.10	0.20	0.25	0.30	0.30	0.30	0.35	0.35	0.40	0.45	0.45	0.45
	10	-0.15	0.15	0.25	0.30	0.35	0.35	0.40	0.40	0.40	0.40	0.45	0.45	0.50	0.50
	9	0.00	0.25	0.30	0.35	0.40	0.40	0.40	0.45	0.45	0.45	0.50	0.50	0.50	0.50
	8	0.10	0.30	0.35	0.40	0.40	0.45	0.45	0.45	0.45	0.45	0.50	0.50	0.50	0.50
	7	0.20	0.35	0.40	0.45	0.45	0.45	0.45	0.45	0.45	0.45	0.50	0.50	0.50	0.50
	6	0.25	0.35	0.40	0.45	0.45	0.45	0.45	0.45	0.45	0.50	0.50	0.50	0.50	0.50
	5	0.35	0.40	0.40	0.45	0.45	0.45	0.45	0.45	0.45	0.50	0.50	0.50	0.50	0.50
	4	0.40	0.45	0.45	0.45	0.45	0.45	0.45	0.50	0.50	0.50	0.50	0.50	0.50	0.50
	3	0.55	0.50	0.50	0.50	0.50	0.50	0.50	0.50	0.50	0.50	0.50	0.50	0.50	0.50
	2	0.80	0.65	0.60	0.55	0.55	0.50	0.50	0.50	0.50	0.50	0.50	0.50	0.50	0.50
	1	1.30	1.00	0.85	0.80	0.75	0.70	0.70	0.65	0.65	0.65	0.60	0.55	0.55	0.55
12	自上1	-0.40	-0.05	0.10	0.20	0.25	0.30	0.30	0.30	0.35	0.35	0.40	0.45	0.45	0.45
	2	-0.15	0.15	0.25	0.30	0.35	0.35	0.40	0.40	0.40	0.40	0.45	0.45	0.50	0.50
	3	0.00	0.25	0.30	0.35	0.40	0.40	0.40	0.45	0.45	0.45	0.50	0.50	0.50	0.50
	4	0.10	0.30	0.35	0.40	0.40	0.45	0.45	0.45	0.45	0.45	0.50	0.50	0.50	0.50
	5	0.20	0.35	0.40	0.40	0.45	0.45	0.45	0.45	0.45	0.45	0.50	0.50	0.50	0.50
	6	0.25	0.35	0.40	0.45	0.45	0.45	0.45	0.45	0.45	0.50	0.50	0.50	0.50	0.50
	7	0.30	0.40	0.40	0.45	0.45	0.45	0.45	0.45	0.50	0.50	0.50	0.50	0.50	0.50
	8	0.35	0.40	0.45	0.45	0.45	0.45	0.45	0.50	0.50	0.50	0.50	0.50	0.50	0.50
	中间	0.40	0.40	0.45	0.45	0.45	0.45	0.50	0.50	0.50	0.50	0.50	0.50	0.50	0.50
	4	0.45	0.45	0.45	0.50	0.50	0.50	0.50	0.50	0.50	0.50	0.50	0.50	0.50	0.50
	3	0.60	0.50	0.50	0.50	0.50	0.50	0.50	0.50	0.50	0.50	0.50	0.50	0.50	0.50
	2	0.80	0.65	0.60	0.55	0.55	0.50	0.50	0.50	0.50	0.50	0.50	0.50	0.50	0.50
	自下1	1.30	1.00	0.85	0.80	0.75	0.70	0.70	0.65	0.65	0.55	0.55	0.55	0.55	0.55

注:K——梁柱线刚度之比(下同)。

附表 2　倒三角形荷载下各层柱标准反弯点高度比 y_0

n	j \ K	0.1	0.2	0.3	0.4	0.5	0.6	0.7	0.8	0.9	1.0	2.0	3.0	4.0	5.0
1	1	0.8	0.75	0.7	0.65	0.65	0.60	0.60	0.60	0.60	0.55	0.55	0.55	0.55	0.55
2	2	0.50	0.45	0.40	0.40	0.40	0.40	0.40	0.40	0.40	0.45	0.45	0.45	0.45	0.50
	1	1.00	0.85	0.75	0.70	0.70	0.65	0.65	0.65	0.60	0.60	0.55	0.55	0.55	0.55
3	3	0.25	0.25	0.25	0.30	0.30	0.35	0.35	0.35	0.40	0.40	0.45	0.45	0.45	0.50
	2	0.60	0.50	0.50	0.50	0.50	0.45	0.45	0.45	0.45	0.45	0.50	0.50	0.55	0.50
	1	1.15	0.90	0.80	0.75	0.75	0.70	0.70	0.65	0.65	0.65	0.60	0.55	0.55	0.55
4	4	0.10	0.15	0.20	0.25	0.30	0.30	0.35	0.35	0.35	0.40	0.45	0.45	0.45	0.45
	3	0.35	0.35	0.35	0.40	0.40	0.40	0.40	0.45	0.45	0.45	0.45	0.50	0.50	0.50
	2	0.70	0.60	0.55	0.50	0.50	0.50	0.50	0.50	0.50	0.50	0.50	0.50	0.50	0.50
	1	1.20	0.95	0.85	0.80	0.75	0.70	0.70	0.70	0.65	0.65	0.55	0.55	0.55	0.50
5	5	−0.05	0.10	0.20	0.25	0.30	0.30	0.35	0.35	0.35	0.35	0.40	0.45	0.45	0.45
	4	0.20	0.25	0.35	0.35	0.40	0.40	0.40	0.40	0.40	0.45	0.45	0.50	0.50	0.50
	3	0.45	0.40	0.45	0.45	0.45	0.45	0.45	0.45	0.45	0.45	0.50	0.50	0.50	0.50
	2	0.75	0.60	0.55	0.55	0.50	0.50	0.50	0.50	0.50	0.50	0.50	0.50	0.50	0.50
	1	1.30	1.00	0.85	0.80	0.75	0.70	0.70	0.65	0.65	0.65	0.65	0.55	0.55	0.55
6	6	−0.15	0.05	0.15	0.20	0.25	0.30	0.30	0.35	0.35	0.35	0.40	0.45	0.45	0.45
	5	0.10	0.25	0.30	0.35	0.35	0.40	0.40	0.40	0.40	0.45	0.45	0.50	0.50	0.50
	4	0.30	0.35	0.40	0.40	0.45	0.45	0.45	0.45	0.45	0.45	0.50	0.50	0.50	0.50
	3	0.50	0.45	0.45	0.45	0.45	0.45	0.45	0.45	0.45	0.50	0.50	0.50	0.50	0.50
	2	0.80	0.65	0.55	0.55	0.55	0.55	0.50	0.50	0.50	0.50	0.50	0.50	0.50	0.50
	1	1.30	1.00	0.85	0.80	0.75	0.70	0.70	0.65	0.65	0.65	0.60	0.55	0.55	0.55
7	7	−0.20	0.05	0.15	0.20	0.25	0.30	0.30	0.35	0.35	0.35	0.45	0.45	0.45	0.45
	6	0.05	0.20	0.30	0.35	0.35	0.40	0.40	0.40	0.40	0.45	0.45	0.50	0.50	0.50
	5	0.20	0.30	0.35	0.40	0.40	0.45	0.45	0.45	0.45	0.45	0.50	0.50	0.50	0.50
	4	0.35	0.40	0.40	0.45	0.45	0.45	0.45	0.45	0.45	0.45	0.50	0.50	0.50	0.50
	3	0.55	0.50	0.50	0.50	0.50	0.50	0.50	0.50	0.50	0.50	0.50	0.50	0.50	0.50
	2	0.80	0.65	0.60	0.55	0.55	0.55	0.50	0.50	0.50	0.50	0.50	0.50	0.50	0.50
	1	1.30	1.00	0.90	0.80	0.75	0.70	0.70	0.70	0.65	0.65	0.60	0.55	0.55	0.55

n	K / j	0.1	0.2	0.3	0.4	0.5	0.6	0.7	0.8	0.9	1.0	2.0	3.0	4.0	5.0
8	8	−0.20	0.05	0.15	0.20	0.25	0.30	0.30	0.35	0.35	0.35	0.45	0.45	0.45	0.45
	7	0.00	0.20	0.30	0.35	0.35	0.40	0.40	0.40	0.40	0.45	0.45	0.50	0.50	0.50
	6	0.15	0.30	0.35	0.40	0.40	0.45	0.45	0.45	0.45	0.45	0.50	0.50	0.50	0.50
	5	0.30	0.45	0.40	0.45	0.45	0.45	0.45	0.45	0.45	0.45	0.50	0.50	0.50	0.50
	4	0.40	0.45	0.45	0.45	0.45	0.45	0.45	0.45	0.50	0.50	0.50	0.50	0.50	0.50
	3	0.60	0.50	0.50	0.50	0.50	0.50	0.50	0.50	0.50	0.50	0.50	0.50	0.50	0.50
	2	0.85	0.65	0.60	0.55	0.55	0.55	0.50	0.50	0.50	0.50	0.50	0.50	0.50	0.50
	1	1.30	1.00	0.90	0.80	0.75	0.70	0.70	0.70	0.65	0.65	0.60	0.55	0.55	0.55
9	9	−0.25	0.00	0.15	0.20	0.25	0.30	0.30	0.35	0.35	0.40	0.45	0.45	0.45	0.45
	8	−0.00	0.20	0.30	0.35	0.35	0.40	0.40	0.40	0.40	0.45	0.45	0.50	0.50	0.50
	7	0.15	0.30	0.35	0.40	0.40	0.45	0.45	0.45	0.45	0.45	0.50	0.50	0.50	0.50
	6	0.25	0.35	0.40	0.40	0.45	0.45	0.45	0.45	0.45	0.45	0.50	0.50	0.50	0.50
	5	0.35	0.40	0.45	0.45	0.45	0.45	0.45	0.45	0.50	0.50	0.50	0.50	0.50	0.50
	4	0.45	0.45	0.45	0.45	0.45	0.50	0.50	0.50	0.50	0.50	0.50	0.50	0.50	0.50
	3	0.65	0.50	0.50	0.50	0.50	0.50	0.50	0.50	0.50	0.50	0.50	0.50	0.50	0.50
	2	0.80	0.65	0.65	0.55	0.55	0.55	0.55	0.50	0.50	0.50	0.50	0.50	0.50	0.50
	1	1.35	1.00	1.00	0.80	0.75	0.75	0.70	0.70	0.65	0.65	0.60	0.55	0.55	0.55
10	10	−0.25	0.00	0.15	0.20	0.25	0.30	0.30	0.35	0.35	0.40	0.45	0.45	0.45	0.45
	9	−0.05	0.20	0.30	0.35	0.35	0.40	0.40	0.40	0.40	0.45	0.45	0.50	0.50	0.50
	8	0.10	0.30	0.35	0.40	0.40	0.40	0.45	0.45	0.45	0.45	0.50	0.50	0.50	0.50
	7	0.20	0.35	0.40	0.40	0.45	0.45	0.45	0.45	0.45	0.50	0.50	0.50	0.50	0.50
	6	0.30	0.40	0.40	0.45	0.45	0.45	0.45	0.45	0.45	0.50	0.50	0.50	0.50	0.50
	5	0.40	0.45	0.45	0.45	0.45	0.45	0.45	0.50	0.50	0.50	0.50	0.50	0.50	0.50
	4	0.50	0.45	0.45	0.45	0.50	0.50	0.50	0.50	0.50	0.50	0.50	0.50	0.50	0.50
	3	0.60	0.55	0.50	0.50	0.50	0.50	0.50	0.50	0.50	0.50	0.50	0.50	0.50	0.50
	2	0.85	0.65	0.60	0.55	0.55	0.55	0.55	0.50	0.50	0.50	0.50	0.50	0.50	0.50
	1	1.35	1.00	0.90	0.80	0.75	0.75	0.70	0.70	0.65	0.65	0.60	0.55	0.55	0.55

续表

n	K / j	0.1	0.2	0.3	0.4	0.5	0.6	0.7	0.8	0.9	1.0	2.0	3.0	4.0	5.0
11	11	−0.25	0.00	0.15	0.20	0.25	0.30	0.30	0.30	0.35	0.35	0.45	0.45	0.45	0.45
	10	−0.05	0.20	0.25	0.30	0.35	0.40	0.40	0.40	0.40	0.45	0.45	0.50	0.50	0.50
	9	0.10	0.30	0.35	0.40	0.40	0.40	0.45	0.45	0.45	0.45	0.50	0.50	0.50	0.50
	8	0.20	0.35	0.40	0.40	0.45	0.45	0.45	0.45	0.45	0.45	0.50	0.50	0.50	0.50
	7	0.25	0.40	0.40	0.45	0.45	0.45	0.45	0.45	0.45	0.50	0.50	0.50	0.50	0.50
	6	0.35	0.40	0.45	0.45	0.45	0.45	0.45	0.50	0.50	0.50	0.50	0.50	0.50	0.50
	5	0.40	0.45	0.45	0.45	0.45	0.50	0.50	0.50	0.50	0.50	0.50	0.50	0.50	0.50
	4	0.50	0.50	0.50	0.50	0.50	0.50	0.50	0.50	0.50	0.50	0.50	0.50	0.50	0.50
	3	0.65	0.55	0.50	0.50	0.50	0.50	0.50	0.50	0.50	0.50	0.50	0.50	0.50	0.50
	2	0.85	0.65	0.60	0.55	0.55	0.55	0.55	0.50	0.50	0.50	0.50	0.50	0.50	0.50
	1	1.35	1.50	0.90	0.80	0.75	0.75	0.70	0.70	0.65	0.65	0.60	0.55	0.55	0.55
12 以上	自上1	−0.30	0.00	0.15	0.20	0.25	0.30	0.30	0.30	0.35	0.35	0.40	0.45	0.45	0.45
	2	−0.10	0.20	0.25	0.30	0.35	0.40	0.40	0.40	0.40	0.45	0.45	0.45	0.45	0.50
	3	0.05	0.25	0.35	0.40	0.40	0.40	0.45	0.45	0.45	0.45	0.50	0.50	0.50	0.50
	4	0.15	0.30	0.40	0.40	0.45	0.45	0.45	0.45	0.45	0.45	0.50	0.50	0.50	0.50
	5	0.25	0.30	0.40	0.45	0.45	0.45	0.45	0.45	0.45	0.45	0.50	0.50	0.50	0.50
	6	0.30	0.40	0.45	0.45	0.45	0.45	0.45	0.50	0.50	0.50	0.50	0.50	0.50	0.50
	7	0.35	0.40	0.40	0.45	0.45	0.45	0.50	0.50	0.50	0.50	0.50	0.50	0.50	0.50
	8	0.35	0.45	0.45	0.45	0.50	0.50	0.50	0.50	0.50	0.50	0.50	0.50	0.50	0.50
	中间	0.45	0.45	0.45	0.45	0.50	0.50	0.50	0.50	0.50	0.50	0.50	0.50	0.50	0.50
	4	0.55	0.50	0.50	0.50	0.50	0.50	0.50	0.50	0.50	0.50	0.50	0.50	0.50	0.50
	3	0.65	0.55	0.50	0.50	0.50	0.50	0.50	0.50	0.50	0.50	0.50	0.50	0.50	0.50
	2	0.70	0.70	0.60	0.55	0.55	0.55	0.55	0.50	0.50	0.50	0.50	0.50	0.50	0.50
	自下1	1.35	1.05	0.70	0.80	0.75	0.70	0.70	0.70	0.65	0.65	0.60	0.55	0.55	0.55

附表3　上下梁相对刚度变化时修正值 y_1

α_1 \ K	0.1	0.2	0.3	0.4	0.5	0.6	0.7	0.8	0.9	1.0	2.0	3.0	4.0	5.0
0.4	0.55	0.40	0.30	0.25	0.20	0.20	0.20	0.15	0.15	0.15	0.05	0.05	0.05	0.05
0.5	0.45	0.30	0.20	0.20	0.15	0.15	0.15	0.10	0.10	0.10	0.05	0.05	0.05	0.05
0.6	0.30	0.20	0.15	0.15	0.10	0.10	0.10	0.10	0.05	0.05	0.05	0.05	0.00	0.00
0.7	0.20	0.15	0.10	0.10	0.10	0.05	0.05	0.05	0.05	0.05	0.05	0.00	0.00	0.00
0.8	0.15	0.10	0.05	0.05	0.05	0.05	0.05	0.05	0.00	0.00	0.00	0.00	0.00	0.00
0.9	0.05	0.05	0.05	0.05	0.00	0.00	0.00	0.00	0.00	0.00	0.00	0.00	0.00	0.00

附表4　上下层柱高度变化时的修正值 y_2 和 y_3

α_2	α_3 \ K	0.1	0.2	0.3	0.4	0.5	0.6	0.7	0.8	0.9	1.0	2.0	3.0	4.0	5.0
2.0		0.25	0.15	0.15	0.10	0.10	0.10	0.10	0.10	0.05	0.05	0.05	0.05	0.00	0.00
1.8		0.20	0.15	0.10	0.10	0.10	0.05	0.05	0.05	0.05	0.05	0.05	0.00	0.00	0.00
1.6	0.4	0.15	0.10	0.10	0.05	0.05	0.05	0.05	0.05	0.05	0.05	0.05	0.00	0.00	0.00
1.4	0.6	0.10	0.05	0.05	0.05	0.05	0.05	0.05	0.05	0.05	0.00	0.00	0.00	0.00	0.00
1.2	0.8	0.05	0.05	0.05	0.00	0.00	0.00	0.00	0.00	0.00	0.00	0.00	0.00	0.00	0.00
1.0	1.0	0.00	0.00	0.00	0.00	0.00	0.00	0.00	0.00	0.00	0.00	0.00	0.00	0.00	0.00
0.8	1.2	-0.05	-0.05	-0.05	0.00	0.00	0.00	0.00	0.00	0.00	0.00	0.00	0.00	0.00	0.00
0.6	1.4	-0.10	-0.05	-0.05	-0.05	-0.05	-0.05	-0.05	-0.05	-0.05	0.00	0.00	0.00	0.00	0.00
0.4	1.6	-0.15	-0.10	-0.10	-0.05	-0.05	-0.05	-0.05	-0.05	-0.05	-0.05	0.00	0.00	0.00	0.00
	1.8	-0.20	-0.15	-0.10	-0.10	-0.10	-0.05	-0.05	-0.05	-0.05	-0.05	-0.05	0.00	0.00	0.00
	2.0	-0.25	-0.15	-0.15	-0.10	-0.10	-0.10	-0.10	-0.05	-0.05	-0.05	-0.05	-0.05	0.00	0.00

附表 5　倒三角荷载下的 $\varphi(\xi)$ 值

ξ \ α	1.0	1.5	2.0	2.5	3.0	3.5	4.0	4.5	5.0	5.5	6.0	6.5	7.0	7.5	8.0	8.5	9.0	9.5	10.0	10.5
0.00	0.171	0.271	0.331	0.358	0.364	0.357	0.343	0.326	0.308	0.290	0.273	0.257	0.243	0.230	0.218	0.207	0.197	0.188	0.180	0.172
0.05	0.171	0.271	0.333	0.361	0.368	0.362	0.349	0.333	0.316	0.300	0.284	0.269	0.256	0.244	0.233	0.223	0.214	0.206	0.199	0.192
0.10	0.172	0.273	0.336	0.368	0.377	0.375	0.365	0.352	0.339	0.325	0.312	0.300	0.289	0.279	0.270	0.262	0.255	0.249	0.243	0.238
0.15	0.172	0.275	0.342	0.377	0.392	0.393	0.389	0.380	0.370	0.360	0.351	0.342	0.334	0.327	0.320	0.315	0.310	0.306	0.302	0.299
0.20	0.172	0.277	0.348	0.388	0.408	0.416	0.416	0.413	0.408	0.402	0.396	0.391	0.386	0.381	0.378	0.374	0.371	0.369	0.367	0.365
0.25	0.172	0.279	0.354	0.400	0.426	0.440	0.446	0.449	0.449	0.447	0.445	0.443	0.441	0.439	0.438	0.436	0.435	0.434	0.433	0.433
0.30	0.171	0.280	0.359	0.410	0.443	0.464	0.477	0.485	0.490	0.493	0.495	0.496	0.497	0.497	0.498	0.498	0.498	0.499	0.499	0.499
0.35	0.169	0.279	0.362	0.420	0.459	0.487	0.506	0.520	0.530	0.538	0.543	0.548	0.551	0.554	0.556	0.558	0.560	0.561	0.562	0.563
0.40	0.166	0.277	0.363	0.427	0.473	0.507	0.532	0.552	0.567	0.579	0.589	0.596	0.602	0.607	0.611	0.614	0.617	0.619	0.621	0.623
0.45	0.162	0.273	0.362	0.430	0.482	0.523	0.555	0.580	0.600	0.616	0.629	0.640	0.648	0.655	0.661	0.666	0.670	0.673	0.676	0.678
0.50	0.156	0.266	0.357	0.430	0.487	0.533	0.571	0.602	0.627	0.647	0.664	0.678	0.689	0.698	0.706	0.712	0.717	0.721	0.725	0.728
0.55	0.149	0.257	0.349	0.424	0.486	0.537	0.580	0.616	0.645	0.670	0.691	0.708	0.722	0.733	0.743	0.751	0.757	0.763	0.767	0.771
0.60	0.141	0.244	0.335	0.412	0.478	0.533	0.580	0.621	0.655	0.684	0.708	0.728	0.745	0.759	0.771	0.781	0.790	0.797	0.803	0.807
0.65	0.130	0.229	0.317	0.394	0.461	0.520	0.570	0.614	0.652	0.685	0.713	0.737	0.757	0.774	0.789	0.801	0.812	0.821	0.828	0.835
0.70	0.118	0.209	0.293	0.369	0.436	0.495	0.548	0.595	0.636	0.672	0.703	0.730	0.754	0.774	0.792	0.807	0.820	0.832	0.841	0.850
0.75	0.104	0.186	0.263	0.334	0.399	0.458	0.511	0.559	0.602	0.641	0.675	0.705	0.731	0.755	0.776	0.794	0.810	0.825	0.837	0.848
0.80	0.088	0.158	0.227	0.291	0.351	0.406	0.458	0.505	0.548	0.587	0.622	0.655	0.684	0.710	0.734	0.755	0.774	0.792	0.807	0.822
0.85	0.069	0.126	0.183	0.237	0.288	0.337	0.384	0.427	0.467	0.505	0.540	0.572	0.602	0.629	0.655	0.678	0.700	0.720	0.739	0.756
0.90	0.049	0.089	0.131	0.171	0.211	0.249	0.286	0.321	0.355	0.387	0.417	0.446	0.473	0.499	0.524	0.547	0.569	0.590	0.609	0.628
0.95	0.025	0.047	0.070	0.093	0.115	0.138	0.160	0.181	0.202	0.223	0.243	0.262	0.281	0.299	0.317	0.334	0.351	0.367	0.383	0.399
1.00	0.000	0.000	0.000	0.000	0.000	0.000	0.000	0.000	0.000	0.000	0.000	0.000	0.000	0.000	0.000	0.000	0.000	0.000	0.000	0.000

续表

ξ \ α	11.0	11.5	12.0	12.5	13.0	13.5	14.0	14.5	15.0	15.5	16.0	16.5	17.0	17.5	18.0	18.5	19.0	19.5	20.0	20.5
0.00	0.165	0.159	0.153	0.147	0.142	0.137	0.133	0.128	0.124	0.121	0.117	0.114	0.111	0.108	0.105	0.102	0.100	0.097	0.095	0.093
0.05	0.186	0.180	0.175	0.170	0.166	0.162	0.158	0.155	0.152	0.149	0.146	0.143	0.141	0.139	0.137	0.135	0.133	0.131	0.129	0.128
0.10	0.234	0.230	0.226	0.223	0.220	0.217	0.215	0.213	0.211	0.209	0.207	0.206	0.205	0.203	0.202	0.201	0.200	0.199	0.199	0.198
0.15	0.296	0.293	0.291	0.289	0.288	0.286	0.285	0.284	0.283	0.282	0.281	0.280	0.280	0.279	0.279	0.278	0.278	0.278	0.277	0.277
0.20	0.363	0.362	0.361	0.360	0.360	0.359	0.358	0.358	0.358	0.357	0.357	0.357	0.357	0.357	0.357	0.357	0.357	0.357	0.357	0.357
0.25	0.432	0.432	0.432	0.432	0.432	0.432	0.432	0.432	0.432	0.432	0.432	0.432	0.432	0.432	0.433	0.433	0.433	0.433	0.433	0.433
0.30	0.500	0.500	0.500	0.501	0.501	0.502	0.502	0.502	0.503	0.503	0.503	0.504	0.504	0.504	0.504	0.505	0.505	0.505	0.505	0.505
0.35	0.564	0.565	0.566	0.566	0.567	0.568	0.568	0.569	0.569	0.570	0.570	0.571	0.571	0.571	0.572	0.572	0.572	0.572	0.573	0.573
0.40	0.624	0.626	0.627	0.628	0.629	0.629	0.630	0.631	0.631	0.632	0.632	0.633	0.633	0.634	0.634	0.634	0.635	0.635	0.635	0.635
0.45	0.680	0.682	0.683	0.684	0.685	0.686	0.687	0.688	0.689	0.689	0.690	0.690	0.691	0.691	0.691	0.692	0.692	0.692	0.692	0.693
0.50	0.730	0.732	0.734	0.736	0.737	0.738	0.739	0.740	0.741	0.741	0.742	0.742	0.743	0.743	0.744	0.744	0.744	0.745	0.745	0.745
0.55	0.774	0.777	0.779	0.781	0.783	0.784	0.786	0.787	0.787	0.788	0.789	0.790	0.790	0.791	0.791	0.791	0.792	0.792	0.792	0.793
0.60	0.812	0.815	0.818	0.821	0.823	0.825	0.826	0.828	0.829	0.830	0.831	0.831	0.832	0.833	0.833	0.834	0.834	0.834	0.835	0.835
0.65	0.840	0.845	0.849	0.852	0.855	0.858	0.860	0.862	0.863	0.865	0.866	0.867	0.868	0.869	0.870	0.870	0.871	0.871	0.872	0.872
0.70	0.857	0.864	0.869	0.874	0.878	0.882	0.885	0.888	0.890	0.892	0.894	0.896	0.897	0.898	0.899	0.900	0.901	0.902	0.903	0.903
0.75	0.858	0.867	0.875	0.881	0.887	0.893	0.897	0.902	0.905	0.909	0.912	0.914	0.916	0.918	0.920	0.922	0.923	0.925	0.926	0.927
0.80	0.835	0.846	0.857	0.866	0.875	0.883	0.890	0.896	0.902	0.907	0.912	0.916	0.920	0.923	0.927	0.930	0.932	0.935	0.937	0.939
0.85	0.772	0.787	0.801	0.813	0.825	0.836	0.846	0.855	0.864	0.872	0.880	0.887	0.893	0.899	0.905	0.910	0.914	0.919	0.923	0.927
0.90	0.646	0.663	0.679	0.694	0.709	0.723	0.736	0.748	0.760	0.771	0.782	0.792	0.802	0.811	0.820	0.828	0.836	0.843	0.850	0.857
0.95	0.414	0.428	0.442	0.456	0.470	0.483	0.496	0.508	0.520	0.532	0.544	0.555	0.566	0.577	0.587	0.597	0.607	0.617	0.626	0.636
1.00	0.000	0.000	0.000	0.000	0.000	0.000	0.000	0.000	0.000	0.000	0.000	0.000	0.000	0.000	0.000	0.000	0.000	0.000	0.000	0.000

注：① $\xi = x/H$，x 为竖向坐标（下同）；
② α 为整体性系数（下同）。

附表 6　均布荷载下的 $\varphi(\xi)$ 值

ξ \ α	1.0	1.5	2.0	2.5	3.0	3.5	4.0	4.5	5.0	5.5	6.0	6.5	7.0	7.5	8.0	8.5	9.0	9.5	10.0	10.5
0.00	0.114	0.178	0.216	0.232	0.232	0.225	0.213	0.200	0.187	0.174	0.162	0.151	0.141	0.132	0.124	0.117	0.111	0.105	0.100	0.095
0.05	0.114	0.179	0.217	0.233	0.235	0.228	0.217	0.205	0.192	0.180	0.168	0.158	0.149	0.140	0.133	0.126	0.121	0.115	0.111	0.106
0.10	0.114	0.180	0.220	0.238	0.241	0.237	0.228	0.217	0.206	0.195	0.186	0.177	0.169	0.162	0.155	0.150	0.145	0.140	0.137	0.133
0.15	0.114	0.182	0.224	0.245	0.251	0.250	0.244	0.236	0.227	0.219	0.211	0.203	0.197	0.191	0.186	0.182	0.178	0.175	0.172	0.170
0.20	0.114	0.183	0.228	0.253	0.263	0.265	0.263	0.258	0.253	0.247	0.241	0.236	0.231	0.227	0.224	0.220	0.218	0.215	0.213	0.211
0.25	0.114	0.185	0.233	0.262	0.277	0.283	0.285	0.284	0.282	0.279	0.276	0.272	0.269	0.267	0.264	0.262	0.261	0.259	0.258	0.257
0.30	0.114	0.186	0.238	0.271	0.291	0.302	0.309	0.312	0.313	0.313	0.312	0.311	0.310	0.309	0.308	0.307	0.306	0.305	0.304	0.303
0.35	0.113	0.187	0.242	0.280	0.305	0.321	0.333	0.340	0.345	0.348	0.350	0.351	0.352	0.352	0.352	0.352	0.352	0.352	0.352	0.351
0.40	0.112	0.187	0.245	0.287	0.318	0.340	0.356	0.368	0.376	0.383	0.388	0.391	0.394	0.396	0.397	0.398	0.399	0.399	0.399	0.400
0.45	0.110	0.186	0.247	0.293	0.329	0.356	0.377	0.394	0.406	0.416	0.424	0.430	0.435	0.438	0.441	0.443	0.445	0.446	0.447	0.448
0.50	0.107	0.183	0.246	0.297	0.337	0.369	0.395	0.417	0.434	0.447	0.458	0.467	0.474	0.480	0.484	0.487	0.490	0.492	0.494	0.495
0.55	0.103	0.178	0.243	0.297	0.341	0.379	0.410	0.435	0.457	0.474	0.489	0.501	0.510	0.518	0.524	0.529	0.533	0.537	0.539	0.541
0.60	0.098	0.171	0.237	0.293	0.341	0.383	0.418	0.448	0.474	0.496	0.514	0.529	0.541	0.552	0.560	0.567	0.573	0.578	0.582	0.585
0.65	0.092	0.162	0.227	0.285	0.335	0.380	0.420	0.454	0.483	0.509	0.531	0.549	0.565	0.579	0.590	0.599	0.607	0.614	0.620	0.625
0.70	0.084	0.150	0.213	0.270	0.322	0.369	0.412	0.449	0.482	0.512	0.537	0.559	0.579	0.595	0.610	0.622	0.633	0.642	0.650	0.657
0.75	0.075	0.135	0.194	0.249	0.301	0.348	0.392	0.432	0.468	0.500	0.529	0.554	0.577	0.597	0.615	0.631	0.645	0.657	0.668	0.678
0.80	0.064	0.117	0.169	0.220	0.269	0.315	0.358	0.398	0.435	0.469	0.500	0.528	0.554	0.577	0.598	0.617	0.635	0.650	0.665	0.678
0.85	0.051	0.094	0.139	0.183	0.225	0.267	0.307	0.344	0.380	0.413	0.444	0.473	0.500	0.526	0.549	0.571	0.591	0.610	0.627	0.643
0.90	0.036	0.068	0.101	0.134	0.168	0.201	0.233	0.265	0.295	0.324	0.352	0.378	0.404	0.428	0.451	0.473	0.493	0.513	0.532	0.550
0.95	0.019	0.036	0.055	0.074	0.094	0.113	0.133	0.153	0.172	0.191	0.209	0.228	0.245	0.263	0.280	0.296	0.312	0.328	0.343	0.358
1.00	0.000	0.000	0.000	0.000	0.000	0.000	0.000	0.000	0.000	0.000	0.000	0.000	0.000	0.000	0.000	0.000	0.000	0.000	0.000	0.000

续表

ξ＼α	11.0	11.5	12.0	12.5	13.0	13.5	14.0	14.5	15.0	15.5	16.0	16.5	17.0	17.5	18.0	18.5	19.0	19.5	20.0	20.5
0.00	0.091	0.087	0.083	0.080	0.077	0.074	0.071	0.069	0.067	0.065	0.062	0.061	0.059	0.057	0.056	0.054	0.053	0.051	0.050	0.049
0.05	0.102	0.099	0.096	0.093	0.090	0.088	0.085	0.083	0.081	0.080	0.078	0.077	0.075	0.074	0.073	0.071	0.070	0.069	0.068	0.068
0.10	0.130	0.127	0.125	0.123	0.121	0.119	0.118	0.116	0.115	0.114	0.113	0.112	0.111	0.110	0.109	0.108	0.108	0.107	0.107	0.106
0.15	0.167	0.165	0.164	0.162	0.161	0.160	0.159	0.158	0.157	0.156	0.156	0.155	0.155	0.154	0.154	0.153	0.153	0.153	0.152	0.152
0.20	0.210	0.209	0.207	0.207	0.206	0.205	0.204	0.204	0.203	0.203	0.203	0.202	0.202	0.202	0.202	0.201	0.201	0.201	0.201	0.201
0.25	0.256	0.255	0.254	0.253	0.253	0.252	0.252	0.252	0.252	0.251	0.251	0.251	0.251	0.251	0.251	0.251	0.250	0.250	0.250	0.250
0.30	0.303	0.302	0.302	0.302	0.301	0.301	0.301	0.301	0.301	0.301	0.301	0.300	0.300	0.300	0.300	0.300	0.300	0.300	0.300	0.300
0.35	0.351	0.351	0.351	0.351	0.351	0.351	0.350	0.350	0.350	0.350	0.350	0.350	0.350	0.350	0.350	0.350	0.350	0.350	0.350	0.350
0.40	0.400	0.400	0.400	0.400	0.400	0.400	0.400	0.400	0.400	0.400	0.400	0.400	0.400	0.400	0.400	0.400	0.400	0.400	0.400	0.400
0.45	0.448	0.449	0.449	0.449	0.449	0.450	0.450	0.450	0.450	0.450	0.450	0.450	0.450	0.450	0.450	0.450	0.450	0.450	0.450	0.450
0.50	0.496	0.497	0.498	0.498	0.499	0.499	0.499	0.499	0.499	0.500	0.500	0.500	0.500	0.500	0.500	0.500	0.500	0.500	0.500	0.500
0.55	0.543	0.544	0.546	0.546	0.547	0.548	0.548	0.549	0.549	0.549	0.549	0.549	0.550	0.550	0.550	0.550	0.550	0.550	0.550	0.550
0.60	0.588	0.590	0.592	0.593	0.595	0.596	0.596	0.597	0.598	0.598	0.598	0.599	0.599	0.599	0.599	0.599	0.600	0.600	0.600	0.600
0.65	0.629	0.632	0.635	0.637	0.639	0.641	0.643	0.644	0.645	0.646	0.646	0.647	0.647	0.648	0.648	0.648	0.649	0.649	0.649	0.649
0.70	0.663	0.668	0.673	0.676	0.680	0.683	0.685	0.687	0.689	0.690	0.692	0.693	0.694	0.695	0.695	0.696	0.697	0.697	0.698	0.698
0.75	0.686	0.694	0.700	0.706	0.711	0.716	0.720	0.723	0.726	0.729	0.732	0.734	0.736	0.737	0.739	0.740	0.741	0.742	0.743	0.744
0.80	0.689	0.700	0.709	0.718	0.726	0.733	0.739	0.745	0.750	0.755	0.759	0.763	0.767	0.770	0.773	0.775	0.778	0.780	0.782	0.783
0.85	0.658	0.672	0.685	0.697	0.708	0.718	0.728	0.736	0.745	0.752	0.759	0.766	0.772	0.778	0.783	0.788	0.792	0.796	0.800	0.804
0.90	0.567	0.583	0.599	0.613	0.627	0.641	0.653	0.665	0.677	0.688	0.698	0.708	0.717	0.726	0.735	0.743	0.750	0.758	0.765	0.771
0.95	0.373	0.387	0.401	0.415	0.428	0.441	0.453	0.466	0.478	0.489	0.501	0.512	0.523	0.533	0.543	0.553	0.563	0.573	0.582	0.591
1.00	0.000	0.000	0.000	0.000	0.000	0.000	0.000	0.000	0.000	0.000	0.000	0.000	0.000	0.000	0.000	0.000	0.000	0.000	0.000	0.000

附表 7　顶部集中荷载下的 $\varphi(\xi)$ 值

ξ＼α	1.0	1.5	2.0	2.5	3.0	3.5	4.0	4.5	5.0	5.5	6.0	6.5	7.0	7.5	8.0	8.5	9.0	9.5	10.0	10.5
0.00	0.352	0.575	0.734	0.837	0.901	0.940	0.963	0.978	0.987	0.992	0.995	0.997	0.998	0.999	0.999	1.000	1.000	1.000	1.000	1.000
0.05	0.351	0.574	0.733	0.836	0.900	0.939	0.963	0.977	0.986	0.992	0.995	0.997	0.998	0.999	0.999	1.000	1.000	1.000	1.000	1.000
0.10	0.349	0.570	0.729	0.832	0.896	0.936	0.960	0.975	0.985	0.991	0.994	0.996	0.998	0.999	0.999	0.999	1.000	1.000	1.000	1.000
0.15	0.345	0.564	0.722	0.825	0.890	0.931	0.957	0.973	0.983	0.989	0.993	0.995	0.997	0.998	0.999	0.999	0.999	1.000	1.000	1.000
0.20	0.339	0.556	0.713	0.816	0.882	0.924	0.951	0.968	0.979	0.986	0.991	0.994	0.996	0.997	0.998	0.999	0.999	0.999	1.000	1.000
0.25	0.332	0.545	0.700	0.804	0.871	0.915	0.943	0.962	0.975	0.983	0.988	0.992	0.995	0.996	0.997	0.998	0.999	0.999	0.999	1.000
0.30	0.323	0.531	0.685	0.789	0.858	0.903	0.934	0.954	0.968	0.978	0.985	0.989	0.992	0.995	0.996	0.997	0.998	0.999	0.999	0.999
0.35	0.312	0.515	0.666	0.770	0.841	0.888	0.921	0.944	0.960	0.971	0.979	0.985	0.989	0.992	0.994	0.996	0.997	0.998	0.998	0.999
0.40	0.299	0.496	0.645	0.748	0.820	0.870	0.906	0.931	0.949	0.963	0.972	0.980	0.985	0.989	0.992	0.994	0.995	0.997	0.998	0.998
0.45	0.285	0.474	0.619	0.722	0.796	0.848	0.886	0.914	0.935	0.951	0.963	0.972	0.979	0.984	0.988	0.991	0.993	0.995	0.996	0.997
0.50	0.269	0.450	0.590	0.692	0.766	0.821	0.862	0.893	0.917	0.936	0.950	0.961	0.970	0.976	0.982	0.986	0.989	0.991	0.993	0.995
0.55	0.251	0.422	0.557	0.657	0.732	0.789	0.833	0.867	0.894	0.916	0.933	0.946	0.957	0.966	0.973	0.978	0.983	0.986	0.989	0.991
0.60	0.232	0.391	0.519	0.616	0.691	0.750	0.797	0.834	0.864	0.889	0.909	0.926	0.939	0.950	0.959	0.967	0.973	0.978	0.982	0.985
0.65	0.210	0.356	0.476	0.570	0.644	0.703	0.752	0.792	0.826	0.854	0.877	0.897	0.914	0.928	0.939	0.949	0.957	0.964	0.970	0.975
0.70	0.187	0.318	0.428	0.517	0.588	0.648	0.698	0.740	0.777	0.808	0.835	0.858	0.878	0.895	0.909	0.922	0.933	0.942	0.950	0.957
0.75	0.161	0.276	0.375	0.456	0.524	0.581	0.631	0.675	0.713	0.747	0.777	0.803	0.826	0.847	0.865	0.881	0.895	0.907	0.918	0.928
0.80	0.133	0.230	0.315	0.386	0.448	0.502	0.550	0.593	0.632	0.667	0.699	0.727	0.753	0.777	0.798	0.817	0.835	0.850	0.865	0.878
0.85	0.103	0.180	0.248	0.308	0.360	0.407	0.451	0.491	0.528	0.562	0.593	0.623	0.650	0.675	0.699	0.721	0.741	0.759	0.777	0.793
0.90	0.071	0.125	0.174	0.218	0.258	0.295	0.329	0.362	0.393	0.423	0.451	0.478	0.503	0.528	0.551	0.573	0.593	0.613	0.632	0.650
0.95	0.037	0.065	0.092	0.116	0.139	0.160	0.181	0.201	0.221	0.240	0.259	0.277	0.295	0.313	0.330	0.346	0.362	0.378	0.393	0.408
1.00	0.000	0.000	0.000	0.000	0.000	0.000	0.000	0.000	0.000	0.000	0.000	0.000	0.000	0.000	0.000	0.000	0.000	0.000	0.000	0.000

续表

ξ \ α	11.0	11.5	12.0	12.5	13.0	13.5	14.0	14.5	15.0	15.5	16.0	16.5	17.0	17.5	18.0	18.5	19.0	19.5	20.0	20.5
0.00	1.000	1.000	1.000	1.000	1.000	1.000	1.000	1.000	1.000	1.000	1.000	1.000	1.000	1.000	1.000	1.000	1.000	1.000	1.000	1.000
0.05	1.000	1.000	1.000	1.000	1.000	1.000	1.000	1.000	1.000	1.000	1.000	1.000	1.000	1.000	1.000	1.000	1.000	1.000	1.000	1.000
0.10	1.000	1.000	1.000	1.000	1.000	1.000	1.000	1.000	1.000	1.000	1.000	1.000	1.000	1.000	1.000	1.000	1.000	1.000	1.000	1.000
0.15	1.000	1.000	1.000	1.000	1.000	1.000	1.000	1.000	1.000	1.000	1.000	1.000	1.000	1.000	1.000	1.000	1.000	1.000	1.000	1.000
0.20	1.000	1.000	1.000	1.000	1.000	1.000	1.000	1.000	1.000	1.000	1.000	1.000	1.000	1.000	1.000	1.000	1.000	1.000	1.000	1.000
0.25	1.000	1.000	1.000	1.000	1.000	1.000	1.000	1.000	1.000	1.000	1.000	1.000	1.000	1.000	1.000	1.000	1.000	1.000	1.000	1.000
0.30	1.000	1.000	1.000	1.000	1.000	1.000	1.000	1.000	1.000	1.000	1.000	1.000	1.000	1.000	1.000	1.000	1.000	1.000	1.000	1.000
0.35	0.999	0.999	1.000	1.000	1.000	1.000	1.000	1.000	1.000	1.000	1.000	1.000	1.000	1.000	1.000	1.000	1.000	1.000	1.000	1.000
0.40	0.999	0.999	0.999	0.999	1.000	1.000	1.000	1.000	1.000	1.000	1.000	1.000	1.000	1.000	1.000	1.000	1.000	1.000	1.000	1.000
0.45	0.998	0.998	0.999	0.999	0.999	0.999	1.000	1.000	1.000	1.000	1.000	1.000	1.000	1.000	1.000	1.000	1.000	1.000	1.000	1.000
0.50	0.996	0.997	0.998	0.998	0.998	0.999	0.999	0.999	0.999	1.000	1.000	1.000	1.000	1.000	1.000	1.000	1.000	1.000	1.000	1.000
0.55	0.993	0.994	0.995	0.996	0.997	0.998	0.998	0.999	0.999	0.999	0.999	1.000	1.000	1.000	1.000	1.000	1.000	1.000	1.000	1.000
0.60	0.988	0.990	0.992	0.993	0.994	0.995	0.996	0.997	0.998	0.998	0.998	0.999	0.999	0.999	0.999	1.000	1.000	1.000	1.000	1.000
0.65	0.979	0.982	0.985	0.987	0.989	0.991	0.993	0.994	0.995	0.996	0.996	0.997	0.997	0.998	0.998	0.998	0.999	0.999	0.999	0.999
0.70	0.963	0.968	0.973	0.976	0.980	0.983	0.985	0.987	0.989	0.990	0.992	0.993	0.994	0.995	0.995	0.996	0.997	0.997	0.998	0.998
0.75	0.936	0.944	0.950	0.956	0.961	0.966	0.970	0.973	0.976	0.979	0.982	0.984	0.986	0.987	0.989	0.990	0.991	0.992	0.993	0.994
0.80	0.889	0.900	0.909	0.918	0.926	0.933	0.939	0.945	0.950	0.955	0.959	0.963	0.967	0.970	0.973	0.975	0.978	0.980	0.982	0.983
0.85	0.808	0.822	0.835	0.847	0.858	0.868	0.878	0.886	0.895	0.902	0.909	0.916	0.922	0.928	0.933	0.938	0.942	0.946	0.950	0.954
0.90	0.667	0.683	0.699	0.713	0.727	0.741	0.753	0.765	0.777	0.788	0.798	0.808	0.817	0.826	0.835	0.843	0.850	0.858	0.865	0.871
0.95	0.423	0.437	0.451	0.465	0.478	0.491	0.503	0.516	0.528	0.539	0.551	0.562	0.573	0.583	0.593	0.603	0.613	0.623	0.632	0.641
1.00	0.000	0.000	0.000	0.000	0.000	0.000	0.000	0.000	0.000	0.000	0.000	0.000	0.000	0.000	0.000	0.000	0.000	0.000	0.000	0.000

参考文献

[1] 中华人民共和国住房和城乡建设部. 工程结构可靠性设计统一标准:GB 50153—2008 [S]. 北京:中国建筑工业出版社,2008.

[2] 中华人民共和国住房和城乡建设部. 建筑结构荷载规范:GB 50009—2012[S]. 北京:中国建筑工业出版社,2012.

[3] 中华人民共和国住房和城乡建设部. 建筑抗震设计规范:GB 50011—2010(2016 年版) [S]. 北京:中国建筑工业出版社,2016.

[4] 中华人民共和国住房和城乡建设部. 混凝土结构设计规范:GB 50010—2010(2015 年版) [S]. 北京:中国建筑工业出版社,2015.

[5] 中华人民共和国住房和城乡建设部. 高层建筑混凝土结构技术规程:JGJ 3—2010[S]. 北京:中国建筑工业出版社,2010.

[6] 唐兴荣. 高层建筑结构设计[M]. 北京:机械工业出版社,2007.

[7] 施岚青. 一、二级注册结构工程师专业考试应试指南[M]. 北京:中国建筑工业出版社,2006.

[8] 施岚青. 注册结构工程师专业考试答题指导[M]. 北京:中国建筑工业出版社,2008.

[9] 孙芳垂. 一级注册结构工程师专业考试复习教程[M]. 3 版. 北京:中国建筑工业出版社,2004.

[10] 原长庆. 高层建筑结构设计[M]. 哈尔滨:黑龙江科学技术出版社,2000.

[11] 包世华. 高层建筑结构设计[M]. 2 版. 北京:清华大学出版社,1990.

[12] 霍达. 高层建筑结构设计[M]. 北京:高等教育出版社,2004.

[13] 史庆轩,梁兴文. 高层建筑结构设计[M]. 北京:科学出版社,2006.

[14] 吕西林. 高层建筑结构[M]. 3 版. 武汉:武汉理工大学出版社,2003.

［15］方鄂华,钱稼茹,叶列平.高层建筑结构设计［M］.北京:中国建筑工业出版社,2003.

［16］包世华,张铜生.高层建筑结构设计和计算(上、下册)［M］.北京:清华大学出版社,2005.

［17］何浙浙,黄林青.高层建筑结构设计［M］.武汉:武汉理工大学出版社,2007.

［18］王祖华,蔡健,徐进.高层建筑结构设计［M］.广州:华南理工大学出版社,2008.

［19］朱彦鹏.混凝土结构设计［M］.上海:同济大学出版社,2004.

［20］赵西安.钢筋混凝土高层建筑结构设计［M］.北京:中国建筑工业出版社,1992.

［21］沈小璞.高层建筑结构设计［M］.合肥:合肥工业大学出版社,2006.

［22］吕西林,周德源,李思明,等.建筑结构抗震设计理论与实例［M］.上海:同济大学出版社,2002.

［23］宋天齐.多高层建筑结构设计［M］.3 版.重庆:重庆大学出版社,2012.

［24］傅学怡.实用高层建筑结构设计［M］.2 版.北京:中国建筑工业出版社,2010.